时间的故事

［加拿大］丹·福尔克　著
严丽娟　译

海南出版社
·海口·

In Search of Time: Journeys Along a Curious Dimension
By Dan Falk

版权合同登记号：图字：30-2018-018 号

图书在版编目（CIP）数据

时间的故事 /（加）丹·福尔克 (Dan Falk) 著；严丽娟译 . -- 海口：海南出版社，2019.5

书名原文：In Search of Time: Journeys Along a Curious Dimension

ISBN 978-7-5443-8669-2

Ⅰ．①时… Ⅱ．①丹… ②严… Ⅲ．①时间学－普及读物 Ⅳ．① P19-49

中国版本图书馆 CIP 数据核字 (2019) 第 059365 号

时间的故事

作　　者：［加拿大］丹·福尔克（Dan Falk）
译　　者：严丽娟
监　　制：冉子健
策划编辑：李继勇
责任编辑：张　雪
责任印制：杨　程
印刷装订：三河市祥达印刷包装有限公司
读者服务：武　锴
出版发行：海南出版社
总社地址：海口市金盘开发区建设三横路 2 号　邮编：570216
北京地址：北京市朝阳区黄厂路 3 号院 7 号楼 102 室
电　　话：0898-66830929　010-87336670
电子邮箱：hnbook@263.net
经　　销：全国新华书店经销
出版日期：2019 年 5 月第 1 版　2019 年 5 月第 1 次印刷
开　　本：787mm × 1092mm　1/16
印　　张：18.25
字　　数：243 千
书　　号：ISBN 978-7-5443-8669-2
定　　价：48.00 元

谨以此书纪念我的祖父母

伊格娜西与李奥尼亚·福尔克

雷维夫与沙因博士

再没有什么能比时间更神秘的了。时间，无限、无声、永不停息，时而翻滚，时而激荡，动如脱兔，静若处子，宛若广纳万物的海潮，容人类及宇宙万物浮游其上，仿佛轻烟，仿佛若隐若现的幻影：永远是最真实的奇迹，令人哑然噤声——无法诉诸言语。

——卡莱尔《论英雄与英雄崇拜》(1840 年)

目　录 | In Search of Time Contents

第二章　突然损失了十一天

历书改革了，1582 年 10 月 4 日的第二天变成了 10 月 15 日。有些人很痛苦，突然觉得“少了”10 天，商人和银行也发愁不知道怎么计算利率。英国在 1752 年 9 月 2 日也采用了新历法，因此第二天变成了 9 月 14 日，老百姓很不高兴“损失”了日子，伦敦和布里斯托都发生暴动，抗议者嘶吼：“把 11 天还给我们。”

第三章　切割时间的人

日晷很快成为不可或缺的物品，它让人可以从容地安排一天的行程。但也并非每个人都喜欢它。“愿天神惩罚第一个发现如何切割每个钟头的人，”罗马剧作家普劳图斯在公元前 2 世纪呼喊，“也惩罚那个在此地建造日晷的人，他用卑劣的方法把我一整天的时间乱切乱劈成好多段！”

第四章　被时间控制的世界

时间正张牙舞爪悄然潜行：我们拿的是月薪日酬，电信公司按分钟收费，广告费照秒计算……想在最短的时间安排最多的活动，让我们成为当下的囚徒，我们活在时间饥荒中。几世纪之前的人不怎么在乎“分”，完全不在意“秒”。过去一千年来，我们和时间互动的方式变动剧烈。

第五章　记忆的持久度

现代的神经科学家一般不会把记忆称为器官，而是称为过程，或很多过程的组合。他们的研究结果显示记忆系统有多复杂和多元。我们能够穿越时间投射心里的想法，在脑海中产生和过去相关的影像，也会想象未来将要发生的事情。科学家把这种卓越的能力称为心智时光旅行。

第六章 寻找时间之箭

“顺序”或许只有一瞬间，熵永远会取得最后的胜利。肉体无可避免地让步了，或许最后文明也会投降。所有的变化和时间之箭都指向腐坏的方向，但从物理学的角度来说，时间的“流动”不存在，世上也没有不断前进的“现在”。“流动的时间”只是人类意识不知用什么方法创造的幻觉。

第七章　时间、重力和黑洞的想象

如果航天员掉到黑洞里，在远方的观测者会看到他的腕表变得越来越慢，快要碰到事件视界时，时间就完全停止了。从航天员的角度看，当他掉入黑洞很有可能马上就要惨死时，时间仍如常移动。但对在黑洞外观测的人来说，他会永远留在事件视界上，冻结在时间里。

第八章　跟着小说去旅行

在物理学界有一条界线，一边是“疯狂但还合理”，一边则是“疯狂得不得了”。黑洞属于前者，而时光旅行则是后者。时光旅行对每一个人都充满吸引力，也是科幻小说作家最喜欢的主题，小说中有大胆的科学家，有奇妙的时光机器，还有“如果……会怎么样”的精彩故事。

第九章 世界几岁了？

奥古斯丁钻研圣经，算到了公元前5500年；圣毕德尊者算到公元前5199年。开普勒、牛顿和马丁·路德推测为公元前4000年到公元前3993年。爱尔兰主教阿瑟推论出世界于公元前4004年10月22日星期六晚上6点钟诞生。法国科学家布封测算地球已经74 832岁了……

第十章 宇宙大爆炸之前的故事

宇宙起源的大爆炸模型一定能列入20世纪科学界最伟大的成就榜单。通过这个模型，我们离宇宙开端就差了那么一点点。但有趣的不是大爆炸之后短短不到一秒的时间发生了什么事，而是我们能不能让时钟倒转，一路回到“零时”，最后跨出很大的一步：“在那之前，是什么样子的呢？”

第十一章　生命、宇宙和万物最终的命运

宗教经书早已出现预言，不同地区不同文明都充满了具有各自时代特色的预言。预测未来算是一种新近出现的休闲运动，网络上随便一找就可以找到很多，有负面的，也有乐观的。文明的崩溃向来是大家喜欢的主题，从圣经到核弹，再到全球气候改变，我们总能找到方法来想象人类的灭亡。

第十二章　最后，哲学家说……

所有过去和未来的你都跟现在正在读这本书的你一样真实，曾经活过的人现在仍然“活着”，恺撒活着，希特勒活着，斯大林活着。“现在，他比我早一步离开这个古怪的世界，”爱因斯坦如此描述好友的去世，“这不代表什么。我们是有信念的物理学家，过去、现在和未来的差别只是挥之不去的幻觉。”

序

说一个关于时间的故事

“你在写一本关于什么的书？”

跟别人说你在写一本关于时间的书，他们会有一些很有趣的反应。有些人满脸疑惑，有些则会不置可否地耸耸肩。“时间有什么好说的？”他们感觉你找不到足够有趣的题材来塞满整本书（“不就滴滴答答地过去了吗？”）。还有些人似乎一听就懂，还会猜测有没有特殊的主题：“会讨论时光旅行吗？”会，我保证会，有一整章的篇幅（我告诉他们，就算时光旅行不可能实现，引发的问题仍非常吸引人，例如时间和空间的本质，以及自然的定律）。有些人猜这本书一定跟“物理学”有关，非常深奥，不断提到熵、世界线等名词。不是的，我要他们放心，至少不会“只”讨论物理学。我想要用更不受限的手法，从几个不同的方向探索时间之谜，每个方向都有不同的观点和真知灼见，也各有成功和挫败的记录。

事实上，我不得不从这么多的角度来探索时间，因为单一学科提供不了“答案”。看到家里书架上排列的书籍，事实显而易见（当然我也跑了很多趟图书馆，但是在家收藏相关的书籍也让人很开心，在直面本书中的必要元素前，就可以研究好不少的数据）。最上面两排书架放了科学史和科学哲学：这里有布洛诺夫斯基、布尔斯廷和伽莫夫的经典著作，还有一堆萨根的书，另外还有费理斯和丹尼尔森最近的作品。下面是科学传记区：有德雷克和索贝尔的《伽利略传》，韦斯特福尔和格莱克的

《牛顿传》，派斯、弗尔辛和艾萨克森的《爱因斯坦传》。其他一些书则专门讨论这些伟大的科学家所创造出的理论。下面放了关于现代物理学和宇宙论的书，包括霍金、温伯格、格林、戴维斯、瑞斯、克劳斯等人的著作。再下面则是关于演化和人类本质的书籍，包括戴蒙德、塔特萨尔、道金斯、豪泽的著作。更下面则是关于意识和心智方面的著作，包括平克、彭罗斯、丹奈特、克里克、达马西奥、埃德尔曼的著作。更不用提我一定准备了一些详细讨论时钟、历法和计时的书籍，如惠特罗、艾文尼、兰迪斯、邓肯、史蒂尔的作品。

说到时间，好吧，时间横跨上面所有的领域。我其实要面对一项挑战，每一门学科或多或少都跟其他的领域有关系。如果要织一张蜘蛛网，东连西连当然没问题，但写书的话就真的会受到束缚，所以我必须紧贴着主题流畅地叙述，也就是说一个故事。要说这个故事，我必须精挑细选。在权衡科学和哲学的比重时，科学通常会胜出。并不是因为哲学枯燥无味，只是因为我觉得在叙述故事发展时哲学的说法比较无力。（“什么？你不会提到海德格尔和伯格森？”很可惜，都没有。我会提到柏拉图、亚里士多德、莱布尼兹、麦克塔加特和其他几位关键人物。）光在这些学科中，正在进行的研究也多到无法塞进一本书里，本书的十二个章节信手拈来都可以独立写成一本书。如果读者想要进一步钻研，我希望书后详细的注释和完整的来源书目表可以帮你找到更多阅读素材。就文字来说，这些都是我经过深思熟虑后的选择，主要挑选近年来进展最为夺目的科学领域。

一开始我先钻研书籍和期刊，并到图书馆找数据，但我的工作不止这些：过去几年，我荣幸之至，能和当代几位最有深度的思想家见面，有些人还接受了好几次访谈。我会跟他们说：“只要一个小时吧。”但心里知道一定会超过这个时间，而大多数人仍然很慷慨地让我拿着麦克风问个不停。特别感谢彭罗斯、巴伯、多伊奇、施莫林和戴维斯，他们能够领会最艰难的科学问题，的确让我获益良多。还有更多学者和我一起坐下来，耐心地叙述他们的研究内容，也有人领我参观实验室、博物馆的展览和考古遗址。在本书的篇章中我会提到每个人的名字，非常感谢他们的帮忙（大多数访问是为了本书而特别安排的，但我偶尔也引述之前的研究成果，包括我为加拿大广播公司的节目《好点子》制作的几部纪录片）。

在写作的过程中，好几个人帮我看过稿子的不同篇章。西门纽克、马瑟和芒罗提供了非常宝贵的建议，豪厄尔则好心地读完全文（如果有任何谬误，当然是我个人的责任）。跟布朗、斯达克曼和斯科特讨论本书内容，也让我受益无穷。

完成第一本书《T恤上的宇宙：寻求解释一切的理论》（2002年出版）后，我就很想写一本关于时间的书。这本书绝对不是前一本书的续集，大体上主题完全不一样，但某些主要题材（比方说狭义相对论）再度现身，所以有时我也会建议读者到我的第一本书里找寻更详细的解释。

越洋文学经纪公司的经纪人塞奇威克和布莱德利是本书得以开花结果的推手，也多亏麦克莱兰斯蒂沃德出版社的编辑布莱德萧，把我的草稿雕琢成可以出版的样子，也感谢菲雪发挥她的编辑长才。

欢迎读者批评指教，来信请寄 insearchoftime@hotmail.com。

引　言

时间到底是什么？

如果有知觉，我们就能察觉到时间的推移。

——卢卡斯《时间和空间的论文》

时间流逝。听，时间正在流逝。

——托马斯剧作《牛奶树下》

“我彻底解决了问题，”1905 年 5 月，年轻的爱因斯坦兴奋地告诉友人贝索，“解决的方法就是分析时间的概念。”

贝索和爱因斯坦在瑞士伯恩的专利局一起工作，他是第一个听到这个秘密的人。一个月后，全世界都知道了（起码《物理学年鉴》的忠实读者一定会看到。要再过 14 年，爱因斯坦才会成为家喻户晓的科学家）。爱因斯坦花了 10 年的时间密集研究，进行了设计精巧的“思想实验”，写出了一篇充满开创性的文章，他想协调麦克斯韦的电磁学理论以及自伽利略以来就已经确立的相对运动法。这个问题需要马上找到解答，连当代最聪明的人都被难倒了。他的论文标题稀松平常——“关于运动物体的电动力学”，其内容却是颠覆性的：时间突然就像橡胶一样，变得充满弹性；空间和时间紧密地联结了，而像“现在”这么简单的词似乎完全失去了意义。

爱因斯坦的论文令大众震惊，正因为大家一向都以为时间就这么简单。过了一百多年，似乎仍然很简单。毕竟时间就在身边，包覆了我们的世界，也定义了我们的世界。只要醒着，就能听到时间的回声。时间就是意识体验的基础。

最重要的是，时间会流动，或者看似在流动。最常见的比喻就是河流：在我们的想象中，时间就是绵延不断的河流，把未来带到我们眼前，把过去的事件带到我们身后。同样，我们也可以把时间想象成固定的景物，我们从中航行而过。更现代的比喻则是投影机：事件就像一格一格的电影，每一格都只能用瞬间的"现在"照亮，之后就退入过去。接下来的影格就是未来的事件，朝着镜头冲过来，时机到了就能体验到属于这一格的短暂"现在"。

不论用哪个比喻，时间似乎都只朝着一个方向流动，从过去已经无法改变的事件流向不可知的未来，没有转圜的余地。口中才说出"现在"，另一个"现在"就来了；之前的"现在"消失在过去中，永远无法挽回。我们不能改变五秒钟前发生的事情，也不能重返诺曼底人征服英格兰人的黑斯廷斯战场。未来很尽责地朝着我们飞奔而来，停也停不住。我们不确定未来会发生什么事，却能确定未来一定会来到眼前。

这些说法看起来平淡无奇，甚至有点幼稚，却反映出这种感觉在我们心里有多么根深蒂固。小孩子很快就学会"昨天""今天"和"明天"的意思，能分辨"过去""现在"和"未来"。我们把时间当成有价值的东西：想要节省时间，讨厌浪费时间，想要腾出时间来做喜爱的活动。想要喘口气时，我们要求时间暂停。开心的时刻会说时间飞逝，接受牙医治疗时却觉得时间慢得像在爬——但内心深处我们当然没这么天真。我们把记录"正确"时间的工作交给时钟，在布满半导体玩意儿的世界里，到处都是计时工具。但我们也不禁觉得，就算没有时钟记录过了多久，时间还是无情地继续流逝。正如2300年前亚里士多德所说："即使四周一片黑暗，我们的肉体也不受干扰，如果心里想到什么事情，我们马上就会觉得时间也悄悄流逝了。”牛顿则猜测即使没有工具，时间仍会不断过去；但我们在后面也会看到，牛顿无法提供定论。这方面爱因斯坦也一样：他在 1905 年“彻底解决”的问题只是时间诸多秘密中的一个。时间的奥秘尚未完全揭开。

一说到时间，大家都觉得很熟悉，却又感觉到无比神秘，这就是最难懂的悖论所在：再没有其他的事物像时间一样位处人类生活的中心，却似乎离我们非常遥远。人类一定能察觉到时间的流逝，这是最贴近人类意识核心的概念。但谁能解释时间到底是什么？完全不可捉摸。我们看不到、听不到、闻不到、尝不到也摸不到时间。但我们真能感觉到，或至少认为自己感觉得到。咬文嚼字？非也，我们之后会看到：科学家和哲学家还在争论“时光流逝”这样的简单句子到底想表达什么意思。

时间跟变化的关系密不可分。这个时候看到这样，过一会儿又看到那样，我们就会把变化跟时间流逝扯上关系。难怪有些人把时间定义成“大自然避免所有事件同时发生的方法”。但要把时间跟变化画上等号，似乎又错过了重点。时光的流逝感觉更基本、更重要。难怪诗人、作家、哲学家和科学家纠结了这么多年，还是无法掌握时间的概念。

所以再问一次：时间是什么？小朋友的回答可能是：“就算你站着不动，也会一直过去的东西”或“用时钟测量的东西”。大人会有更好的答案吗？对爱因斯坦的重大突破有基本概念的人或许会回答：“跟空间一样是一种维度”——不过我们觉得时间跟空间非常不一样。

如果我们细看这些（以及其他很多）和时间有关的说法，就会觉得愈看愈不满意，这就是问题所在。我们说时间“包覆了我们的世界”和“定义了我们的世界”，但这些说法适用于所有人吗？还是只跟非常在乎时间的西方文化有关联呢？佛教的和尚会跟华尔街的交易员一样担心自己误了约会吗？我们观察到小孩子学会说“过去”“现在”和“未来”，不过也只有在家长在乎这些名词的文化里。我们接下来会看到，在某些文化中根本找不到这些名词和相关的概念。

最基本的感觉（感到时间会“流动”）也是一个问题。但这个说法又有什么意义呢？我们说时间如河水般流动……但流动的河水有河岸作为基准。时间流动的基准是什么？假设河水流动的速率是每秒一千加仑，时间流动的速率则是……每秒一秒钟？说了等于没说。（事实上，如果这么主张，我们就得想象出次要的时间或“超时间”来当作主要时间流动的基准。如果次要的时间或“超时间”也会流动，就需要第三个时间概念来当作基准，以此类推。根本是愈帮愈忙！）圣奥古斯丁（354—430年）耗费多年思索时间的问题，难怪他有时候会觉得非常受挫。“那么，时间是什么？如果没有人问我，我知道答案，”他悲叹道，“但如果我想解释给问这个问题的人听，我却说不出来。”圣奥古斯丁到了最后才臆测，时间仅存在于我们的脑海里，只是心智构造出来的东西。之后不同时代的哲学家也得出同样的结论。但时间感觉没那么虚幻，不是吗？

科学的贡献不可忽略，但科学也让时间玄上加玄。爱因斯坦的相对论告诉我们，像“现在”这么普通的概念在四维的时空中就失去了意义。“现在”在仙女座星系是什么时间？我们找不到有意义的答案。如果这个困境让你觉得很烦恼，没关系，我们之后会看到，爱因斯坦跟你有一样的感觉。

在物理学中，不需要辨别过去和未来，更让人觉得奇怪。有些物理学家觉得时间和空间是一个巨大的区块，其中的过去和未来具有平等的地位。同时，“现在”被降级成主观的标记，如同“这里”。有些科学家觉得，虽然时间本身或许具有真实性，但其流动或推移纯粹只是幻觉，是神志清醒的人观察周围环境的方法产生的结果。没有刻意观察，就没有时间的推移。正好呼应圣奥古斯丁的说法。

在努力了解时间意义的同时，我们也想用最精准的方法来测量时间。哲学家和物理学家仍在苦苦思索时间的意义，世界各地的巧手工匠和技师则发挥了无比的创意，用最迷你和最庞大的时计来记录时间。

自从人类存在以来，就发明了计时的方法。显而易见的自然循环，如一天、太阴月、一年，都引起了人类祖先的注意（他们跟现在住在都市里的人不一样，晚上能享受到黑漆漆的天空，天体的运行自然会影响到他们的生活）。葬礼仪式的迹象可以追溯到几万年以前，其中的陪葬物也透露出永恒的概念。

在历史上可以找到更为清楚的记录。每一个古老的文明都制定历法来记录自然的循环，有许多精细到令人叹服。西方历法的根源来自埃及和巴比伦，后来也做了一些修订：每隔四年就插入一个闰年（这要感谢恺撒），且每四百年有三次不插入闰年（这要感谢教宗格里高利八世），让我们能把一年的天数凑成类似自然循环的模样，准确度也还算合理。然而，之后我们会看到，有很多方法可以跟上自然的循环，格里历只是其中一种。

在某些古老的文化中，当时的人认为时间会不断循环，事件的结果一再重复；有些人觉得死亡本身只是转成另一种人类或非人类的存在状态。犹太教与基督教共有的神学理论想象到死后的生活，但对于历史的观点却十分不一样：事件在上帝的监督下按着独特的顺序一件一件发生，从创世的那一刻一直到最后的审判日——非常明确的线性时间观。历史学家认为，线性时间的想法就是西方世界观的基石。这个想法或许也铺下了科学革命和工业革命的道路，因而引发我们对理性的喜好，也有一种不断进步的感觉。到了 17 世纪末，欧洲人已经把时间当成抽象的东西，完全不受人类活动的牵制。

到了现在，时间无所不在：电子表、手机和计算机上都看得到时间一秒接一秒滴滴答答地流逝；而让全世界保持联系的电子网络，要仰赖时间差不到十亿分之一秒的原子钟发出的信号。在奥运比赛中，百分之一秒就可能是金牌和银牌之间的差异。但物理学家能辨别出最短的事件长度是一百埃秒（一百埃秒有多短？跟一秒相比，等于一秒钟和三亿年的差别），和他们测量出的这最短的时间比起来，一瞬间简直就是永恒。

在所有的物种中，人类最在意时间，但所有的生物都会受到时间循环的影响。生理时钟让动植物的生物节奏与自然环境保持一致。说到负责让我们察觉到时间的器官，大家都会回答是大脑。我们用某种方法从环境中吸收大量且混乱的感官数据，组织成有意义的环境写照，但周围事物的写照会不断改变；这幅图画在时间中演化，也扎根在时间里。人类拥有非常精密的能力，能形成、储存和唤回这些心理的意象。记忆似乎就等于时间。“现在”或许只持续了短短一刹那，但在我们心中却能延续好几十年。如果某段经验特别深刻，比方说第一次接吻、儿女出世、所爱的人去世，有可能一辈子都不会忘记。

我们不只记得过去，也会设想未来。事实上，我们可以在心中投射不同时代的景况。不论是古罗马战士，还是能遨游星际的宇宙飞船，都很容易想象。心中的意象或许不完全正确，或许还有点四不像，但能想到这些东西，就让我们跟其他生物有了区别。我们是时间的生物，完全融入时间里面。

就算没有历史学家或考古学家，甚或人类根本不存在，宇宙仍会记录自身的过去。这些记录不一定很容易解读，但有了适当的工具后，我们就能阅读自然的历史书。举例来说，化石告诉我们远古时代有什么样的动植物（很多早就灭绝了），放射性原子可以告诉我们这些动植物存活的年代，峡谷告诉我们几千年来所经历的风化和腐蚀。天文学家发现，宇宙本身带有它自己新生时期的回声——光线的光子已经在宇宙间飘扬了将近 140 亿年。

140 亿年这个数字看了就让人心烦意乱，这是我们所能估算出最接近宇宙年龄的数字，代表从宇宙形成到现在已经经过的时间。在最后几章，我们会看到这项伟大发现的证据，也会向前展望，推测还剩下多少时间。很有可能眼前的时间远超过已经经过的时间——宇宙看起来还算年轻。但从宇宙火热的开端到现在所横跨的时间仍令人难以置信。自从猿猴般的生物开始在地球上直立行走，那时到现在所经过的时间跟宇宙的年龄比起来，真是小巫见大巫，再跟我们懂得制定历法、制造时钟及使用科学工具来探索世界的时间相比，人类文明的历史更显得短暂。过去几十年来，教育家同心协力，想要把那段漫长的时间形象化；比方说在庞大的弯曲通道上标出每个漫长的时期（例如在纽约的萝丝地球和太空中心），或用巨大的黄色卷尺（例如在多伦多的安大略科学中心），或用放满了化石的自然步道展示地球的地质史（例如在大峡谷新建的“时间步道”）。事实上，这些表现方式都把时间转化成空间：我们看不见时间，却能在木头、玻璃纤维或钢铁上看到有形体的倒影。或许在想尽办法描绘时间的同时，我们也只能做到这样了。

在这几十亿年间，没有人知道在多少个星球（起码有几百万个）上有多少物种进行演化。我们只知道其中有些生物或许曾思忖过时间的本质。这当然是推测。我们知道起码智人（现代人的学名）想了解时间的本质。的确，这个最难以理解的维度已经变成人类最着迷的东西。

在接下来的章节中，我们会讨论历史上最具洞察力的思想家对时间有什么看法，包括了亚里士多德、牛顿和年轻时代在专利局工作的爱因斯坦。我们也会遇到当代最有深度的思想家彭罗斯、戴维斯、巴伯、多伊奇、施莫林等人。我们也会看看哲学家、物理学家、心理学家和神经科学家有什么相关的发现，以及不同的文化（现代的和好几百年前的）如何看待时间难以捉摸的本质和显而易见的流动。把时间调查得一清二楚，本书内容离那个目标还有一大段距离，只能算是简短的导览，但愿能激起读者的兴趣。

第一章

洞穴里的秘密

这座五千多年前的古墓的魅力在于特定的时间所见的景物：每年冬至这一天，早上第一缕阳光就会从墓穴上方的小开口直射进来，阴暗的墓室会变得明亮温暖。这是巧合还是精心计算？它有什么样的意义？太阳每日的起落，月亮每月的圆缺，四季轮回的转换——这是自然时钟的提示。

最早的伟大发现就是时间，也可称为经验的风景。

——布尔斯廷《发现者》

从都柏林搭乘爱尔兰铁路局的城际快车向北，只要半个小时就能到达德罗赫达市，但来到爱尔兰的游客却很少安排到此一游的行程。就连盛赞四周各郡具备丰富历史文化资源的《寂寞星球》也说这个海岸边的小城“没有魅力”。不过，当出租车继续往西行驶时，景色也愈来愈美，德罗赫达稠密的工业区逐渐让路给梅丝郡起伏的丘陵和翠绿的山谷。再往内陆走了几公里，我们来到欧洲非常重要的一处史前遗迹——纽格兰治的“长廊古墓”。

大多数来到纽格兰治的游客从博因河的南侧穿过主要的游客中心进入遗址，但我跟人家约好了一大早见面，必须从这条名河的北侧过来，穿过纽格兰治农场，清晨的空气中充满了鸟儿啁鸣和牛铃轻响。出租车绕过最后一个弯，就看到了遗址，一个盖满青草的圆形矮土堆，直径约为 80 米，高 12 米。外墙砌了一层白色石英砖，在阳光中闪闪发亮。我今天会面的对象是工务局负责管理遗址的图菲，我们一起爬上通往古墓主要入口的小丘。

图菲解释说，建筑物的年份可追溯到公元前 3100 年，比埃及的吉萨大金字塔还要早 500 年，比位于巨石阵中心的“三石塔”早了整整 1000 年。当时，住在爱尔兰的新石器时代人类以农耕为生，照顾谷类作物和饲养家畜。图菲对着树木和小丘陵间若隐若现的博因河抬抬下巴，这条河就是当时人类的高速公路。在纽格兰治的古墓开始兴建前，他们可能已经在这块土地上耕种了上千年。图菲指出："他们把石头和木棒当作工具，还没有开始使用金属。"石英则从今日的威克罗郡运来，离此地约有80公里。建造遗址时，用掉将近两千块石头，运输、塑形和搬抬所需要的人力几乎难以想象。

我们通过入口处——这里有一大块画满装饰线条的砂岩，接着走向一扇铁门。图菲开了门锁，我们进去后都低着头，免得碰到很低的天花板。虽然外面看起来是圆形，古墓内却又长又窄，深深切入土堆的中心。我们小心朝着墓室后方前进。身后的入口很快就变成远处一个小小的发光方块。如果不是头顶上每隔几米就装了一盏电灯，一定伸手不见五指。四周也安静到了一种诡异的程度。有一对蝙蝠在里面做窝，它们一定觉得再没有其他地方比这里更适合定居。

古墓约有25米长，但宽还不到1米。主通道到了另一边的尽头会分支成三个小凹处，所以整个墓室形状就像一个拉长的十字架。虽然近代爱尔兰人在17世纪就发现了古墓，到了20世纪60年代才正式进行挖掘，那时考古学家欧凯利和他的小组成员在古墓后方的凹处，发现至少五个人火化后的骨架，放在像盆子的石头上。挖掘工人也发现了耐人寻味的新石器时代艺术品。几块石头上刻有几何图案；最复杂的一组在古墓最后面，三块石头上的螺旋图案还互相重叠。

我们站在后方的墓室里，图菲用手电筒照射着铺了一层鹅卵石的弧形天花板。图菲说："那片屋顶还没整修，在爱尔兰这样的天气条件下，过了五千年仍然滴水不漏。"新石器时代的农夫为什么要费尽心思防止死人的骨头受潮呢？据图菲推测，或许他们觉得祖先的灵魂不会死去。虽然今天阳光普照，但图菲面带微笑提醒我，她的祖国以潮湿多雨出名。她沉吟道："或许，爱尔兰人心中都认为，天堂就是一个可以永远保持干燥的地方。"

但纽格兰治古墓最有趣的地方不是墙壁，也不是屋顶和艺术品。它的魅力不是你在某处看到的东西，而是特定的时间所见的景物。每年冬天到了冬至，也就是白天最短的日子，太阳光线会从主要入口上方叫作“屋顶盒”的小开口射进来，照亮古墓后方。在冬天最寂静的时候，一缕阳光短暂潜入阴暗的墓室，这样的情景看起来没什么，却是纽格兰治最独特的地方。在这些经过风吹雨打的石头上，我们可以略窥首先考虑到时间问题的人心里的想法，不过这一观念仍很不确切。

洞穴中的阳光

如果在建造屋顶盒和通道时角度稍做改变，冬至这天阳光就无法射进来。是巧合吗？就这么凑巧对齐了？都柏林高等研究院的天文学家汤姆·雷曾在20世纪80年代调查过纽格兰治的几何设计，他断定不可能是巧合。我到汤姆·雷位于都柏林的办公室拜访时，他说“我是天文学家，也是数学家，看了统计数字后，我感觉这样的构造真的不太可能这么凑巧”，“当时的人想要”和太阳成一直线。几年前，鲍威尔在知名考古学期刊上发表的文章也有同样的结论：“毫无疑问，这个特色就是整座墓地设计中不可或缺的一环。”

纽格兰治现在的名字来自盖尔语中的“阳光洞穴”（Uaimh na Gréine）。事实上，甚至在20世纪60年代首度开挖前，当地就已经流传着阳光会在一年中的某个时刻照进洞里这样的说法。欧凯利猜测可能和冬至有关，因为新石器时代晚期的遗址常有这种连成一线的设计。因此他在洞穴外扎营过夜，第二天——1969年12月21日——起了个大早，以便亲自证实他的猜测（为了确定结果，一年后他又重复了同样的实验）。汤姆·雷跟我说这个故事时忍不住笑意。他说：“从天文学家的角度来看，其实不需要亲身体验。只要做一些调查，就可以找到答案。但我们想象的情景很浪漫，在一年中白天最短的那一天，欧凯利坚持守在墓室后面，等待太阳升起。看吧，太阳升起时，他发觉阳光照进纽格兰治的主要墓室。”那天早上，欧凯利的日志内容如下：

位于爱尔兰纽格兰治的“长廊古墓”，可追溯到公元前 3100 年的新石器时代。到了冬至的早晨，阳光通过古墓入口上方的开口射进来，照亮墓室后方

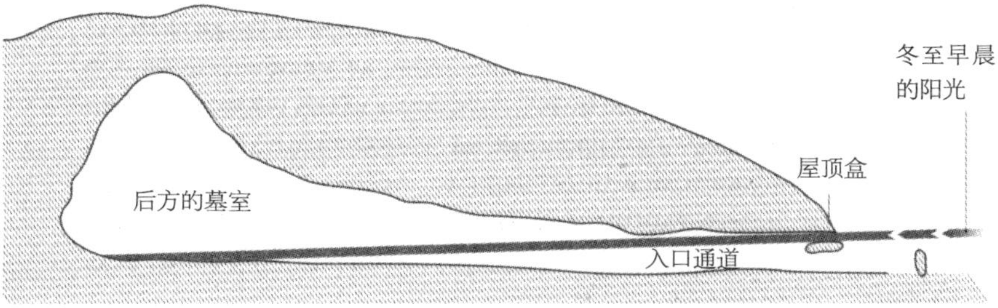

格林尼治标准时间上午 8 时 54 分，太阳的顶缘从地平线冒出来，到了 8 时 58 分，第一道阳光穿过屋顶盒，沿着长廊直射进墓室的地板，一直延伸到最深处石盆的前缘。

但现代人的看法和五千年前不完全一样。汤姆·雷说，过去数千年来，地轴会周期性地摆动。这个现象和地球自转轴的进动（precession）有关：地球转动时，地轴本身会慢慢绕着太阳系旋转，转一圈需要 2.6 万年。而与此相关的摆动，天文学家称为章动（nutation），章动会造成地轴定期改变倾斜角度。目前地轴的倾斜角度为 23.5 度，而在纽格兰治古墓兴建时，倾斜角度比现在略大，大约为 24 度。汤姆·雷说，这个小小的变化当然也有其重要性，当时全年最短的白天比现在短一点，最长的白天也长一点。从而就会影响到日出和日落的时间。欧凯利也注意到同样的现象，现在到了冬至这天，日出后过了几分钟，第一道阳光才会射到墓室后方。然而，五千年前，应该一步到位。汤姆·雷说："太阳一升起，应该就会照进来。"

纽格兰治的冬至日出仍是大众瞩目的事件。每年都有数千人参加抽签，希望能得到机会在12月21日所在的那个星期参观古墓。由于主要通道角度朝上，第一道阳光并不会照到墓室后方的墙上。欧凯利观察到，第一道阳光会照在离墓室后墙几米的地上。能得到参观机会的幸运游客希望能看到墓室内的第一道阳光。图菲说："大家会一直盯着地面。"近几年来她所目睹的冬至日光次数应该居冠。"不知道过了多久。尽管大家都看着地面，还是无法捕捉到第一道光线。"很快光束的大小开始跟铅笔差不多，图菲说："然后光线马上就变长变宽，同时在地面上向后移动。"一直过了几分钟，阳光才照在墓室中间，这时光线大概有20厘米宽，而且亮度惊人。图菲说："颜色很好看，很温暖。整个墓室都被照亮了，你抬头最远可以看到顶石，聚集在墓室内的所有人的面孔都能看得一清二楚。"

新石器时代的人把这么多巨大的石头搬到一个地方，用非常精确的方法建造了墓室，好让太阳直直照进来，到底有什么意义？我们可以想象建造纽格兰治墓的人（就像说起现代的农民）一定对四季变化很有兴趣，也喜欢观测天体的移动，尤其是太阳和月球。当时还没有街灯和购物中心的光害，天空仍保有原始的清新。是的，爱尔兰的天气虽然常乌云密布，但在晴朗无云的晚上，每个人都能看到空中闪烁着光芒的天体。太阳每日的起落、月亮每月的圆缺、一年四季的转换——任谁都无法忽视天空的自然规律。

汤姆·雷说："他们当然对天文学很有兴趣。"但他也告诫大家，不要把现代西方的术语套在差异这么大的文化上；把那些新石器时代的农人归类为"天文学家"或称纽格兰治为"观测站"时要想清楚。但我们将会看见，在讨论建造精巧的新石器时代遗址时，各种类型的学者都免不了提到“观测站”这个说法。此外，当时的农人对天空的兴趣浓厚，这一点毫无疑问。汤姆·雷说：“主要的两大天体一定是关心的焦点。有没有宗教的含义，我不知道，我想其他人也不知道答案。”

最早的人科动物

我们最早的祖先没有时钟和历书，却有功能类似的东西，也就是大自然。数千年来，天体有节奏的动作反映出时间无穷无尽的循环，这一定让远古时代的人类深深着迷。今天，我们可以低头看手表（或手机液晶屏幕上显示的时钟）；老祖先则会抬头看太阳、月亮和星星。很有可能在更早之前，从老祖宗第一次直立行走和削出最早的粗糙石头工具时，就有了更基本的时间观念。但从这些骨头和工具推断出人类思想和信念的挑战不仅艰巨，还会带来无尽的挫折，就连看起来最可信的想法都极少得到证明。近年来遗传学、认知科学、灵长类研究方面都有明显的进步，才能巩固上述的努力成果，当然更不能忘了考古上的发现。尽管如此，追溯的时代愈久远，找到的线索也愈零散模糊。

人类学家怀疑最早的人科动物，也就是人类家族最早的成员，早在我们所属的智人种掌管地球前，就已经有了某种时间观念。① 早期的人科动物活在数百万年前的世界里，纽约州立大学石溪分校的谢伊认为，“(他们)或许已经有初步的时间概念，跟我们很像”，他们也能“理解过去和未来，也持有‘在这种情况下，会发生那件事’的观点，从偶然的角度察觉未来”。谢伊不说“意识”，因为这个名词在许多科学领域中都

① 早期人类和相关物种的分类正在改变。在本书中我用“人科动物”(hominid)代表人类家族中的所有成员，包括智人和他们已经绝种、用双腿行走的近亲。大致上来说，所有曾经直立行走的灵长类，最早出现在四百万年前。有些人类学家现在用“人科动物”这个术语来涵盖所有的大猿(事实上这就是新的技术性定义)，并刻意用 hominan 这个术语代表人与类人的物种。为了化繁为简，本书采用“人科动物”比较传统的定义，这也是大众传媒继续使用的说法。(我认识的一位人类学家坦承，新的定义令她“悲伤不已”。)

有太多包袱，但假设有自我意识和环境意识的生物至少也有基本的时间改变概念，似乎也算合理。谢伊说，最早的人科动物至少能意识到过去和未来，才能组成互助合作的社会团体，在险恶多变的自然环境中猎捕大型动物。他们能向过去学习，试着预测未来的情况；也能在脑海中整理不同的做法，想象不同的做法会带来什么样的结果（心理学家称之为“心智时光旅行”，我们会在第五章详加讨论）。

在非洲和中东远古湖泊的沿岸，可以找到这些早期人类懂得规划未来的证据，在这里，考古学家发现了库存庞大的石造工具，它们由早期的人类制作，储藏的地方看起来颇有策略性。谢伊猜测，或许他们规划这些储藏的地方，是要让材料离部落近一点，万一有需要就可以立刻当成武器使用。甚至连工具的精细程度也表示他们懂得做计划：细心凿出的手斧应该不止用来切一次，而是要重复使用。看来这些人科动物在某种程度上明白过去和未来；他们感觉得到生存的意义，除了知道下一座山头上有什么猎物，也知道第二天或下一个季节会发生什么事。虽然还处在初步发展阶段，但他们显然具备了某些时间概念。

远古人类最令人不解、最具争议性的一项行为就是死者的葬礼，在人科动物的记录上，一直到了后来才出现埋葬死者的习惯。这种做法就最低限度而言，是暗示了人类祖先的生死观念，或许他们也想到了“永恒”。有系统的葬礼最早出现在约十万年前的尼安德塔人身上，这个人种是人类族谱的旁支，住在欧洲和亚洲西部。然而，现代智人所行的葬礼却更加精密。在详细探讨这种做法前，最好先来看看人类族谱这两个分支之间的复杂关系。

一见如故

尼安德塔人最早出现在距今 13 万年前，一直到 2.5 万年前都十分兴旺。他们跟智人同时分布在一样的地理区域，有很多共同的特性；在大约于 4 万年前开始的旧石器时代晚期，他们的确同时出现在欧洲西南部。但这两个人种泾渭分明。尼安德塔人个子不高肌肉发达，额头后斜，眉骨突出。就算帮他们刮了胡子，再换上现代的服饰，走在 21 世纪城市的街道上仍会令看到的人惊讶得倒抽一口气。他们的大脑体积其实比现代人更大，但我们接下来就会看到，大小并没有那么重要。

有些尼安德塔人的特性似乎跟现代人类很像：他们会制作石器，会控制火，以肉类为主食，也会照顾老人和病患（从骨骼可以看出有些重度残障的人也活了很多年）。人类学家克莱因指出："这个迹象很有说服力，指出他们也有人性。"（近年来也有人争论尼安德塔人和智人是否偶尔会混种；根据基因研究和化石记录，愈来愈多人同意，就算真有其事，混种交配也非常少见。）但两个人种的生活风格和智力却有天渊之别。

尼安德塔人虽然会造石矛和石斧，但制作的工具类型不多，也很少用到骨头或象牙，更没留下艺术或首饰的遗迹。也找不到他们懂得创新的迹象：十万年来用的工具都差不多。克莱因的结论是，尼安德塔人灭绝"并非仅仅因为他们的行为跟不上时代，而是因为他们没有能力做到"。相反的，早期的人类留下了很多艺术作品。

尼安德塔人和智人之间的巨大差别，也反映在他们的葬礼仪式上。尼安德塔人把死者埋在浅坑里，没有明显的"陪葬物"或葬礼仪式留下来的相关证据。这种埋葬方式可能只是用卫生的方法处理尸体。等到现代人出现后，我们才看到陪葬物的明显证据，例如工具、首饰和其他下辈子可能用得到的东西。耐人寻味的是，虽然智人最早在 20 万年前就出现在非洲，但如此复杂的埋葬方法似乎到了后期才兴起——大约从 5 万年前开始，我们的祖先才会大张旗鼓地埋葬死者。

出生、死亡和来世

考古学家在俄罗斯的松希尔遗址发现的人类历史上最早的复杂葬礼，

距今约有 2.8 万年。遗址内有一具男性长者的遗骨，还有一男一女两名青少年。每具遗体上都装饰了数千颗象牙珠子（可能缝在衣物上，但是衣物早已腐烂）。男人戴着象牙手环，上面有黑漆的痕迹。少年系了腰带，肩膀下方有一只象牙雕的猛犸象。右侧有一支用猛犸象牙雕出的巨型长矛。少女戴着镶珠的帽子，身边放了很多象牙小刀和匕首。

我们不免会推测，旧石器时代晚期的居民对下辈子有所期待。考古学家史蒂文·理查德指出，他们的世界观似乎表示他们相信超自然的力量，或许也相信有来生，这样的看法也是人类史上最早出现的记录。他说，从复杂的埋葬仪式来看这是“首次出现的宗教意识形态”。要定义宗教当然不简单，但对史蒂文·理查德来说（或许大多数的学者也这么想），这种意识形态包含信徒的假设：死亡并非终点。他们一定确信人类某些物质以外的元素在死后仍会留存，这些元素就跟活人一样具有相同的信念和渴望。换句话说，旧石器时代的祖先心里描绘的时间观念已经复杂到让他们想象死后可能还要继续生活，能够想象时间从这个世界延伸到另一个看不见的世界。

现代的智人到达欧洲后不到一万年的时间，最后的尼安德塔人就消失了。新来的智人在挣扎求生时占有某种有利的条件。很多人类学家相信，语言能力带给他们（也就是我们）优势。包括尼安德塔人在内的其他人科动物可能只会发出不清楚的声音和打手势，现代人却早已发展出复杂的符号语言。有了语言后，就有抽象能力，能够突破此时此刻。智人在打猎时懂得思考和拟定策略，具备精密的时间和空间观念。

然而，有了时间意识后，人类就察觉到自己的生命有限。正如历史学家弗雷泽所说，我们对时间的了解“就像一把双刃的武器，两边都可以切”，表示有利也有弊。规划未来的能力让人类更加兴旺，但他也补充说：“这些优势的代价就是深刻的不安感受，知道死亡终将来临。”

争论的焦点

远古人类追踪时间流逝的方法有多仔细？在挖掘到的旧石器时代手工艺品中，有少数看起来很像日历，但到目前为止最有说服力的则是一块上面有雕刻的骨片（老鹰翅膀的一部分），在法国西南部的多尔多涅河谷发现。在所有的史前工艺品中，这块碎片最引人注目，大约长 10 厘米，年代可追溯到 3 万年前。碎片表面上有一连串刻痕，每一排大概有 14 或 15 个，排成蛇一般弯弯曲曲的样子。20 世纪 60 年代，美国考古学家马雪克研究上面的雕刻后，认为刻痕是画记——旧石器时代的猎人用刻痕计算数目。可是他们想计算什么？马雪克发现，每一排的刻痕数目大概就是从新月到满月，或从满月到新月的天数（完整的月周期平均长度约为 29.5 天）。他推测这块骨头或许就是原始的阴历。

任教于纽约上州柯盖特大学的艾文尼，曾以史前社会和非西方文化中的计时习惯写了很多文章，马雪克的主张激起他的好奇心（他应该也被说服了），把骨骼碎片称为“有趣且具有魔力的小工艺品”。艾文尼承认，上面的记号可能也有其他的解释：或许是猎人在记录猎物的数量，或女性记下月经周期，或者这块骨头只是拿来磨刀的工具。人类学家也怀疑旧石器时代人类的思想是否敏捷到能够连续记录好几个月的事情。然而，艾文尼仍猜测马雪克的诠释没错：“我相信这项工艺品是最早的计时工具，显然跟月亮的阴晴圆缺有关。”

多尔多涅的骨骼碎片（据说）只涵盖了两个半月，但艾文尼注意到画记原则上要延伸下去非常容易，更长的连续记录就可以让早期的人类了解从怀孕到生产需要经过九次月圆，或者有时某些植物和动物的数目会变少，或许他们还发现过 12 或 13 个月，四季就会循环一次。不过艾文尼要大家小心：“用我们的模糊观念去揣测制造工艺品的人心里怎么想，就是考古学不确定性最高的一个地方。”

到了公元前三四千年的新石器时代晚期，地球表面出现了非常壮观且耐人寻味的结构，体现了人类对时间流逝的兴趣。[①] 在欧洲各地，从地中海西边到大不列颠群岛和北大西洋沿岸，出现了壮观的石造遗迹（巨石），包含十多个围成圆圈的石碑，在英国和爱尔兰最多。我们刚才看过了纽格兰治，很多人相信这个古老遗址具有历法的含义。巨石阵当然更有名，而邻近的埃夫伯理石圈则更大更复杂，位于苏格兰西北部刘易斯岛的卡兰尼什，石群数目和精密度都不逊于巨石阵。之前的考古学家认为这些石碑是观测站，用来追踪日月星辰的移动。这种诠释引来了争议（“观测站”的说法总不免引人议论），但最基本的主张则无人反对，举例来说，巨石阵的主轴正对的是夏至日出的方向。（英国西南部乡间随处可见的“狭长古墓”等古老构造通常也会对齐太阳的方向，不过不太精确，大多数呈东西向，入口对着地平线东边的象限。但这些构造的实际方位角度十分多变；有些学者认为它们可能是对着月球，而不是太阳。）

索尔兹伯里平原上的秘密

巨石阵本身可追溯到大约五千年前，最早建造的是巨大的环状路堤和壕沟，宽度在 100 米左右。在壕沟内有 56 个填满了白垩的洞围成一圈，考古学家相信以前这些洞里应该固定了竖起的木柱。在接下来的几个世纪，又冒出了不少类似的建筑结构，于公元前 2400 年到公元前 2100 年间达到高峰，这时出现了四十吨重的巨石构成的石圈；这些石头也叫作“撒森岩”，以用来搭建石群的高密度冰成岩命名。撒森岩上面盖了十吨重的水平“楣”，要搭上去起码要花几百万个小时来工作。在撒森岩围成的圈内，直立的“青石”围成一个比较

① “旧石器时代”和“新石器时代”等文化时期没有绝对的年份；在不同的地理区域开始和结束的时候都不一样。上面提到的日期指欧洲的新石器时代晚期。

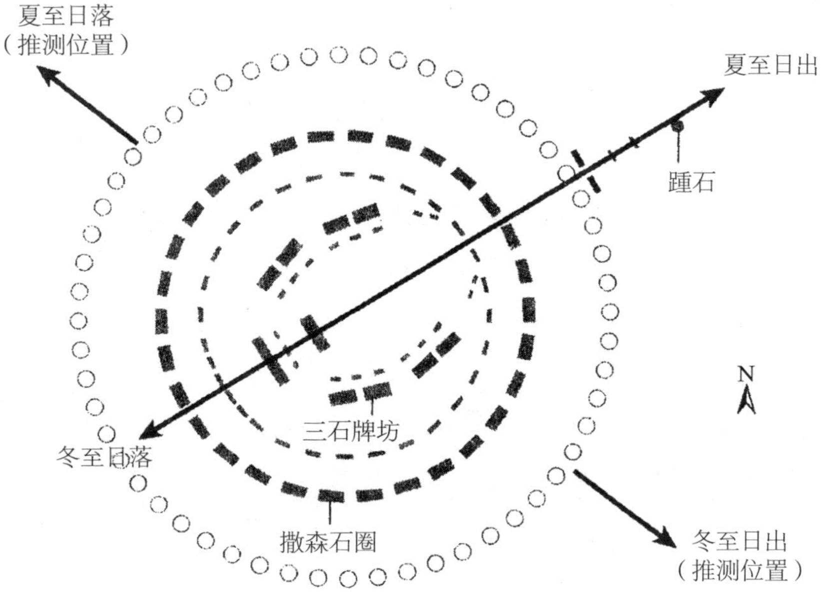

位于英格兰西南部的巨石阵，清楚显示出和天体对齐的样子：中间由三石牌坊组成的“马蹄形”主轴对齐了夏至日出的方向（也等于冬至日落的方向）。考古学家觉得还有其他的对齐方式，不过尚无定论

小的同心圆，考古学家确认有些砂岩从韦尔斯的普瑞斯里山拖来，离遗址两百多公里远。

巨石阵最里面的一圈由五组巨大的三石牌坊组成（各有两柱一楣），排列的方式就像马蹄形，对称轴从西南往东北延伸。对称轴上靠近边缘的地方还有一块叫作“踵石”的岩石。我们可以推测教士或族长从遗址的中心进行观测时，可能用踵石当作瞄准工具，在夏至的早上观察升起的太阳，夏至时太阳会移到东方的地平线最北的位置（同样，观察的人可能站在踵石边，朝着西南方，在冬至的傍晚看着太阳落下。也很有可能两者兼备）。至少遗址曾被当成观测太阳移动的观察坐标，或许月球和星体也是观测的对象。毫无疑问，巨石阵和其他石群的设计和建造动机一定和天体活动脱不了关系；问题在于关系有多密切，以及是否还有其他同等重要的动机。[①]

在20世纪六七十年代，几名作家费尽心思阐释巨石阵和其他新石器时代的遗址有哪些天文用途，他们的主张引起强烈的争议。少数几位满腔热忱的作家宣称巨石阵是座精密的观测站，就像模拟计算器一样，用来预测日食或月食（有可能利用插在地上那些洞里的五十六根木柱）。考古学家和考古天文学家拉格斯说，当时的人对天文的热忱如脱缰之马，“形成考古学家眼中最为人不齿的例子，用当代的形象重建过去的景况”。（在“阿波罗号”刚开始登上月球的时代，或许我们很希望祖先对宇宙也有跟我们一样的志向。）拉格斯说：“无论如何，没有理由可以猜想曾经有人把这块遗址当成天文观测站使用；至少我们找不出对现代天文学家有意义的理由。”

天界的设计？

是设计，还是巧合？某些石柱或许对齐了某种天象，但那并不表示建造的人刻意要对齐。石材充沛，天上也有足够的“目标”时（比方说特别亮的星星升起或落下的位置），就免不了要对齐。考古学家柏尔写道：“从统计的角度来看，很有可能几乎每个石圈都和某些天体成一直线。”在英格兰，以位于坎伯兰的格雷考夫特遗址为例，这里的石圈由12块石头组成，柏尔发现可能组成的线条很多，可能对齐的目标也很多，“不对齐天体几乎不可能”。根据他的计算，如果遗址有12块石头围成圈，就可能有132种对齐的方法。

在观察遗址时，也要考虑到周围的自然和人工景色，特定区域内的所有遗迹都要纳入考察范围。比方说爱尔兰科克郡的德罗姆贝格石圈。这个石圈的主轴跟巨石阵一样对齐了夏至日出和冬至日落的位置。但在

① 根据参考资料，有件事很有趣，现代的德鲁伊（塞尔特族的宗教教派）认为遗址是他们的，但巨石阵早在塞尔特族入侵前就已经建造完成。德鲁伊或许曾用过这个地方，但巨石阵绝对不是德鲁伊盖好的。

爱尔兰西南部还有五十多个石圈，似乎都没有对齐太阳。如果建造石圈的人考虑到天文现象，为什么看不出规则，对齐夏至日出和冬至日落反而是例外呢？

巨石阵和太阳的位置成一直线，这很明显，但其他天体的角色则没有那么明确，专家的意见也分歧较大。柏尔相信太阳和月球最北和最南升起和降落的位置一定都记录下来了。[①] 艾文尼同意，在冬天的那几个月，会有人用巨石阵的主轴来监控月球升起于最北的位置，事实上，他也不排除这道轴曾被当成月食的指标。当月亮升起的位置落在巨石阵东北方的入口时（现在入口处只留下了踵石），当年观测天象的人或许就知道下次满月时可能会出现月食。艾文尼的文章提道："但就算没有出现月食，迎着那特殊满月带来的光芒，大家也能彻夜举办仪式，敬拜来访的神祇。"他说，建造巨石阵的人或许也在记录天体移动。但他也补充："我相信，如果巨石阵和日月天文学有关，新石器时代建造巨石阵的人和天空之间的关联比较倾向于戏剧效果，不属于精确的科学。"那也难怪中世纪的人把巨石阵称为"巨人之舞"。

时间的圣殿

显而易见的是，石圈遗址曾经是民众聚集的地方，但聚集起来做什么？观察天象？表示新的季节开始？崇拜太阳和月亮？把祖先当成神祇供奉或敬拜死者？很有可能这些理由都没错，而且还有其他的目的。除了我们能想到的用途，巨石阵也曾是墓地：考古学家最近发现该处埋了两百多人的骨灰。但宗教仪式总无法完全脱离宇宙哲学，尤其有时候天体本身就是祈祷的对象，而在复杂的宇宙阶层中，日月就在最上层。遗

① 和太阳相比，月球升起和降落最北的位置更偏北边一点，升起和降落最南的位置则更向南偏，日月北边位置的差距跟南边的一样。

迹就像万神殿，容纳神明以及动物和人类的灵魂。我们也要记得，像巨石阵这样的遗址一千多年来都是人群集会的地方，过了那么多个世纪，功能当然也会改变。艾文尼说，我们可以把巨石阵当成“社交聚会、宗教集会、做礼拜的中心，加了防御的住所、祭天的圣殿和观测站的所在。这些定义纵横交错，在某个时期内，可能比较偏重某些用途”。

不论像巨石阵这样的遗迹有什么象征意义，除了空间外，肯定也和时间有关。建立这样的构造，除了单单记录季节变化外，当时的人一定也想到了其他跟时间有关的问题。在巨石阵发现这么多遗骨，拉格斯和同僚波拉德认为，可以把这个现象当成“对过去的参考，或许也牵涉神话的开端”。在这些地方，时间看起来仿佛静止不动；天际的节奏和公开的仪式不断举行，更强化了这种感觉。学者说：“在社会变化间断出现的世界中，巨石阵具体呈现了时间概念，同时涵盖过去的时间和延续性。”惠特尔观察到，遗迹就像“永恒的准则”“留住过去以便开启未来”的神秘舞台。来到这里的人觉得和祖先、神祇、大地、苍穹合为一体，参与的人觉得自己能够超越时间。

在欧洲大陆，考古学家也发现了魅力程度不相上下的遗址。最近他们在德国东部的革塞克镇挖掘出青铜器时代的聚落。遗址中有圆形土墩和壕沟，直径约 75 米。起源还不确定，但很有可能最早于公元前 5000 年的新石器时代晚期启用，因此古老程度远超过巨石阵。考古学家相信当时的人在这里举行膜拜仪式，但此处显然也有天文用途——遗址的“大门”对准了夏至和冬至日出的位置。最引人注目的发现是：直径约 30 厘米的青铜圆盘上有用金子浮雕描绘出的天空。这块“天体图”的时代比较晚，大约在公元前 1600 年，上面有太阳、新月和 32 颗星（可能包括昴宿星团）。考古学家梅勒把铜盘形容成“肯定是最早对宇宙的真诚描述”。这表示出土的遗址“功能必定……就像天文观测站，跟英国的巨石阵一样”。

除了西欧和北欧外，其他地方的人也对天际的节奏很有兴趣。古埃及人和巴比伦人（我们会在下一章详细讨论他们的成就）利用数学和几何学的方法，发展出一套精密的天文学。在中美洲，壮观的玛雅金字塔对齐了春分和秋分的太阳位置，建造金字塔的人也发展出错综复杂的历法（也会在下一章详细讨论）。再往南走，印加人在公元 1500 年前就建造出太阳观测站。在北美洲的俄亥俄州和密西西比河谷也出现了巨大的土墩（很有可能用来当作防御工事或者是举办仪式的地点），看来也具备天文观测的用途。住在美国西南部沙漠地带的霍皮族印第安人用当地的环境当作历书，追踪一整年内地平线的太阳位置变化。在非洲，肯尼亚西北部有 19 根玄武岩柱围成的圆圈，或许也曾是天文观测的工具，到了今日，当地居民仍以这些柱子为工具在日历上记录重要的日期。中国北部发现的新石器时代墓地约出现在公元前 5000 年到公元前 3000 年，也对齐了罗盘上的主要走向。其他的例子在此先不赘述。

考古学家不断发现古代的石群和结构，代表人类对天体循环的关切。2007 年，在秘鲁沿岸沙滩工作的考古小队，宣布他们发现了有可能是最古老的美洲天文学遗址：这里有连续 13 座石群，叫作“堪基佑塔”，建造时间约为公元前 13 世纪，主体沿着一道低矮的山脊南北纵向延伸，整个遗址长度超过 300 米。考古学家相信这些塔是用来当作观察太阳的地平线标记。在主轴的东边和西边，他们发现几座礼堂的遗迹；考古学家相信这些建筑物就是以前的观测站。从两个有可能曾是观测点的地方来看，沿着南北分布的塔正好符合一年内太阳起落位置的范围。在冬至（和夏至）的时候，太阳会从最北边（或最南边）的塔上升起和落下；在其他时候，可以用塔来追踪太阳的位置，误差不会超过两天。

新石器时代的看法

所有有关史前人类及其宇宙观的主张，都不免会引起争议。但很清楚的是，到了新石器时代晚期，生理上已经演化为现代人的人类遍布全球，他们打猎、农耕和照顾作物；夜晚的天空和有节奏地循环的天象也吸引了他们的注意力。空中的时计唤醒了内心深处的某些东西。

我们当然无法确切明白石器时代建造石群的人心里在想什么。每一位考古学家一定都幻想过利用时光机回到巨石阵正在建造的时刻（或许你会很想靠近建造工人，问他们一长串问题，不过躲在远处的树丛后观看建造过程不容易破坏时空连续性，你可以带着望远镜和笔记本）。但我们现在只能接受巨石阵和其他新石器时代留下来的石群告诉我们的信息。

再回到纽格兰治，图菲常常在想这些事情。她忍不住一直思量，当建造石群的工人费力搬运石头和雕刻那些神秘的图案时，心里到底在想什么。她说，最合理的猜测应该也跟现在的差不多。她也承认，我们无法克制想要从石头上读出建造工人可能有也可能没有的动机。图菲在遗址工作了 20 年，耳中听到的游客个人体验通常都反映出在流行文化中随着时间不断变化的宇宙观。在 20 世纪 70 年代，冯丹尼肯的书《诸神的战车》问世后，游客有时候会告诉她，土墩看起来很像宇宙飞船。（纽格兰治由外星人建造的说法很令图菲困扰，她哀叹："居然把功劳归于来自外层空间的生物。"）在 20 世纪 80 年代，环保运动开展后，大家开始追寻"大地的能量"，强调要和"大地之母"和谐共存。图菲说，到了今日，很多游客会想到灵性，渴望宇宙共通的信仰，"在众人放弃既有信仰的世界中，分支愈来愈多，大家就想回到这些地方寻找答案"。

我们再看一眼墓室后方石头上的螺旋图案。考古学家认为这些印记象征太阳——这个想法也算有理，正好符合这里对齐冬至日出的设计。但图菲要问，这种象征对建造纽格兰治的人来说究竟有什么意义？她说："我们跟他们的天性不一样。太阳对五千年前的人有什么意义？那是一道我们永远无法跨过的鸿沟。"

走出洞穴时，清晨的阳光让我们两人都眯起了眼睛。

"就算我们能搭上古老的时光机，冲回公元前 3100 年，"图菲思忖，"我也不太确定我们能否找出适当的沟通方式来了解他们，从他们的角度看世界。"

第二章

突然损失了十一天

历书改革了，1582 年 10 月 4 日的第二天变成了 10 月 15 日。有些人很痛苦，突然觉得“少了”10 天，商人和银行也发愁不知道怎么计算利率。英国在 1752 年 9 月 2 日也采用了新历法，因此第二天变成了 9 月 14 日，老百姓很不高兴“损失”了日子，伦敦和布里斯托都发生暴动，抗议者嘶吼：“把 11 天还给我们。”

凡事都有定期，天下万物都有定时。

——《圣经·传道书》第三章第一节

每年到了秋天（或几乎每年秋天），满肚子经典笑话的脱口秀主持人戴维·赖特曼就会找个合乎时节的笑话，说出如下的至理名言："好，那就祝犹太人朋友新年快乐。今天是犹太新年，也是犹太历 5768 年的开始"——这是 2008 年版的笑话，"喂，你跟我一样吗？支票上还继续写 5767 年？"（提示鼓手连续敲鼓边，乐队领班谢弗也纵声大笑。）当然，住在耶路撒冷的正宗犹太人也一样，没有人会在支票上写 5767 年或 5768 年。相反，从美国西雅图到新加坡，起码在日常事务上，所有人都用格里历，也就是阳历，这项伟大的发明结合了巴比伦人和埃及人的想法，经过罗马人修改，由 16 世纪的教宗和一群快要被遗忘的天文学家和数学家琢磨成现代的模样。在人类开化的历史中，格里历也包含在最成功的构想之列（道金斯或许会称之为成功的"弥因"：在一段时间内传播出去的一组文化信息）。

人类发明的计时系统不止格里历一种，我们下面也会提到，（在一定程度上）历书甚至没那么准确。但历书的由来也值得注意，这项成就经过了好几个世纪才成形，甚至可以说花了好几千年。在前一章我们看到夜空中有规律的活动抓住了远古人类的注意力，他们还想办法记录了下来。在伟大的古老文明开始前，这种有系统的观察变成虚拟产业；每种文化都根据他们的天象观察以及自己的特殊需要和优先级，发展出涵盖整年时间的历法。现今最盛行的是基督教使用的格里历，它利用了许多不同文化的概念。每种文化对天体的意义都有独特的看法，在追踪天体移动时，解决问题也有独特的方法。在这一章，我们会探讨历代想要成为历匠的人要面临的挑战，以及他们因为想要驯服日月星辰所展现出来的无数活动。

正如前文所述，早在旧石器时代，人类就开始追踪天体的活动。但在最早的文明（特色就是复杂、以农业为基础的都会聚落，具备成熟的书写系统）出现后，我们才能确定人类会记录日子、月份和年份。然而，月球运行周期的日数和每年的月球运行周期数目都不是好记的概数（的确，甚至不是整数），所以要明白天体循环的意义并不容易。前面已经提过，太阴月的长度约为 29.5 天（实际上是 29.5306 天），太阳年（也称为"回归"年，指太阳回归黄道）约长 365.24 天（实际上是 365.2422）。大家都知道，这些周期彼此不一致：早在公元前 5 世纪，在希腊诗人阿里斯多芬尼斯的剧作《云》中，月亮就抱怨日子不肯配合她的阴晴圆缺。

不一致的周期

用太阴月的天数除一整年的天数，结果又带有小数点，超过 12 但不到 13；实际数字接近 12.3683。过去几千年来，有许多不同的文明试过种种妙计，想要调和这些不一致的周期。有些把月份天数四舍五入变成 30 天，古代的苏美人就采取这个做法；每个月都是 30 天的话，一年 12 个月就有 360 天，只比真正的太阳年（大约）少 5 天。其他人则用比较精确的太阴月长度，然后假设一年正好有 12 个月：结果一年只有 354 天，比真正的太阳年（大约）少了 11 天。用这种历法的话，每年的新年都会比前一年的早 11 天。过 16 年，夏至的庆祝活动就会变成庆祝冬至。

利用月相记录月份，但又想调和月份和季节循环的历法叫作太阴太阳历。巴比伦人就采用这种系统。在西方的天空看到新月，就表示新的月份开始了，伊斯兰教国家至今仍遵行这种做法（注意到了吗？很多伊斯兰教国家的国旗上都有新月的图案）。为了让月份和太阳年齐步并行，在巴比伦人使用的周期中，7 年有 13 个月，12 年只有 12 个月，两种互相交替。总和共有 19 年，称为“默冬周期”，以公元前 5 世纪希腊雅典的天文学家默冬的名字来命名。（默冬发现 235 个太阴月加起来的总天数就跟 19 个太阳年一样；根据这个周期的历法，隔 219 年才会跟真正的太阳年相差 1 天[①]。）

从公元前 2000 年开始，巴比伦历就加入了额外的月份（闰月），不是跟着第 6 个月（以禄月），就是跟着第 12 个月（亚达月）。历史上载明，公元前 19 世纪，国王汉谟拉比下令要调整月份：

> 此年要额外加 1 个月。即将来到的月份应该指明为以禄月的第 2 个月，巴比伦人要在提斯利月的第 24 日缴纳的年度税金，现在应该在以禄月后的第 2 个月第 24 日缴纳。

犹太历几乎完全仿效巴比伦历。（这两种文化的交互影响可以追溯到公元前 6 世纪，当时由尼布甲尼撒二世统治的巴比伦征服了耶路撒冷；接下来的 70 多年，犹太人都在外流亡。）犹太历跟巴比伦历一样，以 19 年的默冬周期为基础，结合 12 个月和 13 个月的年份。周期中某些月份的长度也可能出现变化，所以“正常”年份可能有 353、354 或 355 天，而闰年（包含额外的月份）则可能有 383、384 或 385 天（这就是为什么光明节等犹太节日的日期在格里历上看来变化多端的原因）。

---

① 跟常见的情况一样，功劳并未归给第一个想到的人；除了巴比伦人外，中国人比默冬早好几个世纪就找出了 19 年的周期。同样，巴比伦人早就知道“勾股弦定理”，比希腊思想家毕达哥拉斯早了一千年。

河流的节奏

古埃及人最关心的问题跟巴比伦人不一样：在埃及的一年中，最重要的事件就是每年夏末尼罗河的泛滥。洪水让沙漠充满生机；河流就是埃及文明的焦点。难怪希腊历史学家希罗多德在描述公元前 5 世纪的埃及地理时也提到“尼罗河的礼物”。埃及人会细心追踪天空中最亮的天狼星（他们认为天狼星是人头蛇身神索提斯的化身）来预测每年的洪水。每年春天，天狼星会被太阳的闪焰盖住，消失几个星期，埃及人认为这表示蛇神到阴间一游。当黎明来到前，天狼星首度重现在天空中（现代的天文学行话称之为“偕日升”），新年即将到来；天狼星再度现身，表示尼罗河马上就要泛滥。当地最壮观的纪念碑都反映了天狼星在埃及天文学中的重要性，包括吉萨的基奥普斯大金字塔。考古学家相信通往中心墓室的狭窄走道对齐了天狼星在空中行进的路径。（至少有一个英文口语用法跟这种历法传说有关：天狼星又称“天狗星”，出现后表示“疯狗溽暑”的日子即将到来。）

埃及人最关心每年的洪水泛滥，因此在历法上弃阴采阳。他们也分月份，一年有 12 个月，每个月有 30 天；但他们的月份和月亮的阴晴圆缺毫无关联。如此一来，一年只有 360 天，因此埃及人在年末加了 5 天，进行宗教庆祝仪式。这样一年就有 365 天，只比真正的太阳年少了 1/4 天。值得玩味的是，埃及人很早就发现其中细微的差别；他们发现 1 年加 1/4 天（或每 4 年加 1 天），历书和真正的太阳年就只差几分钟。但负责历书系统的祭司过了好几个世纪才采纳这样的变化。到了公元前 238 年，埃及国王托勒密三世要求采用闰年系统。（当时埃及由古希腊人统治，托勒密三世——和这位国王同名的希腊天文学家托勒密是好几个世纪后的人——或许从来自萨摩斯的知名希腊天文学家和数学家阿利斯塔克那里得到相关建议，阿利斯塔克跟 1800 年后的哥白尼持同样意见，认为太阳是宇宙的中心。）然而，又过了两个世纪，埃及历法才采纳闰年系统。罗马人征服了埃及后强制加入闰年；奥古斯都大帝命令埃及人使用闰年，让埃及的历法跟罗马使用的儒略历一致。

恺撒的历法

罗马人跟早期的埃及人一样，一开始使用一年 12 个太阴月的历法，不时加入额外的日数或月份，以便跟上四季的脚步。这套系统称不上完美：作家邓肯解释，除了不受重视，也有政治操作。他的文章提到，负责历书的教士“有时候会增加一年的长度，他们偏袒的执政官和议员得以延长任期，或者缩短一年的天数，让对手早点下台”。他们也用历书“增加或减少税金和租金，有时候是为了个人的财务利益”。在恺撒上台之前，罗马历法急需改革。希腊的历史学家普鲁塔克指出，罗马人想要建立确凿的规则，让月份循环符合一年四季的变化，因此节庆和进行祭拜的重要日子就可以慢慢改变，最后完全脱离起初设立的目的，配合季节的流动，但当时的人不懂如何计算太阳年；只有教士知道时间，他们按照自己的心愿，不公开通知就私自加入闰月。

普鲁塔克在文中提到恺撒的改革“流露出科学独创性”，因为恺撒大帝“召集了当代最杰出的哲学家和数学家提出定案”，最后他们采用“更精确的新方法来修正历法”。新系统上路后，罗马的成功“超越其他各国，能够避免不平衡的周期惹出的错误”。恺撒改革的核心想法和两百年前托勒密三世提议的一样：每 4 年增加 1 天。4 年中的 3 年有 365 天，第 4 年则有 366 天（1 年的平均长度就是 365.25 天）。儒略历一年的月份有的有 30 天，有的有 31 天（起始都和月相没有关系），奇怪的只有 2 月（平年有 28 天，闰年有 29 天）。为了修正累积到当时的“游移”，恺撒下令在我们所谓的公元前 46 年另外加两个月；那一年长达 450 天。他称之为“终结混乱的一年”。

对罗马的精英人士来说，改革后的新历法不只是学术研究。邓肯说历法也“注入新的精神，改变群众对时间的想法”。在恺撒改革前，时间在众人心目中就是自然活动不断复发的循环，或者是权力的手段。现在人人都有历法这样实用客观的工具来安排运输行程、种植作物、祭拜神明、规划婚礼和寄信给朋友……新的儒略历引进了新观念，人类不依赖月亮、季节和神祇，按照线性发展安排自己的生活。

比较“线性发展”和其他文化的时间概念非常有趣。在恺撒统治下的罗马所出现的时间观念似乎是西方独有的，把时间看成量尺上的刻度；很像现在我们在看手表或在行事历上写下约会时脑海中会浮现的景象。这个概念很深奥，我们会在后面的章节中继续讨论。

大概从这个时候开始，罗马人开始把新年标在 1 月，取代之前的 3 月，或许想让这个日期更靠近冬至。为了对恺撒表示敬意，元老院最后把第七个月（旧系统的第五个月，叫作昆提留斯）的名字改成尤利乌斯（恺撒的名字，英文的 July）。奥古斯都大帝之后乱改了月份长度：如果代表恺撒的 7 月要有 31 天，那么代表他的 8 月也应该一样。结果虽未改变一年的天数，但到了今日，月份长度的分布看起来就有些随意。

过了几个世纪，罗马帝国采用基督教为国教，名叫艾克西古斯（外号“矮子丹尼斯”，约 470—544 年）的僧侣改变了历书的起点，将基督出生后的年份标记为公元（缩写是 A.D.，拉丁文中“真主的年”之意）。当然，艾克西古斯只能估算基督诞生的年份；现代历史学家推算出基督出生的年份应该是公元前 4 年或前 5 年。艾克西古斯也没想到要包括公元零年（当时西方人还没有零的概念），因此公元前一年之后就立刻是公元一年。（顺带一提，公元前的英文缩写 B.C. 代表“在基督前”，到了 17 世纪初期才有人采纳。另外也要注意，A.D. 是拉丁文的缩写，但 B.C. 却是英文的缩写，当 B.C. 广为使用时，受过教育的人多半也用英文取代拉丁文成为日常语言。）

我们上面说过罗马人最后如何把新年移到 1 月 1 日，之后西方世界也逐渐接受这个做法（但花了很长一段时间，英国及其殖民地到了1752年才采用1月1日作为新年）。但何时要庆祝新年的做法终究十分多变。很多文化选择把春季当成一年的开始，因为春天象征重生和复苏。在南美洲，很多原生文化跟埃及人一样使用恒星的偕日升，但不像埃及人那么看重天狼星，他们的焦点是昴宿星团（在多种土话中，“年份”和“昴宿星团”是同一个词）。当地目前留存下来的古迹彰显出昴宿星团的主要作用，印加文化的遗址尤为明显。比方说，在秘鲁的马丘比丘，一座叫作托雷翁的椭圆形石造建筑上的窗户对齐了地平线昴宿星团升起的位置。（最近在亚克达巴塔发现的印加城市算是马丘比丘的“郊区”，中间隔着乌鲁斑巴河，这里的建筑物也有同样的对齐设计；庙宇和观测站也对齐夏至、冬至、春分和秋分时太阳升起的位置，有些也对齐昴宿星团。）

要注意的是，历书上决定新年开始的信号不需要和天象有关。西太平洋上的特洛布瑞安岛民在沙蚕开始产卵的“蠕虫日”开始新的一年，通常介于10月中到11月中。

用月亮计时

从新月出现到下一次新月之间的日子称为太阴月，或许比一年四季的变化更容易引人注意；我们在前一章看到月亮的盈缺或许早在旧石器时代就让人留下了类似历书的刻痕。至少观察月球周期的开始（或结束）还算简单。例如信奉伊斯兰教的某些文化就完全用月亮规划历法。为了严格遵守每日祷告的规定，伊斯兰教徒需要正确计时，因此在中世纪时，伊斯兰教国家的天文学就非常发达。公元年份即将满一千年时，伊斯兰教科学家已经制作出星盘等完美的天文仪器，也在中东各地建造了精良的观测站。伊斯兰教世界目前留存下来最老的观测站位于伊朗北部马拉盖，在公元13世纪建造完成，最近才刚修复。伊斯兰教年份完全按月球的运转来确定，包含 12 个周期；长 29 天和 30 天的“月份”彼此交错。“年”只有 354 天，比太阳年少了约 11 天。因此，伊斯兰教历的一年和所有的伊斯兰教假期都跟着季节变换。但是阿拉伯学者已经察觉太阳年的实际长度。学者兼诗人欧玛尔·海亚姆（约 1048—1131 年）算出太阳年的长度为 365.24219858156 天；这个数字很正确，一年大约有 365.2422 天。但邓肯也指出，欧玛尔·海亚姆的计算“过度准确”，因为地球旋转其实不规则（表示额外的小数点位数其实没有实用价值）。欧玛尔·海亚姆也拟定一套历法，每 33 年有 8 个闰年，虽然有点不好用，却比格里历更精确。在讨论历法和古文明时，一定要特别提到中美洲玛雅人的成就。在追寻最精确的计时方法时（或许可用沉迷来描述），玛雅人的大周期内还有小周期：除了注意到（大约）365 天的四季循环，他们还有一个比较短的 360 天周期，称为“盾”，还有跟金星运行有关的周期，长达 584 天；他们认为金星代表冲突。玛雅人在记录时间时用了一个更基本的概念，也就是长 260 天的“神圣循环”。玛雅人为何这么喜欢这个数字我们无从得知详细的理由，但艾文尼猜测，这个数字和大自然中的许多循环彼此协调。艾文尼指出，在傍晚或清晨的天空能看到金星的日子，平均约有 260 天（实际上是 263 天），这个数字很接近人类的平均孕期（253 天），此外也是墨西哥许多区域农耕季节的平均长度。由于这些因素，艾文尼说：“260 天在玛雅世界中就是黄金循环，凝聚众神的力量，这些神祇掌管时间、太阳、地球、月球、繁殖力和雨水。”260 这个数字可以当成“玛雅的神圣时间公分母”。

玛雅历上的太阳年长度为 365.2420 天，比我们用的更接近标准，和实际值 365.2422 只差了一点（格里历的值为 365.2425）。看到欧玛尔·海亚姆计算出的年份长度，我们很想说玛雅历比公历更“准确”，但因着某些不可捉摸的因素，我们应该避免提出这种主张。第一个因素是，地球的转速几千年来都不稳定；这一点我们会在下一章详细讨论。此外，历法发展不只是估算太阳年的长度，设计格里历的学者也希望每年春分的日子都能固定下来①。天文学家和作家斯第尔指出，我们用的公历在这方面就比玛雅历优越，但他也承认比较两种历法就像“比较苹果和柳橙”。

对玛雅人而言，历法和周期让人在心理上能够超脱时间的混沌，一窥向往的永恒。想要任意窥探古往今来，要从盾开始，乘以20就可以扩展：20盾称为“卡盾”（7200天，接近20年）；20卡盾称为“伯克盾”（14.4万天，超过394年）；到了“亚拉盾”，已经接近6.3万年了。

玛雅人和“有生命的时间”

然而，玛雅人和西方人在时间概念上最明显的差别并非计数系统的变化，而是两方对时间本质的想象。西方人认为时间没有生命：时间似乎以固定的速率消逝，不在意人类或机器。我们不能推动时间前进，也不能让时间慢下来。然而，玛雅人觉得时间有生命；不论是男是女，都与时间的流逝有密切的关系。玛雅的统治者要负责保持时间的和谐，在众人眼中，他们体现了时间的真正本质。在哈佛大学任教的斯图尔特写道，该角色“对神圣王权的宇宙论基础十分重要”，在玛雅世界中，“很明确地指出君王代表宇宙的时间机制”。

艾文尼在文章中提到，玛雅人对人间与天上的事件发生的时机，有一股“持续的狂热”，甚至无法察觉到两者之间的区隔：

> 玛雅人本质上是宿命论者。他们观测和记录苍穹中发生过的活动，努力从中找出一些能够重复的型态，作为预测未来的指引。玛雅人向来相信从过去就能看到未来，他们觉得这些型态充分证明了这种信念；事实上只要反省曾经发生过的事，就能预言即将发生的事，和未来会发生的事。

① 春分代表北半球春天的开始；对南半球的居民来说，则是秋天的开始。

"德勒斯敦抄本"是玛雅文化留存下来的工艺品中最有名的，透露出玛雅人想要驾驭无穷尽天际循环的渴望（此抄本于12世纪写成，大约过了七百年在德国的德勒斯敦被人重新发现，故此命名）。抄本包含了11 968天内205个月球周期的记录。以数字20为基础发展出数学公式（跟我们的十进制系统不一样），抄本可用来预测日食和月食；能够预言这样的事情，当然能让统治阶级在他人心目中更有权威。

玛雅人的宿命论甚至也反映在命名日期的方式上。玛雅历上20个有名字的日期实质上已被奉为神明，据说有不同的个性；某些日子适合做某些事，有些事做了则会触霉头。父母期待在特定日子出生的小孩人格特质可能受到当天的日期代表的神明影响。在哈佛大学毕巴帝博物馆负责管理玛雅收藏物的斯图尔特说，玛雅人认为每一天"都有自己的生命"。

由于时间有生命，也会响应人类的活动。事实上，让时间循序渐进要靠集体的努力；每个人都要贡献心力。然而，最重大的责任仍落在君王身上。得到神授的君权后，他就是时间的化身，也必须用时间来维护社会、政治和宇宙的规律。

毕巴帝博物馆有一项展品非常引人注目，体现出君王的时间责任；最近一次到哈佛参观时，斯图尔特教授就带我来看这块来自洪都拉斯玛雅城市科潘的祭坛，博物馆里放了这块石头遗迹的石膏模。方形石碑上刻了16个玛雅王的形象，每边四个，横跨将近四百年的历史。石碑上的雕刻按照时间排序，所以第16个玛雅王和第一个面对面。最老的玛雅王把类似火焰的东西传给新王。

"石碑其实是这人下令建造的，"斯图尔特告诉我，指向最后一位排名16的君王，"当时玛雅由他统治，他叫作雅克斯潘。"旁边的雕像标出他继位的时间，纪念开国君王象征性的传位。

雅克斯潘的确是最后一位国王，他退位后不久政权就瓦解了。或许是因为当时（公元8世纪）的科潘纷乱不已，发生了旱灾、饥荒和战争。

但斯图尔特却忍不住怀疑历法也是纷乱的原因：在雅克斯潘统治玛雅时，历时 394 年的伯克盾接近尾声。斯图尔特猜测，科潘的历史终止于这位国王，有可能是“因为历史真的会回到原点。后续的君王应该很难找到方法让自己真正融入这种宇宙论的体制”。他说，科潘的玛雅人“可能觉得这时候该做出改变了”。

古怪的周期：一周

我们讨论过一天、一个月和一年，天体的运行清楚地描述出这些概念。相反，一周似乎跟自然的关系没那么密切。现代的一周除了规定严格，也不像一个月或一年那么容易预测。现在（格里历上的）一年不是 365 天，就是 366 天，一个月的长度少则 28 天，多则 31 天，每周固定 7 天的制度似乎太僵化。然而，1 月 1 日就是新年份和新月份的开始（有时候也揭开新的十年、世纪或千禧年的序幕），这个日子 7 次中总有 6 次很随意地落在一周的中间。

一周的起源比其他历法单位更加模糊。有可能一开始时有人想把一个月粗略地分成四等份：新月、上弦月、满月、下弦月；但技术上一周就不止 7 天了（29.53 天除以 4 等于 7.83 天）。天象上还有另一个理由让数字 7 脱颖而出：在古时候，天上“徘徊的星体”包括太阳、月亮和五颗行星（水星、金星、火星、木星和土星），总共有七大天体。一周 7 天或许源自巴比伦人，他们认为七天的每一天都和行星代表的神祇有关。

一周的概念也和安息日密不可分；在希伯来圣经的第一本书《创世记》中，就很清楚地提到这个休息的特殊日子。安息日的原文 Sabbath 似乎来自巴比伦语言中的 sabattu，这是一个和月神伊斯塔有关的邪恶日子。但巴比伦人看起来的确认为到了第 7 天就有特殊的意义，巴比伦语中的另一个字 sibitu 就表示“第 7 个”的意思。学者多半同意一周 7 天、有一天要休息的想法来自犹太人，巴比伦人俘虏大批犹太人后也采用这个做法，但是有些许变化。

其他的宗教大多数也跟巴比伦人一样，认定一周 7 天各由不同的神祇掌管。到了现在，我们可用一周 7 天的名字追溯到神祇的撒克逊名字。从对等的拉丁文可以清楚看出每天要敬拜的神：拉丁文 Dies Solis 是撒克逊人的太阳日，后来变成我们的星期日；Dies Lunae 是月亮日，也就是星期一；Dies Martis 是撒克逊人的战神日（火星，星期二）；Dies Mercurii 为沃登神日（水星，星期三）；Dies Jovis 为雷神日（木星，星期四）；Dies Veneris 为爱神日（金星，星期五）；Dies Saturni 为农神日（土星，星期六）。我们一定会想，在德国和维京神话中掌管诗歌的沃登神在西方历法中如果没有因"驼峰日"而永恒不朽，就不会像现在这样一天到晚出现在日常对话中了。

但为什么星期几会有特定的顺序呢？它们并非按行星的亮度排列的：如果真的按亮度，木星和土星应该排在火星和水星前面。它们也不是按一段时间内行星相对于背景恒星移动的速率排列的——这是天文学家所谓的"恒星周期"（恒星周期从最长到最短的次序为土星、木星、火星、太阳、金星、水星、月球）。它们也并非根据行星在空中与太阳成一直线的速率排列的（所谓的"朔望周期"，依序为火星、金星、木星、土星、水星、月球；太阳的朔望周期则无法确定）。历史学家大多认为答案牵涉星期几和几点钟。古代的天文学家把一天分成 24 小时的时候，每个小时都和特定的天体有关，他们相信某个天体"掌管"某个小时。移动最慢的土星据信最有力量，天文学家也认为土星控制第一天（在古代是星期六）的第 1 个小时。然后，根据恒星周期，木星则和第一天的第 2 个小时有关，火星则掌管第 3 个小时，依此类推。把月亮和第 7 个小时配对后，我们又回到掌管第 8 个小时、第 15 个小时和第 22 个小时（每隔 7 个小时）的土星。火星掌管第一天的第 24 个小时，所以太阳要负责掌管第二天（星期天）的第 1 个小时。按照这样的顺序轮流排列七大天体和每天的 24 个小时，我们就会得出现代一周 7 天的顺序。最后（或许在古罗马时代），一周的循环和一年或一个月脱离关系，星期天也取代星期六成为一周的开始。

制定一周 7 天结构的因素不仅包含天体。7 天的间隔对做生意也很方便，农民和商人可以到市集买卖货物。不过并非全世界的市场都 7 天开一次：有些非洲部落每 5 天开一次市，南美洲的印加人则间隔 8 天，古代的中国人每 10 天上一次市集。法国大革命后，法国人在 1792 年想要改制为一周 10 天，结果并未成功。古罗马人原本每隔 8 天开一次市，在公元 321 年，君士坦丁大帝规定一周有 7 天，从星期天开始。（作家斯蒂尔开玩笑说，披头士的歌曲《一周八天》或许诉求的对象就是君士坦丁大帝前那个时代的罗马女孩。）

恺撒的历法虽然是重大的成就，却有严重的缺陷。平均一年有 365.24 天，比真正的太阳年少了 11 分钟。尤格·邦孔帕尼（1502—1585 年）原本是律师兼政治家，受封为教宗格里高利十三世时，儒略历和真正太阳年的差异已经有整整 10 天。儒略历的一年按照季节改变，所有的节日和宗教庆典都跟着变化。如果再不改革，复活节最后就会落在夏季。

复活节的问题

在讨论格里高利的解决方法前，我们应该先来看看复活节这个日子，这是基督徒一年当中最重要的节日。基督徒在复活节庆祝耶稣复活，他们相信耶稣死在十字架上三天后会复活（历史学家现在认为耶稣大约殁于公元 27—33 年之间）。这个节日和犹太人的逾越节有很密切的关系：根据新约圣经中的描述，耶稣在受死前与门徒共进的“最后的晚餐”应该就是逾越节的筵席。到了公元 2 世纪，基督徒才开始庆祝复活节；毫无疑问，这个节日应该源自更古老的非基督教节日，为的是庆祝春天的来临（复活节的英文 Easter 来自挪威语中的春神：Eostre）。然而，不同的宗派也在不同的日期庆祝复活节。有些团体遵循犹太历，在犹太人庆祝逾越节（犹太历的七月十四日）时庆祝复活节，没有固定的日期。其他的基督教团体则喜欢固定在一周内的某一天，连接这一天之后的星期日就是复活节。

固定日期的做法最后变得比较普遍：基督徒决定把钉十字架的受难日定在星期五，然后在下一个星期日庆祝耶稣复活。但选哪一个星期日呢？最简单的方法就是选择逾越节后的第一个星期日，但当时的人考虑到几个原因，就放弃了这个想法。其中一个原因和犹太历的本质有关，逾越节的日期涵盖范围很广。通常逾越节应该落在“春季的第一次月圆时”，但这种说法过度简化了事实。因为犹太历在闰年时会用到闰月，而不像儒略历只是单单加一天，如果以儒略历（之后则是格里历）为比较基准，每年逾越节的日期都有很大的变化。在有 13 个月、比较长的年份，逾越节可能落在春分后整整一个月（2008 年就是这样）。基督教会希望复活节跟春分的差距不要超过一个月。

还有其他的因素要考虑：基督徒希望能跟犹太人有所区隔，也不希望他们最神圣的节日跟犹太节庆关系过于紧密。斯蒂尔在文章中提道，基督徒“发明了和犹太人唱反调的理由”。在第一个千禧年中期的那几个世纪，教会领袖想出了好几个方法来计算复活节的日期，所有的方法都经过人为操控，复活节和逾越节永远不可能是同一天。

公元 235 年，基督教会的领袖在今日土耳其西北部的尼西亚聚会时，复活节的争议也是一个大家热烈讨论的话题。（君士坦丁大帝亲自主持会议。虽然他一直等到临死前才受洗，但一直以来都十分支持愈来愈兴旺的基督教。）与会者包括三百多名神职人员和学者。他们到底对复活节做出了什么结论，我们不得而知，原始的记录已经失传了，但与会者一定曾敦促所有的基督教国家在同一天庆祝复活节。即便如此，争议从未消失，有些团体仰赖埃及学者的忠告来选择适当的日期，有些则继续使用犹太历。

最后，信奉基督教的当权者决定避免采用天文学的方法，使用模拟日月星辰实际活动的数学模型。一旦建立起正确的模型，就可以轻松计算出复活节的日期，不需要咨询埃及亚历山大港的天文学家或耶路撒冷的祭司。到了某个时间点（应该在尼西亚聚会结束后），大家决议在“复活节月圆日”过了14天后的第一个星期天庆祝复活节；复活节月圆日指第14天落在春分后的第一个太阴月（别忘了阴历月份从新月开始）。听了一头雾水吗？或许不重要，但这个算法大致上（但不确切）就等于春分后第一次月圆后的第一个星期日。（要注意的是，如果月圆日正好也是星期日，复活节就要顺延到下一个星期日。）这些相当迂回的规则至少达到了一个目标：复活节绝对不会跟逾越节落在同一天。尽管如此，不同的教会仍在不同的日子庆祝复活节。其中的一个理由是亚历山大港和罗马的两位教宗不同意对方判断出来的春分日期，因此计算出来的复活节日期也不一样。

顺便要提一下的是，众人对天主教会和科学的关系常有误解，复活节引起的诸多争议正好阐明了最严重的一项。在伽利略遭教会指控为异端后，我们常认为教会对科学探索充满敌意。但在中世纪（还有现代），为了解决复活节的纠纷，教会事实上非常积极地支持精确天文学和计时。事实上，分布在罗马、米兰、佛罗伦萨和波隆那等地的几十所大小教堂也是天文观测站；很多教堂在墙上或天花板上都特地开孔，好让一束阳光在地板上投射出南北走向的“子午线”。用这些方法留下的测量结果就可以拿来计算冬至、夏至和春分、秋分的日期，也有助于计算复活节的日期。

修士艾克西古斯踏出了重要的下一步。在公元6世纪时，他研拟出一套表格，可以计算未来几十年甚至几个世纪的复活节日期。艾克西古斯的表格可以用好几个世纪，可惜有缺陷。首先，他采用的月球周期长度稍微偏离了正确的数值。但第二点更重要，他用来计算的年份长度取自儒略历，比真正的太阳年短，到了教皇格里高利上任时，累积的偏差已经超过一个星期了。

格里高利解决了问题

在 16 世纪 70 年代中期，教皇格里高利十三世召集了历书委员会来解决这个问题。委员会成员包括物理学家利尤斯（约为 1510—1576 年）、耶稣会天文学家克拉维尔斯（1538—1612 年，对数学有独到的洞察，所以历史学家称他为“16 世纪的欧几里得”）和其他几位名气不太响亮的专家。委员会成员努力解读他们的图表和表格，想推理出一年的真正长度，特别是想要结合平年和闰年来算出平均的天数。找到胜出公式的人是利尤斯博士。他发觉儒略历每 134 年就会少 1 天，或每 402 年会少 3 天。为了看起来简单明了，他建议新的历法每 400 年要减掉 3 天。在儒略历上，1500、1600 和 1700 等整数年是闰年，因为可以用四整除。在新计划中，只有能用四百整除的整数年才是闰年（例如 1600）。其他在儒略历上为闰年的整数年变成只有 365 天。（顺便要注意的是，在新的提案下，第一个会受到影响的年份是 1700 年，到了这一年，所有参与改革的人应该都已经作古，不再受限于时间。）

利尤斯很幸运，因为计划的实行非常顺利。他的计算根据 1252 年定下的数字，也就是所谓的“阿方索天文表”。这些表格以西班牙国王阿方索十世的名字命名，假定太阳年的长度是 365 天 5 小时 49 分 16 秒，比真正的太阳年多出约 30 秒。然而，利尤斯提议的改革计划所确定的年份长度比较接近标准值，为 365 天 5 小时 48 分 20 秒，比真正的太阳年少了 26 秒。格里历和四季比起来仍稍微“快”了一点，每 3300 年就会多出 1 天。

委员会也绞尽脑汁要定下复活节的日期，纷扰了几个世纪的难题终于得到了解答。但对外行人来说，他们用来计算日期的解决方法似乎更复杂。他们仍用数学模型仿真月球的移动，以长 19 年的默冬周期为基础，也根据“黄金数字”和“岁首月龄”等复杂的结构进行计算，还好

教宗格里高利十三世召集委员会进行历法改革，约为 1582 年

我们不必在这里讨论这些概念。尽管用了这么多晦涩的数学算法，复活节的日期仍然很接近“春季第一次月圆后的第一个星期日”。基督徒仍使用阴阳历，跟随季节的脚步，但也按月亮的阴晴圆缺来庆祝某些节日，复活节就是一个例子。

利尤斯和委员会的建议说服了教宗格里高利，1578 年 1 月 5 日，他颁布了 20 页的概要来说明改革的计划。概要中宣布跟 15 世纪前恺撒的做法一样，1 月 1 日就是新年的开始。最后在 1582 年 2 月 24 日颁布的教宗训谕中明令要执行改革。

改革命令要从历书中删掉 10 天，以此弥补许多世纪来使用儒略历而流失的日子。因此 1582 年 10 月 4 日的第二天变成 10 月 15 日。有些人很痛苦，觉得“少了”10 天。商人也发愁，不知道如何计算利润和损失，银行也搞不清楚怎么计算利率。

大多数天主教国家立刻奉行。意大利、西班牙和葡萄牙马上采用格里历，法国和比利时过了几个月也加入，德国和瑞士信奉天主教的区域则在一两年内就转成格里历。信奉新教的国家，包括德国境内属于新教的行政区，都反对改革计划。邓肯的文章提到，一名充满怨恨的神学家说教皇格里高利是“反对基督的罗马人”，驳斥他的历法是“特洛伊木马，设计用来欺瞒真正的基督徒，在错误的宗教节日敬拜神”。过了几十年，愈来愈多的国家和人民接纳改革的做法，反抗也愈来愈无效。到了1700年，德国大部分地区和丹麦遵从新历法。1753年，烦扰良久的瑞典也加入了。

“把11天还给我们！”

英格兰的问题最多，信奉新教的女王（伊丽莎白一世）周围一直有信奉天主教的人士鼓噪不已，不过她最信任的顾问约翰·迪（1527—1608年）却劝她实行和改革计划稍有不同的做法。最后，又过了170年，英格兰（那时已经变成大不列颠王国）才采用格里历。已经退休的政治家、曾担任过大臣的斯坦霍普（1694—1773年，封号是切斯特菲尔德伯爵）拟定了一项法案，并在国会宣读。法案通过了，1751年5月22日由英王乔治二世签署（邓肯指出，斯坦霍普承认他自己“不了解”法案背后争论的细节）。

为了追上格里历，英国和殖民地必须减掉11天；天主教国家在教皇格里高利改革时加了10天，另外还有一天则是因为这些国家把1700年标成闰年，而英国仍采用儒略历，这一年就不是闰年。因此，1752年9月2日过后，就变成9月14日。从那时候起，新年的开始也从3月25日改成1月1日。同样，老百姓很不高兴“损失”了日子，伦敦和布里斯托都发生暴动，抗议者嘶吼：“把11天还给我们！”

东正教会也拒绝改革。到了今天，东正教徒庆祝复活节的日子仍和世界各地的基督徒不一样。然而，很多东正教国家到了20世纪初，为了民事便利，也采用格里历。俄罗斯在1918年的革命后开始实行；1949年后，中国也开始采用格里历。

我们无法确定人类文明是否能够再延续一千年（正如洋基铁捕贝拉所说："要预言很难，预测未来更难。"这话应该带有讽刺的意思），但如果到了公元31世纪，仍有人要观赏晚间脱口秀，那时候的戴维·赖特曼还可以把支票簿的老笑话再拿出来讲一次。如果那时继续用历书，我打赌还是格里历。事实上，如果格里历的寿命比赋予其生命的宗教更长久，我觉得这是理所当然。等到最后的教宗都被人遗忘了，格里历应该还在。

第三章

切割时间的人

日晷很快成为不可或缺的物品，它让人可以从容地安排一天的行程。但也并非每个人都喜欢它。“愿天神惩罚第一个发现如何切割每个钟头的人，”罗马剧作家普劳图斯在公元前 2 世纪呼喊，“也惩罚那个在此地建造日晷的人，他用卑劣的方法把我一整天的时间乱切乱劈成好多段！”

右边那道狭缝露出一条银练，尾端连着一个奇妙的器具……他把这器具放到我们耳旁，它像水车一样不断发出噪声，我们猜想它是一种不知名的动物或是“巨人山”所膜拜的神祇，但我们觉得后者比较有可能，因为他告诉我们……他几乎做任何事情都会先参考它的意见，他称之为“神谕”，并说这器具可以指出他生活中所有活动的时间。

——斯威夫特《格列佛游记》

麻省大道在华盛顿市中心的西北边，离市中心只有几公里远，我从这里走上另一条往下倾斜的长车道，快到尽头时我发现自己引起了一名武装警卫的注意。他从站岗的亭子快步走过来，用相当严肃的口气问我是否需要帮助。我感觉到无数的监视摄影机镜头对着我。我向警卫解释：“我跟马萨吉斯博士约好在天文台见面。”原来我走错路了。我应该走左边那条路，往山丘上走才对。看来不少要去美国海军天文台参观的访客也犯过同样的错误。第一条车道通往副总统官邸。我没有什么迫切的事务需要切尼先生帮忙，便继续往下走。（别人一定一看就知道我走错路了。切尼先生的访客应该搭乘闪亮的黑头车，而不是像我一样徒步从公车站走来。）不知道副总统和他的老板是否用过天文台的望远镜瞭望天空。林肯就来过。他说透过天文台的巨型折射望远镜，看到的月球和大角星非常美丽。

走了一小段路后，我来到位于天文台园区中心外表宏伟的行政大楼。建筑物西侧竖立着白色的望远镜圆顶；在旁边的屋顶上有个金色的“报时球”，每天中午都会下降，波多马克河上的船只就可以调整经线仪。这项服务从 1845 年开始，当时的人肯定更珍视报时球，不像现代到处都有数字手表、无线电报时信号和卫星定位器。

时间的工厂

过了一会儿，我和天文台报时服务部的主任马萨吉斯博士坐下聊天。他的穿着非常正式：灰色西装外套、白色衬衫、条纹领带；如果他的下巴再宽一点，就很像演员里卡尔多·蒙特尔班。马萨吉斯拥有物理博士学位，本来是天文台的无线电天文学家，后来照他的说法，“被计时的艺术诱惑”（似乎说明了为什么爱因斯坦和巨石阵的海报同时挂在他办公室的墙上）。10 年前他接下部门主任的职位。

我试探性地称他为负责全美国时间的人，马萨吉斯却纠正我：他负责国防部的时间。但大体上来说，其实都一样。在很多民生应用上，时间最终都来自美国海军天文台的时钟。拿全球卫星定位系统网络来当例子。网络中的卫星要依靠一组精确定时的信号，信号在卫星上的时钟和天文台的母钟之间来回传递。如果时钟只差了十亿分之一秒（一毫微秒），系统的定位就会偏差 30 厘米[①]。“如果你想找到自己的车子，差 30 厘米还无所谓，”马萨吉斯说，“但差了 10 毫微秒或 20 毫微秒，（由此引起的定位）错误就会很严重，（这种错误）还会按比例扩大，这就有问题了。”他并未夸大其词。如果你要降落宇宙飞船，或要把载满乘客的七六七降落在芝加哥的俄亥俄机场，一米的距离也很重要。毫微秒亦不可小觑。

母钟可说是这里最重要的机器，但马萨吉斯说天文台总共有将近一百座钟（他说“如果日晷也算在内”，或许正好是一百）。大多数是铯

① 光线每秒行进约 30 万公里。在一毫微秒内可以行进十亿分之一的距离，也就是 30 厘米。

原子钟：计算铯原子的振动次数来计时，在自然状态下，铯原子每秒钟的频率是 9 192 631 770 次循环。另外还有氢微波激射钟：运作的原理是把氢原子射入一个叫作“共振腔”的反应室里，让氢原子在里面以自己独特（且稳定）的频率振荡。激射钟的技术比铯原子钟更新，甚至更为准确。（如果你想买一个，我推荐铯原子钟。马萨吉斯说一座才 6 万美元。激射钟的价格比较贵，要 25 万美元。）

然而，最困难的工作是要让所有的钟都显示一样的时间。马萨吉斯说每座钟“对时间都有自己的意见”。彼此之间的差异可能多达数毫微秒。俗谚说：“有一只表的人知道现在几点钟。有两只表的人永远不确定。”马萨吉斯的工作内容也包括开发计算机算法，好把所有的报时结果结合成一个可以传送给母钟的信号。他说：“‘什么才是正确的算法’这个问题本身就很值得探讨。”他解释说，他们会举办研讨会，全心钻研正确的方程式组合。在我到访的时候，他正在安排第五届国际时标算法研讨会，2008 年年初在西班牙举行。（我忍不住思忖，一心想着时间的科学家是否会和当地人一样，到了下午就暂停会议睡个午觉。）

马萨吉斯带我参观了美国海军天文台的时钟，这些钟散落在天文台园区内不同的建筑物中。所有的钟都装在温湿度经过控制的地窖里，温度保持在 10 摄氏度。铯原子钟的外表不引人注目，四四方方的米黄色盒子像计算机的硬盘，也像高级的音响扩大机。黑色的激射钟比较高，尺寸和外形都像饭店房间里的小冰箱。

天文台里的钟也分等级。马萨吉斯解释：“我们有一个母钟，还有其他的主钟，它们控制自己的测量系统，同时进行同样的工作。万一母钟出了问题，就可以派上用场。”

我不禁要问：母钟出过问题吗？

“噢，当然，”他说，“在我任职的十年内，母钟坏过两次。每次我要出远门，母钟就有问题。有一次我已经搭上飞机，准备要起飞了。还有一次我正要开车去参加我儿子的婚礼。”他向我保证，问题不严重。“仪器总会出问题。我们已经确定好应变程序。整个小组都会集合起来。”我脑海中出现了一个垂头丧气、嘟着嘴巴的“母钟”暂时卸下职务，生机盎然、充满热情的“主钟”站上舞台，担起精确报时的责任，满足全美各地的需要的场景。

我从走廊隔着玻璃观看母钟，这座钟看起来就像很普通的蓝色、黑色和灰色的电子组件堆积在一起。它的代号是 NAV－18，上面有形形色色的旋钮和按键；另外有六七条连到其他机器上的同轴电缆，和好几组 LED 显示器，其中有两组不知道为什么读数是“零”。第三个显示器明眼人一看就知道是世界标准时间，于 1972 年取代格林尼治标准时间成为全球标准。

不要被母钟朴实的外表骗了：这座非凡的机器和美国海军天文台其他的时钟“对话”，持续自我修正，有效地反映出集体的报时结果。母钟的精确度非常惊人。日复一日，每天计时的精确度都在一百微微秒内（一微微秒等于一兆分之一秒）。如果在六千万年前恐龙绝种时母钟就已经存在，到现在只会比标准时间快两秒或慢两秒。我看看我的手表，跟母钟差了五十秒。看来我是该校准时间了。

计时的工具：太阳、沙子和水

数千年来，计时工具愈来愈精准，马萨吉斯的时钟集其大成。我们提到过古代观察天象的人学会了观测月相来追踪月份，记录太阳每天的起落也一定是与生俱来的本能。但要把一整天分成更小的单位就困难了，这也是人类历史到了最近才开始发展的。

太阳每天从东方升起，在南方的天空爬到天顶，然后从西方落下①。

① 在北半球观察天象的人应该会看到这样的变化。在南半球的人仍会看到太阳由东向西移动，但弧形的轨迹则划过北方的天空。

在很久以前，一定有人注意到，如果你把棍子垂直插在地上，就会在地上投下阴影，阴影的移动跟随太阳在空中的路径，日晷就此诞生。那根棍子演化成日晷的指标，叫作“日规”（gnomon），此字源自希腊文，有“展现”或“表明”的意思。最早的日晷出现在公元前第四个千禧年的中期，制造地点有可能是埃及或近东地区。

埃及人建造的日晷有大有小，大的像巨石柱，小的可以拿在手里。可以随身携带的“影子钟”约始于公元前1500年，既精巧又简单：T形装置上的横栓指向太阳时，阴影落在画了记号的垂直轴上，就能估算出当下的时间。埃及人把一天分成24个小时，这个概念或许来自巴比伦人[①]。埃及人用日晷来追踪白天的12个小时，另外12个小时则属于黑夜（数字12一定有特别的意义，因为一年大概就有12个月球周期）。

我们留下一天24小时的传统，但做了一个很重要的改变：埃及人的一小时长短会随季节变化；夏天的一小时比较长，因为白天比较长。我们现在用的小时则有固定的长度；因此在夏季时，白天的小时数会比冬天多。

在罗马帝国兴起前，日晷已经十分普遍，设计也很精巧。在公元前1世纪，一个名叫维特鲁威的建筑师能列出十三种不同的日晷，有的放在公共广场上，有的则放在私人的庭院里。日晷很快就成为罗马社会不可或缺的用品，让人可以安排一天的行程，就像现在用小时计划一天，小时还分成半小时和一刻钟。

并非每个人都喜欢这种做法。“愿天神惩罚第一个发现如何切割每个钟头的人，”罗马剧作家普劳图斯在公元前2世纪呼喊，“也惩罚那个在此地建造日晷的人，他用卑劣的方法把我一整天的时间乱切乱劈成好

① 巴比伦人使用60进制法，很像我们使用的位值系统，但基数为60，跟我们的十进制法不一样（60可以被很多其他数字整除，例如2、3、4、5、6、10、12、20和30，使用相当便利）。我们把1天分成24小时（2乘以12等于24），1小时分成60分钟，1分钟分成60秒，都反映出60进制法的影响，还有把圆形分成360度也是（6乘以60等于360）。

多段！”

还有其他不需要太阳的计时装置。沙钟很像现代的沙漏：可以运转一段固定的时间，之后只要倒过来，就可以再来一次。也有人用烧得很慢的蜡烛，侧边按照固定的间隔标记刻痕。

漏壶也叫水钟，是另一种古老的定时器。漏壶的构造可以很简单，一只底部有小孔、能让水定速滴出来的水桶就行了。水桶侧边的标记标明时间间隔。另外，也可以让水滴到另一个器皿内，用上面的印记计算过了几个小时。古罗马的法庭就用水钟控管双方律师可以开口说话的时间。如果观众想多听一点，他们就会大喊：“加水！”罗马人会用“失水”形容人浪费时间。

虽然古文明世界使用水钟的情况十分普遍，但最精细的装置却出现在远东地区。事实上，中国的机械水钟比欧洲最早的机械钟早了好几个世纪出现。最出名的就是宋朝官员苏颂于 1077 年开始制作的“水运仪象台”，只能用鬼斧神工来形容。这座非凡的机械使用流水控制巨轮以准确的速率转动。轮子上有 36 个水桶，按稳定的顺序装满和倒空。1090 年完工时，水运仪象台几乎有十米高，装了数十个轮子、鸣钟和铜锣，放置在五层楼高的亭子里。（可惜的是，新皇帝在 1094 年登基时，苏颂的水运仪象台和其他会让人想起先皇的东西都被拆除，最后也遭人淡忘。几百年后，欧洲的时钟传到中国，反而变成人见人爱的“新”发明。）

这些仪器都有明显的缺点：夜间和乌云密布时，日晷就没有用了，沙钟和水钟需要持续维修，天气冷的时候水也可能结冰。

教会的时间

在中古时代的欧洲，教会最需要可靠的报时。欧洲各地建造了很多大教堂和修道院，住在里面的修士每天的活动都有相当严格的安排，其中最重要的就是按时祷告。每天的祷告从一大清早的晨祷开始，到晚上的晚祷结束（英文里的“中午”noon来自拉丁文的none，也就是午祷的意思）。到了晚上，会有一名修士保持清醒，看着水钟或沙钟。到了指定的时间，他就要负责敲钟，叫醒其他人起床晨祷（童谣《杰克修士》就提到了这个仪式）。如果那可怜的修士在当班时睡着了，那还不知道会惹上多大的麻烦呢。

13世纪时出现了解决办法。我们不知道发现的地方在哪里，也不知道要归功给谁，或许是在欧洲北部工作的工匠或铁匠，他可能听别人说中国人发明了壮观的水钟，抑或是自己的独创，总之，他莫名所以地就突破了，创造出全新的时间测量工具。

这项重要的发明叫作“擒纵器”。擒纵器这种装置可以让连续的动作规律化，比如用落锤牵动轮子旋转。擒纵器过了固定的时间，就会挡住转动的轮子，然后放开。轮子旋转的速度就会变慢，更重要的是，轮子的旋转速率就能保持不变。接下来，轮子可以配合某种机制，在特定的小时敲钟。正如历史学家布尔斯廷所说：“时钟擒纵器发出的滴答声就是时间的声音。”

日晷显示的“小时”长度四季都会变化，而机械钟上的小时长度则保持固定。现在夏天的一个小时跟冬天的一个小时一样长了。布尔斯廷说，创造出“等长的小时”是人类经验中非常伟大的改革，“人类发表宣言，脱离太阳独立，证明他能够成为自己的主人，掌管周围的环境。稍后才会看出来，在实现这样的主权时，其实人要先屈服于一项自行其是的专横机器”。可以说，计时再也不用完全依赖天体的行进。在这个阶段，日晷仍是最可靠的计时装置；时钟必须定时调整时间，有时候每天都要改，因为时钟上的时间可能不符合日晷上的“真实”时间。

这些古老的时钟因为擒纵器的规律动作，才能发出滴答声，但最早的时钟没有“指针”，只用鸣钟报时。英文里的时钟clock来自法文里的“鸣钟”cloche（德文的Glocke，中古英文的clok）；不过同一个字也可以拿来代表水钟或沙钟。同样，拉丁文中的“钟塔”（horologium）也可以用来代表所有的计时装置。

虽然我们不确定机械钟是谁发明的，也不知道正确的发明时间，但到了 13 世纪末的一二十年，机械钟的确已经出现了。历史记录显示为 1283 年，英格兰贝福逊的邓斯塔布尔修道院安装了第一座全自动、用重物驱动的时钟。在接下来的几十年内，大多数的教堂和修道院只要有经费，很有可能都安装了机械钟。

索尔兹伯里的铁钟声

埃及的金字塔以古老为特色，中国的万里长城则以绵长著名，而英国的小城市索尔兹伯里则以美景出名。在这座小城里，一排保存良好的木桁架屋伫立在中世纪的街道旁，星期二和星期四上午，广场上的市集闹哄哄的，就跟过去七百年来一模一样。口渴想来一杯啤酒的游客只要腰一弯，就可以进入地板发出吱嘎声、楼层低矮的酒吧，有典型的英国名字（如“陈年麦酒屋”“国王之首”）、纯粹的英国名字（如“马车和马匹”“假发与鹅毛笔”），或英国特有的名字（如“野味腰腿肉”）。但索尔兹伯里最吸引人的景点却是在 13 世纪建造的宏伟教堂和周围绿意盎然、宁静祥和的院子。作家布莱森在《哈！小不列颠》一书中宣告：“我百分之百认为索尔兹伯里大教堂是全英格兰最美丽的建筑，教堂的院子则是全英格兰最美丽的空间。”无怪乎画家康斯特布尔会在对面的河岸架起画架，捕捉大教堂和四周草地流露出来的宁静庄严。

索尔兹伯里大教堂以许多纪录出名：123 米的高耸尖塔是全英国最高的，院子的面积也最大；目前仅存四份原始版本的大宪章就有一份存放在它的会议厅里；这里收藏的时钟很有可能是全世界最古老的，而且目前还能运作。时钟在 14 世纪末期制作，原本放在教堂的钟塔里，钟塔在 18 世纪时遭到毁坏，这座中世纪的古董钟被送到储藏室，接着就被遗忘了。20 世纪初期又被人发现，经过整修后放在地面层的北翼长廊上，离大教堂西侧的入口不远，现在仍放在同样的位置。

在最近一次参观时，我约了普雷斯特，他的职称就跟这个城市一样充满英国味：他是隶属索尔兹伯里大教堂教长和参事的守钟人。伴随着我们的耳朵听着似乎有催眠能力的时钟滴答声，普雷斯特解释了钟上许多零件的重要性。一眼就能看到的部件就是垂直的铁质齿轮。普雷斯特指出，齿轮利用地心引力的力量转动：后方的滑轮上挂了两块重石，重石落下时的拉扯力量让绳子从一双横向木头圆柱上松开，转动其中两个齿轮（其中一个控制所谓的"时间列车"，另一个则控制时钟的敲打装置）。当重石掉到地上，时钟就需要"上发条"：用一对外形像汽车方向盘的铁轮把重石吊回原处。

大多数访客可能都没注意到时钟最重要的零件，也就是擒纵器。擒纵器由两个重要部件组成：叫作"立轴"的垂直轴，和来回摆荡的水平铁条，叫作"摆杆"。摆杆两端吊着两个小重物，控制时钟滴答声的速率。操着一口英格兰西南部上流社会口音的普雷斯特说："运作了六百多年的时钟当然换过一些零件，但这座钟大致还保持着原来的样子。"

这套机械和我们心目中的"时钟"形象相去甚远。就跟所有的古代装置一样，没有指针也没有钟面，只用鸣钟（现在已经拿掉了）来报时。整座机械放在边长一米多的方形铁框盒里，从外面就能看得一清二楚。

索尔兹伯里的钟跟当代的机械钟一样，并不特别准确，一天内就有可能快慢多达 15 分钟。罗马人只要用好一点的日晷，基本上在晴天的效果和这也差不多。普雷斯特说："这座钟制作出来的时候，一个小时只分成四等份。当时的人还没有分钟的概念。"不像今日，我们"戴着时髦的手表，匆忙到分秒必争。古人守时的概念是最近的一刻钟或一小时"。

普雷斯特告诉我，虽然确切的起源未定，但据教堂历史记载，早在 1368 年，就有雇员负责帮钟上发条。他说："我敢大胆地说，这是英国最早出现的时钟。或许在世界上其他地方还有更古老的钟，但我想我们这座钟一开始就占了上风。"

以教堂出名的小镇韦尔斯在索尔兹伯里西方60公里处，正好在薛普顿和切达中间，这里也有一口中世纪的钟。事实上，设计师可能和索尔兹伯里的大钟的设计者是同一个人，但这两座钟的设计理念可说是南辕北辙。

韦尔斯的钟有华丽的钟面，精巧地描绘出地球、月亮、太阳和星辰，展现出14世纪大众心目中色彩缤纷的宇宙（以地球为中心的世界观后来被哥白尼推翻了，留下来的描绘也非常少）。钟上有标明小时的指针，在显示24小时的钟盘上移动，分钟的指针应该是在16世纪时加上去的。

除了一天的时刻外，韦尔斯的钟亦显示太阴月的日期和月相。还会定时表演：在钟盘上方，迷你的中世纪比武每一刻钟上演一次，4名小小的武士骑在马上绕圈奔驰；每个方向各有两个人。当他们在转圈时，一名武士一定会被敌手打倒，不过几秒钟后他又会跳回原位，准备面对下一次战斗。过了这么多个世纪，他已经被打败3500多万次了。教堂的数据库管理师尼尔说："我们老说他现在应该学会闪躲了，但是他总学不会。"

在14世纪，这两座钟是革命性的产物，但未来的发展却超乎想象。14世纪中期就已经有了真正的"自鸣钟"（每小时都会响，从1声到12声）。这是人类历史上第一次只要能听到钟声就知道现在几点。制钟匠开始在机械上安装钟盘和指针。事实上，刚开始只有一支显示小时的针，早期的钟只要能告诉大家现在大约几点钟就够了。

但时钟演变得愈来愈可靠、愈来愈准确、愈来愈精密。少数时钟根本就是耀眼的展示品，成为整个城市的焦点，出现在史特拉斯堡、布拉格、哥本哈根和欧洲其他重要城市的巨型天文钟就是一例。

不久之后，法院和市政厅开始传出钟声，接着银行和商店也装了时钟。富裕的市民也买钟放在家里。缩小的时钟很快就出现了：不用落锤，装了可以旋紧的弹簧后，时钟更便于随身携带；16世纪一开始，随身怀表问世了。过了还不到一百年，女皇伊丽莎白一世就把表戴在手指上（这只表甚至有个小闹铃——指定的时间到了，就会有一支小叉伸出来搔

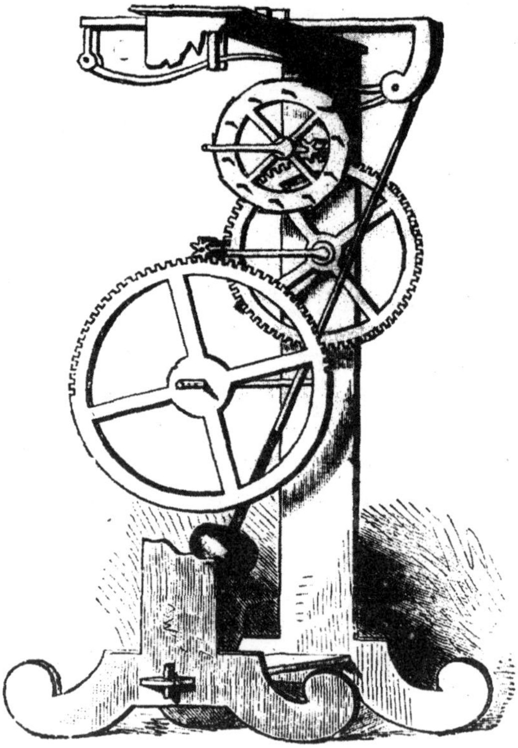

伽利略的图画说明如何用钟摆来精确计时。这张图很有可能由他的儿子文森罗绘制（时间约为 1641 年）

她的指头），钟表变成非常普遍的装置。

时间的价值

时钟出现后，人类开创了更匆忙的全新生活方式，这方面的文献著作早已不胜枚举。公共场所中的时计当然更如雨后春笋，到处都看得到现在几点钟；至少，大家一定开始把时间当成不断流逝的东西，不留情地摊开来，一小时接着一小时过去。然而，就算在中世纪，最早的机械钟还没出现前，生活的步调一定就渐渐变快了。新科技或许只是最新的手段，来满足人类根深蒂固的渴望。机械钟的发展——“比较像是结果，中世纪和文艺复兴时代兴起的那股急迫感并非源于此，”历史学家谢克纳如是说，“时钟是一种工具，辅助管理市民的生活，用钟声来协调工作时间，但日晷、沙漏和历书也能发挥同样的功效。”

的确，当时的大趋势是把很多之前没有计数（或计数方法差强人意）的实体加上数目或单位，时间的量化应该就属于这个大趋势，历史学家克罗斯比称之为“计量革命”。人类学家艾文尼指出，透视画法、复式簿记、复音音乐、货币标准以及前所未有的重量和度量单位大约都同时出现。他在文章中提到：“在 1300 年左右，相对来说不怎么长的几年内，西方世界中所有的事物几乎都变成可以指定数字的本体；对现实的感知出现了天翻地覆的变化。”

时间变成可以测量的量化物质后，也变成众人眼中可以赋予价值的商品。富兰克林的名言“时间就是金钱”① 这时尚未普及，但时间已经变成有价值的东西。大家除了觉得浪费时间很愚蠢，也认为这是罪恶。17 世纪时的清教徒牧师巴克斯特曾说：“爱惜时间，就不会浪费光阴，而是把每一分钟都当成最宝贵的东西来使用……也要想想，时间过了就无法挽回。现在不珍惜，永远无法收复。世界上所有的人，用尽所有的力量和智慧，都无法召回已经消逝的时间。”

17 世纪时，新的时计出现了，时钟不再用立轴和摆杆控制，而是用来回摇动的钟摆。最早想到这种机械装置的人是意大利的天文学家兼数学家伽利略（1564—1642 年）。伽利略注意到来回摇动的摆锤具有规律性；有可能他看到比萨大教堂天花板上微微摇摆的吊灯而得到灵感，甚至在晚年还拟订了制作摆钟的计划。但到了 17 世纪 50 年代，最早的摆

① 这个句子出现在富兰克林 1748 年出版的《富兰克林的智慧》一书中。然而，这个观点很早就出现了，古希腊的演说家安提丰曾宣告：“代价最高的花费就是时间。”

钟才根据荷兰天文学家惠更斯（1629—1695 年）的设计制作出来。

17 世纪结束前，摆钟的精确度已经大幅改进，每天的误差从 15 分钟减少到只有 15 秒。到了这个时候，大多数的时钟和手表都有分针，秒针也快出现了。时钟的实用性终于超越日晷。或许不是巧合，在 1660 年以前，“准时”已经变成耳熟能详的说法。

海上的困境：算不出经度

在海上航行的船长迫切需要精确的计时工具。要能顺利航行，就必须精确测量出经纬度，所有的地点都有这两个坐标。纬度不论南北，就是和赤道之间的距离，可以用六分仪推算；比方说，测量北极星在水平线上的高度。经度则是向东或向西移动的距离，但决定经度的方法都很复杂。像英国这样以船运和贸易为命脉的国家，在海上一出错，可能就要损失船只、货物甚至几百条人命。为了解决这个问题，欧洲最优秀的地理学家、天文学家和工匠努力不懈，想要找出答案。英国于 1675 年在格林尼治成立皇家天文台，主要就是为了解决这个问题。（查理二世任命弗兰斯蒂德为第一任皇室天文学家，指派他“投注最高度的心血和努力，改正天体运行的图表和恒星的位置，以便找出本国急需的各地经度，精进航海的技术”。）

原则上你可以计算出经度，但你必须知道目前所在位置和启程港口之间的时间差异。举例来说，你从伦敦扬帆出发，穿过英吉利海峡驶向大西洋。几天后，你知道自己在英格兰西方的几百公里处，但是到底走了多远？如果你知道伦敦现在几点，然后用数学公式，就可以算出你的经度。假设现在在伦敦是下午 1 点。但根据太阳划过天空的路径，你推算出所在位置的时间是正午 12 点。在 24 小时内，地球会旋转 360 度，通过所有的经度。也就是说，在 1 小时内，地球会转 15 度。反之，每 1 小时的差异表示经度差了 15 度。所以你应该在伦敦西边差 15 度的地方。

哈里森最出色的精确航海时计，代号就是H4

问题的症结在于，你要知道启程港口目前是几点。在出发前先把摆钟设好，如果摆钟运作的状况不错，就可以帮你解决问题，但在船只摇摇晃晃的甲板上，摆钟其实没有用。当时已经问世的随身钟和手表不准确的程度无可救药。能带上船的时计必须准确，而且便于携带；能够适应温度变化，在颠簸的海洋上也能正确报时。

各国政府开始重视这个问题，希望能找到在海上决定经度的方法。1714年，英国国会通过刚刚成立的经度委员会，提供两万英镑的奖金（换算成今日的币值则超过一千万美元）给能够解决经度问题的人。

认真接下这项挑战的是一名英国人哈里森（1693—1776年）。他在约克郡出生，没受过正式教育，一生致力于制作精确的计时装置[①]。他造出四项伟大的机械装置，也就是他花了几十年努力钻研出的时计，现在是伦敦市郊格林尼治天文台博物馆中最重要的展览品，上面也刻了他的名字。

最先造好的三只时计叫作H1、H2和H3，和我们心目中“可携带”的物品相去甚远，大小都和汽车引擎差不多。H1约重35公斤，复杂度令人望之却步。前方有一块椭圆形的铜牌，上面有四个显示时间的大型转盘。铜牌后面时钟的内部构造完全暴露出来，有几十个铜轮和齿轮，还有几百根不同长度的闪亮铜棒以奇怪的角度插在机械上。这座钟仍能运作：以弹簧为动力的机械装置嗡嗡作响，不同的零件跟着前后滑动或转动。在海上，每天可能会快10秒或慢10秒，还算差强人意，但哈里

① 哈里森的研究过程，在索贝尔的畅销书《寻找地球刻度的人》（1995年出版）中有详细的介绍。

森觉得他还有进步的空间。

哈里森相信跟 H1 一样巨大而复杂的 H2 有缺陷，因此连测试都提不起劲来，他把希望放在 H3 上，他相信 H3 是他的经典之作。这第三套机械令人叹为观止，总共有 753 个零件。其中的双金属片是一项重大的突破：把薄薄的铜片连到平行的薄钢片上，时钟的擒纵器就能完美地抵消温度的变化。H3 比 H1 和 H2 略小；即便如此，仍有 60 厘米高，重量接近 30 公斤。接下来的 20 年内，哈里森反复重制 H3，但总觉得不够完美。

博物馆的钟表学馆长贝茨说："可怜的老哈里森花了 19 年的生命，想说服他的钟保持稳定计时，但他永远无法满意。后来他只能咬牙切齿地把这口钟称为'我那古怪的第三套机械'。他一定对 H3 非常失望。"

刻在钟上的文字或许也反映了哈里森的挫折感。H2 上用花哨的大字体镌刻着"献给英王乔治二世"的字样。H3 的正面只刻了他自己的名字。

看来 H3 走进了死胡同，哈里森改用了激进的新方法。他描绘出小怀表的蓝图，委托朋友帮忙制作。他想用小怀表测试大钟的准确度。在哈里森那个时代，大多数的手表不太可能当作精确的时计。但当哈里森反复思索新怀表的设计时，他发现事实上精准的手表还是造得出来的。

哈里森终于开始思考如何制造小机械，也得到了报偿。结果他造出了卓越的 H4。H4 和前三代的差异宛若日夜。前三座钟硕大无朋，H4 的宽度只有 12 厘米，跟甜点碟子差不多大，重量只有 1.5 公斤。装在闪亮的银质外壳里，就像普通怀表的放大版。但 H4 绝对无法用普通来形容。镶了宝石的轴心以红宝石和钻石打造，内部构造几乎没有摩擦力。在海上测试时，过了两个半月只慢了 5 秒。H4 成为当时世界上的顶级时计。

虽然 H4 非常成功，但经度委员会却顾左右而言他，并没有发放奖金给哈里森。贝茨说，他们一直把颁奖的"门槛提高"，只陆陆续续给了哈里森几笔小钱。等他直接跟新上任的乔治三世陈诉，他才拿到奖金[①]。三年后哈里森就过世了。

哈里森的成就虽然到了近代才得到应有的赏识，但他的这项成就无疑是非常杰出的。贝茨说："哈里森是精确时计之父。H4 出现后，大家才发现我们的口袋里和手腕上也能有分毫不差的时间。"

18 世纪末，英国经历了惊天动地的变化（工业革命），如果没有准确的计时方法，就不可能出现这么了不起的变化。

主要衍生自煤炭的蒸汽动力让制造业一飞冲天。工厂雇用更多的工人，货物由汽船和火车头运送。到了 19 世纪末，电报和电话在一瞬间就能把信息送到遥远的地方。这些发展都让世界变得更有秩序。变化刚开始，工业上的新工具就改变了人类的生活方式。时钟愈来愈重要。历史学家惠特罗写道：

> 蒸汽提供工业革命的驱动力。虽然从前住在农舍里用手摇纺织机工作的织布工为了生活必须很努力工作，至少他们可以在想工作时工作，但工厂工人必须在蒸汽启动时上工。他们一定要准时到达，除了要知道几点钟，更要一分钟不差。

在这个变化剧烈的时代，蒸汽引擎就是当时的象征，但没有时钟，一切都不可能发生。历史学家芒福德观察道："蒸汽引擎还不算是当今工业时代最主要的机械，时钟才是。"

时钟为社会带来了深刻的影响，最明显的地方就是在工作场合。时钟一清二楚地宣布你现在要贡献多少时间给雇主，又有多少时间真的属于你自己。到了 20 世纪开始的时候，工作和休闲已经完全分开了。

---

① 最后在英王坚持下，国会把钱付给哈里森，经度委员会从未真正把奖金颁发给任何人。

一团乱的列车时间：时区的问题

然而，时间仍局限在某地。在19世纪初期，不同的城市也有不同的时间。在英格兰，虽然时钟和手表已经很普遍了，但上面的时间仍靠太阳来控制：太阳爬到天顶时，就表示现在是正午，而正午的时间当然在每个城镇都不一样。两个相邻的小镇之间的时间差异或许不算什么，但累积起来也很可观。东边的多佛和西边的彭赞斯差了将近半个小时；伦敦和布里斯托差了20分钟。在北美洲，差距更为显著：比方说，芝加哥现在是正午12点，匹兹堡是12点30分，纽约是12点55分，波士顿则是1点08分。

在马车还是主要交通工具的时代，要到另外一座城市必须花好几天，时差不太可能造成问题。但19世纪开始兴建铁路后，人类移动的速度愈来愈快，世界看起来愈来愈小。德国的作家兼诗人海涅1843年在巴黎写作时，就提过缩小的大陆：

> 我们对事物的看法、观点，现在发生了怎样的变化……铁路缩小了空间，我们只剩下时间了……现在你只要四个半小时就可以到奥尔良，到鲁昂的时间也差不多。想想看，等比利时和德国的铁路连起来，世界又会变成什么样？我觉得各国的高山和森林都朝着巴黎前进。即使在现在，我也闻得到德国菩提树的味道，北海的碎浪就打在我的门前。

然而，由于时间的问题，世界要“联结起来”可不简单。各地时间的差别开始造成严重的混淆。英国大西部铁路公司1841年的时间表就是典型的例子：

铁路上所有的车站都以伦敦时间为准，约比瑞汀快四分钟，比史蒂

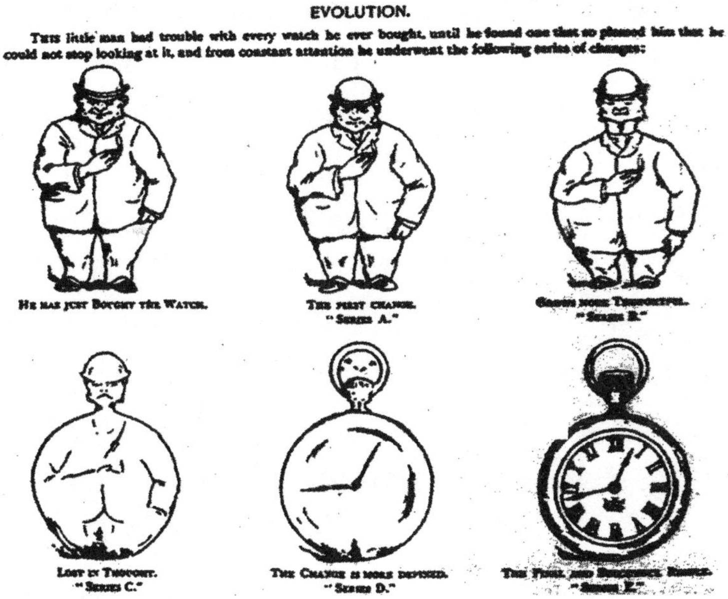

在这幅瓦特柏利钟表公司 1883 年的广告中，人和机器逐渐地合而为一

文森快五分半钟，比赛伦斯特快七分半钟，比奇彭翰快八分钟，比布瑞奇瓦特快十四分钟。

英国首先踏出第一步：1847 年，全国所有车站的时刻表都依照格林尼治标准时间——在格林尼治观测到的“平均太阳时间”[①]。1851 年，当万国博览会在伦敦举行时，很多英国人第一次体验到新的系统。那年伦敦的访客超过 600 万人，大多数人搭火车前往。在 1880 年，格林尼治时间成为英国的法定标准时间。

在北美洲，情况更加复杂。铁路公司也分出了一些比较小的区域时区。到了 19 世纪 70 年代，在整个北美洲至少有 80 个铁路时区。列车时

① 日晷上的时间就是“太阳时间”。我们想用时钟报出的时间则是“平均太阳时间”；如果太阳在一整年内都以稳定的速率穿过天空，日晷显示的时间就是“平均太阳时间”。

间表读起来就像技术手册，城市之间的列车会经过各地无数的时区。

工程师佛莱明（1827—1915 年）的解答很合乎逻辑。佛莱明生于苏格兰，在加拿大长大，他提出一套系统，让全球各地的时间标准化。1879 年，他建议把全世界分成 24 等份，每一区横跨 15 度的经度。每个时区内的时钟都设成同样的时间，也就是时区内中央子午线的平均太阳时间。每一区都比相邻的时区快一个小时或慢一个小时。持批评态度的人觉得这个想法不切实际，但佛莱明非常坚持，年复一年，在所有出席的会议上倡导他的计划。

要实行这套系统，必须有测量时间的“起点”，也就是作为其他时区基准的本初子午线。当然每个国家都想要争取这份荣耀，让本初子午线穿过自己的领土。然而，英国抢得了先机：格林尼治的天文台拥有最精密的望远镜和时钟，也是全球航运最常使用的时间标准。在激烈的辩论后，国际团体赞成格林尼治就是本初子午线的地点。1884 年，国际本初子午线会议在华盛顿举行，与会代表采纳了佛莱明的标准时间提议①。但法国人在所有的官方文件中都避免提到格林尼治标准时间。在 1898 年，法国的时间正式定义为“巴黎标准时间，延迟了 9 分钟 21 秒”；作家布莱斯说巴黎标准时间“正好跟某个满地绿荫的伦敦郊区一模一样”。

我们现在已经很习惯标准时间：搭飞机进入新的时区时，我们会按机长的建议调整手表时间。一般来说，我们根本感受不到这套系统出现前的混乱状态。但标准时间的寓意非常深刻。在弗吉尼亚州乔治梅森大学任教的历史学家奥马利著有《长期观察：美国的时间史》一书，他认为标准时间甚至有助于国家和民族的认同。一项深远的影响就是某种“纵向的结合力”，联结相隔数千公里远但正好靠近同一条经线的城镇。他说：“因此我和亚特兰大的人属于同一个团体，我跟他们没什么共同之

① 这里最好提一下，新的系统是西方人发明的。在会议中，只有一名代表来自非洲，两名代表来自亚洲的日本和土耳其（只有这两个国家不信奉基督教）。

处，但我们都会在同样的时间起床。亚特兰大日出的时间和这里完全不一样。”今日，在缅因州的教师、在巴尔的摩的律师和在佛罗里达的店员都同时开始工作，如果他们正好都是杰·雷诺和戴维·赖特曼的忠实观众，他们会在傍晚同时打开电视。奥马利指出，像美式足球超级杯这么重要的节目播出时，同步的动作会更加明显，根据公用事业公司的记录，一到广告时间，几百万户的马桶会同时冲水。

标准时间奠定根基后，我们用来看时间的机械也更靠近我们，成为衣着的一部分。在一开始的时候，腕表就跟首饰一样，佩戴的人大多为女性。第一次世界大战时这个习惯也改变了，壕沟里的士兵也开始戴手表。从那时候起，贴身佩戴的时计成为我们不可或缺的配件①。

在 20 世纪 20 年代快结束时，有人发明了石英振荡器，计时的精准度不再受限于最好的机械钟。科学家发现某些水晶受到电荷影响时就会振动，调整水晶大小，就可以控制振动频率。然后反过来用振动控制集成电路，也就是一系列的微型电力开关，可以提供电力给模拟或数字的显示器（如果是数字的，就不用活动零件）。可靠的石英钟最早出现在 20 世纪 40 年代。最好的石英钟一年只会出现万分之一秒的误差，和最棒的机械时计比起来，不啻是一大跃进。最早的石英表出现在 20 世纪 60 年代末期；连廉价商店出售的都很精确，一天差不到一秒钟。今日大多数的钟表都利用这种微小的装置，算是 20 世纪的一项工程奇迹。

活在原子时间里

另一种振荡器利用振动原子的天然频率，能提供更准确的结果。第一座原子钟于 1948 年制成，使用氨的分子。几年后，科学家找到方法，

① 几年前我可能会写“很多人没戴手表就觉得自己没穿衣服”，或效果类似的说法，但现在情况又改变了。手机液晶屏幕上的时钟让腕表变成多余的东西，不过这不表示腕表会完全退出流行。现在应该说，没带手机会让人觉得自己没穿衣服。

用铯原子造出更有效的时计。铯原子钟内的原子局限在特殊的空间里，接受微波辐射的轰炸。辐射线会导致原子在两种能量状态之间来回弹动，弹动的速率则保持得非常稳定。世界各地的一流研究实验室都有铯原子钟，美国海军天文台的马萨吉斯博士以他那批精良的时计为极大的骄傲，也算情有可原。

原子钟出现后，我们测量时间的精确度实际上远超过促发时钟产生的自然界循环现象。人类一度用日晷来检查钟表的正确度，但现在却反过来：这些特别精准的时钟事实上能够揭露地球自转的不规则（就像马萨吉斯说的："地球是座烂钟。"）。因此，在 1967 年，国际上对一秒钟的定义也出现了变化。一秒钟原本和太阳时间有关，也就是平均太阳日的 1/86400。但如果一天的长度不断变动，这个定义就有问题。现在，铯的特定同位素振动 9 192 631 770 次的时间长度，就等于一秒钟。

新科技承诺未来的计时方法更能一丝不差，过去几年才发展出来的原子喷泉钟和离子阱钟等装置带给我们希望。马萨吉斯在美国海军天文台的同仁，正在开发使用铷原子的喷泉钟，等到这项技术成熟后，铷原子钟会比目前这群原子钟准确五十到一百倍。另一个方法则是利用以更高频率振荡的元素。以锶为例，这种元素的共鸣频率为每秒 429 兆次循环。东京大学的研究人员最近宣布，他们能够造出使用锶的"光晶格钟"，报时的精确度为十的十八次方之一，也就是一千兆分之一。这种时钟过了三百亿年，也只会有一秒的误差。

原子时间并非由一座钟或某个天文台决定，而要靠全球的原子钟网络。世界各地的实验室把原子钟的信号输入巴黎郊外国际度量衡局的办公室，这里的计算机会按这些时间的权重计算出平均值（美国海军天文台的资料大概占平均值的百分之四十），其结果就是我们提过的世界标准时间。

不过故事还没完：我们的时钟也显示出地球本身慢下来了，每年的旋转速度都愈来愈慢。由于月球对地球及地球上的海洋拉扯的力道不平均（太阳造成的摩擦力则没那么强），导致潮汐摩擦的力量出现，这就会减缓地球转动，仿佛在我们旋转的星球上踩下巨大的刹车（事实上平均下来，每年增加不到一秒钟。在恐龙横行地球的时代，“一天”可能只有 23 个小时）。我们的原子钟如果自行其是，最后会跟太阳时间出现明显的分歧。解决方法就是偶尔加个“闰秒”。有需要的话，到了 6 月底或 12 月底，世界标准时间就会加一闰秒，让原子钟的时间和地球的旋转保持同步（也就是和平均太阳时间一致）。如果不加以修正，过几千年，时间显示是午夜，可是太阳却高挂天空。闰秒的概念自 1972 年出现以来，已经加了 23 次。

并非所有人都喜欢闰秒系统。一定会有人犯错。计算机工程师忘了在程序里加入闰秒（或输入错误），重要的时钟就会出错。一秒钟到底能造成什么差别？在今日的世界里，差别可大了。我们前面说过卫星导航系统就要仰赖原子钟的信号，马萨吉斯说，在华盛顿的纬度，差一秒钟，定位就会差了约三百米。他问：“只因为仪器认定的位置差了三百米，就导致飞机失事，你希望看到这样的情况吗？”

除了闰秒，还有其他的办法吗？最简单的方法就是不要闰秒，让原子时间和太阳时间渐行渐远。如果选择这么做，不久之后天文学家就会发现工作非常不顺利：要将望远镜对准正确的方向，就必须做到以地球自转为基准算出时间，如果差了几秒，你要研究的物体可能根本不在望远镜的视野内。天文学家当然找得到修正的方法，但如果差异继续累积，普通的老百姓也会开始感到紧张。纽约客真希望隆冬的太阳早上十点钟才升起吗？另一个方法是让闰秒累积成整整一个小时，大概要花六百年的时间。然后我们就加一个闰时，习惯日光节约时间的人应该习惯把手表往后调一个小时。持批评态度的人说这个做法就等于把问题暂缓几百年，把责任推给 27 世纪的公民。（做出决定的国际机构是国际通信联盟，2005 年，该联盟在日内瓦召开会议讨论了这个问题。他们的结论是：“需要更多的时间才能达成共识。”）

此类争议的核心问题其实可追溯到中世纪。我们要仰望天上的太阳和星辰透过自然现象判断时间，还是要低头看机械时计硬要定义自然的时间？到目前为止，我们总能在这两种彼此冲突的策动力之间找到微妙的平衡。

从智力的角度来看，原子钟的确值得赞叹，我们可能没察觉到，每天都要靠这些钟进行不少日常的活动。但我最喜欢的时计仍是索尔兹伯里大教堂中值得信赖的中世纪老钟：傲然耸立了六百多年，从 14 世纪到现在，见证过完整的英国历史。守钟人普雷斯特讲起历史时，口气中流露出对这口钟和对国家的深厚情感。“老天啊，黑死病、南北分裂的英国内战、玫瑰战争……”在他重述大钟经历过的里程碑时，我想到那有条不紊的嘀嗒声：声音柔和却坚持不懈，浑然不觉周围的战争与和平、饥荒与富足、革命和帝国。在那几百年内，时钟多半放在高高的钟楼里。或许在那儿比较安全吧。“它看过克伦威尔来这里冲锋陷阵，还好钟在高塔里，克伦威尔也管不着，”普雷斯特的语调很狂热，“它也看过伊丽莎白一世的船只在英吉利海峡上被敌人追赶，可怜的女皇。战舰玛丽罗丝号沉没时，钟声滴答不止。还有近代对英国小孩来说非常刺激的故事，当福克斯想把国会炸掉时，这座钟也没停下来。它真的看过不少历史逸事。”普雷斯特停下来喘了口气，“我一直在想，制作这口钟的人如果听到我们说将来人类会登上月球，他们会说什么？我想他们一定会觉得咱们患上失心疯了。”

第四章

被时间控制的世界

时间正张牙舞爪悄然潜行：我们拿的是月薪日酬，电信公司按分钟收费，广告费照秒计算……想在最短的时间安排最多的活动，让我们成为当下的囚徒，我们活在时间饥荒中。几世纪之前的人不怎么在乎“分”，完全不在意“秒”。过去一千年来，我们和时间互动的方式变动剧烈。

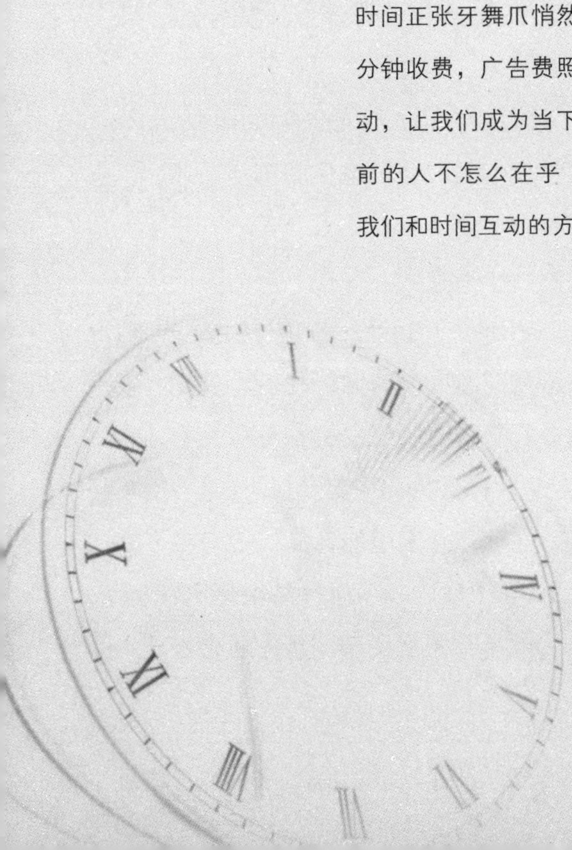

考虑到你该做的所有事情，当你浪费一个小时，却让我感觉像是一千个小时……因为对你的身体和灵魂来说，再没有什么事情比时间更重要了，我觉得你不够珍惜光阴。

——意大利富商达提尼之妻在1399年写给丈夫的信

我们的生活愈来愈紧张，愈来愈有压力，这是老生常谈了，事实上，用这种方法描述现代生活，简直就是陈腔滥调。不过检查现在几点钟的频率好像真的提高了，不是吗？甚至当我们努力不去担心时间的时候，时间也张牙舞爪地悄然潜行。很多人工作拿的是时薪；电信和网络公司按分钟收费（有的算秒数）；广告费用则照秒计算。在过去几十年内，生活的步调似乎冲刺到惊险的速度。我们感到压力很大，要在更短的时间内完成更多的任务，起码看起来是这样。休闲时间当然仍占有一席之地，高尔夫球场和滑雪胜地生意也不错。但感觉在休闲的时候，我们也要匆匆忙忙。躺在海滩上时，你旁边的人是否盯着智能手机的屏幕不放？有人早上发电子邮件给你，接着就打电话过来，问你为何午餐前还没回信。在计算机前坐了一整天，我们一回到家又立刻打开家里的计算机检查私人的电子邮件，有些人甚至在上班途中工作。（最近一项研究结果指出，很多人觉得准备三明治“变得很麻烦”，因此不得不买更多“预先包装好的现成食品”。）

时间永远不够：纽约中央车站

法国的文化评论家吐尼尔认为，想在最短的时间内安排最多的活动，让我们“成为当下的囚徒……如果我们不慢下来，就是在冒与自己的未来渐行渐远的风险”。我们活在“时间饥荒中”，多伦多大学睡眠和时间生物学中心的主任穆尔多夫斯基补充道，“醒着的时候，永远没有足够的时间做完工业社会期待我们能够完成的工作”。

但我们在前一章看到，几世纪前的人不怎么在乎“分”，完全不在意“秒”。的确，分秒都是相当新的概念。乔叟不知道一分钟有多久；莎士比亚有分钟的概念，可是从没提过秒。即使到了莎士比亚的时代，“一小时”可能只表示“一会儿”，这意味着大多数人不需要更细的划分也能过得很好。(《圣母经》祷文的最后几个字就是很好的例子：“现在及死亡的那个钟头。”)

然而，就算在今日，并非所有人都这么匆忙。过去一千年来，我们和时间互动的方式变动剧烈，不同文化之间的差异也愈加明显；有的文化重视时间到偏执的程度，有的却几乎察觉不到过去和未来的存在。我们已经看过一些例子，人类建造的观测站、时钟和历法都反映出这些差异。但时间差异也用更微妙的方式显现，例如我们信仰的宗教和遵行的仪式，甚至连日常用字也包含在内。

在第二章我们看过中美洲的玛雅人把时间当成有机、有生命的个体。他们并不孤单：从非洲的原始部落到古代远东地区高度发达的文明，全球各地还有很多人抱持同样的看法。

中国：时间就像编织的布

在古文明中，中国人对时间的看法或许最错综复杂。中国人巨细靡遗地追踪着星空中的活动。公元前 13 世纪时，商朝留下的甲骨文描述了月食的情况，在特定天文活动现存的记录中，这或许是最古老的。玛雅人也一样，他们认为天空中的活动会影响地上的事物，每次遇到彗星、日食或月食，或行星连成一直线，就觉得是天神在对地面的活动降下旨意。

中国人觉得时间在某种程度上是不断循环的。改朝换代似乎跟天际循环的起落一致。公元前 5 世纪的圣人孔子把完美的统治者比喻成北极星，也就是整个宇宙的轴心[①]。但加诸其上的却是一种深厚的时间连续感，短期和长期都包括在内。正如我们在前一章看到的，中国人造出了精密的水钟，过了一百多年，欧洲才出现机械钟。但在西方人眼中，中国人对时间这种盘根错节的想法离不开和因果律有关的特殊看法。在古代的中国，时间“就像一大块织锦，来回编织在一起”，说这话的班大为（David W. Pankenier）在宾夕法尼亚州的理海大学任职，是中国历史、语言和文化的权威。不论出现的前后顺序，在帝国某处发生的事件将会影响到其他地方的事件，就像在一大块布料上拉住某个点，整块布上都会出现皱褶。甚至有一位君主为了不让自己的统治期超过六十年而放弃了帝位，只怕在位太久会违反自然秩序。当朝代衰落时（再一次响应玛雅人对世界的看法），全国的子民都感到心神不宁。班大为说：“那是眼前的大趋势，就像听到音乐的曲调变得荒腔走板。”历史学家弗雷泽说，中国人的目标是“个人、人际、社会及自然之间都能和时间取得和谐”。

---

① 恺撒大帝也有同样的看法，至少莎士比亚笔下的恺撒就曾宣称：“我如此坚定，好似北极星，稳牢而故我，无星能匹敌。”

印度教和佛教：逃避时间的周期

印度和东南亚的宗教对时间的看法非常不一样，或者我们可以说他们想要脱出时间的控制。印度教信仰的重点在于不断循环的时间。最短的周期叫作“大时代”（maha yuga），延续四百三十二万年。一千个“大时代”组成一个“劫”（kalpa），两个“劫”就等于印度教主神梵天生命中的一天。梵天的百年寿命就等于三百一十一兆年。在循环的时间中，一切终将回归到之前的状态。历史只是幻觉，或许时间本身也是。世上无恒久之物，死亡只是通往诞生和复活的途径。

在印度教信仰中，迦梨女神（雪山神女）是湿婆神的配偶，或许也是所有印度教神祇中最可怕的，她同时象征时间的创造力和破坏力。四只手臂的迦梨雕像多半染了血迹，戴着人头串成的项链。有时候表现得像是胜利的凶手，脚下踩着湿婆神毫无生气的形体；有时候则可能被描绘成和湿婆神交媾。但湿婆神总会复活，并让所有的生物跟着回到人间。

时间无穷无尽的周期一再重复，虔诚的印度人也有逃避的方法：把意识和永恒的“解脱”（Kaivalya）融合在一起。时间是不祥的预兆，给人压抑的感觉；但得到启蒙后，人类就可以驯服时间。佛教提供类似的道路：通过冥想，佛教徒就能逃脱死亡复活永无止境的循环，最后从时间中解放出来，到达“涅槃”（Nirvāna）的境界。（的确，所谓的中观派赞同的超越论，就完全否定时间的真实性。）哲学家诺瓦克的说法非常简洁：“跳进时间可怕的浪潮中，只为了在醒着的时候驾驭后方的浪花。”

非洲：“事件时间”

某些文化则用事件和顺序相对应的重要性反映出时间的有机本质，而不用时钟或历书来做记号。非洲有不少地区重视“事件时间”的程度超过了“时钟时间”。

20 世纪 30 年代，英国人类学家埃文斯·普里乍得研究了苏丹南部的半游牧民族努尔人。他发现努尔文化里没有可以对应到小时和分钟的东西，他们的确没有一个字等于我们对“时间”的抽象概念。日子没有特别的名字，也没有编号。因此，他们不会把时间当成某种个体，也不能节省或浪费时间。相反，时间和活动有关。努尔人的一年有雨季和干季，雨量和风向的变化标出不同的季节。如果在 5 月问努尔人现在是什么时候，他会回答：“老人家要回到村子里。” 1 月时再问一次，你会听到：“所有人都要回到干季的营区里。”正如艾文尼在《时间帝国》一书中提到的：“时间逻辑似乎是这样：如果我要去教堂，今天一定是星期天；如果有人在营区和村落之间来回移动，现在一定是雨季……就我们所知的范围内，活动取代了时间。”（想象一下，华尔街的交易所在“员工开始交易的时候”开始交易日，或前往芝加哥的火车在“乘客都上车后”启程。）

努尔人的生活以社会结构为中心，男人或女人可能都不知道自己几岁，但他们却知道自己所属的“年龄群”（少年、青年，一直到老年）。虽然如我们想象的，没有“流动”的时间，过了几年后，努尔人的确会移到下一个年龄群。埃文斯·普里乍得注意到社会关系非常重要，因此努尔人比较在意过去，而不重视未来，“因为关系一定要从过去的角度来解释”。

非洲东部的莫西人也卡在“事件时间”里，但略有变化。他们的确会追踪月相，依据月相就知道目前是什么月份。跟努尔人一样，莫西人的每个月都有代表性的事件或活动：在第一个月河流开始消失，在第二个月就要清理河床上的菜园，第三个月必须撒下高粱的种子；每个月都有不同的事要做。然而，部落内的人对于现在是第几个月一定会有不同的意见。艾文尼发现，如果你问莫西人现在是几月，“他可能会告诉你村里有些人说现在是第五个月，但也有人说是第六个月”，有时候为了争辩谁才是对的，村民很有可能会大吵一架。人类学家一开始认为这种意见分歧的状况表示莫西人不在乎精确的计时，后来才发现其中有种天生的逻辑。事实上，如果所有的莫西人都同意现在就是某个月，反而会有麻烦。因为月份和季节的活动有关（只是关系不那么紧密），就某种程度而言，十二个月份必须和太阳年调和一致；我们在第二章说过，太阳年比十二个太阴月长，但不足十三个月。因此，最后一定要添加闰月或跳过某个月份，如果众人无法明确指出当下是什么月份，就比较容易进行调整。艾文尼指出："这些人常四处游牧，计时变成互动的过程，人与人之间的对话要根据社会规则，所以最好能接纳彼此的分歧意见。"

对"星期"有类似想法的乌美达人不在非洲，他们来自新几内亚中部。人类学家盖尔发现，乌美达人不关注现在是几月，他们也不知道一年有几个月。一年的季节很粗略地分成雨季和干季。乌美达人没有每周的市集，也没有休息的日子。然而，盖尔解释说，乌美达人的确会数日子：他们画出和"今天"有关、很明确的七天。乌美达人对某一天有下面的称呼：

大前天
前天
昨天
今天
明天
后天
大后天

根据盖尔的观察，"在乌美达人的一周内，可以说今天一定是星期三，一个星期的中心"。

盖尔也观察到另外一件事，这件事凸显了乌美达人和我们截然不同的时间观念。前面提到，乌美达人不记录太阴月，他们也的确没发现一次新月到下次新月的时间都一样长（大约是二十九天半）。盖尔写道：“对乌美达人来说，月亮就像菜园里的块茎，有时候长得快，有时候长得慢，也不知道为什么。因此，当他们注意到逐渐变圆的月亮时，他们觉得很漂亮，涨大的月亮就像偶尔幸运种出来的大块茎，而不是规律到了极点、能够预测的天文活动。”

不用时钟和历书，改用事件标出时间时，这些事件的顺序就非常重要。对肯尼亚西部的卢奥人来说，除非某些事件按着指定的顺序发生，否则时间可说是静止不动的。在芝加哥自然史博物馆工作的库辛巴是考古学家，也是非洲部落文化的权威，他说：“在多妻制的卢奥家族中，大老婆的角色非常清楚，她必须第一个种下作物和准备农地，然后才轮到其他人。她要第一个去除草，也比其他人先吃饭。”同样，长子“必须第一个结婚，不管他愿不愿意……一定要按照某种顺序做事情，不能破坏规则”。卢奥人相信，如果不遵守规则，就会扰乱自然顺序，导致作物歉收或死亡。

来自肯尼亚的哲学家和人类学家姆比蒂在其著作《非洲的信仰与哲学》中提到，很多非洲文化都会展望“久远的过去和现在，但几乎没有未来”。在他研究的东非语言中，有很多“没有具体的字词或表达方式来传达遥远未来的概念”①。很多部落只在乎现在和过去发生的事，因为这些事情有“真实感”，姆比蒂说，他们不考虑未来的时间，因为还没发生的事无法组成时间。“因此实际的时间就是现在和过去。时间向‘后’移动，而不是向‘前’，大家不会想未来的事情，但比较在乎已经发生的事”。

① 有些人不赞同姆比蒂的看法。阿佑艾德就是一例，他说姆比蒂的看法“对优鲁巴来说就不完全成立，他们对未来的看法甚至超越了今生的重点，延伸到来世”，另外他也补充，优鲁巴人以农耕为生，常需要规划收成和贮存食物。

美洲原住民：时间的阴影

西方人有时间观念，但在某些文化中这种观念却似乎不存在。美洲和澳洲的不少原住民文化，以及非洲和太平洋群岛的一些社群，都没有一个词能够代表“时间”。普里查德来自加拿大东部的密克马克族，他花了很多年的时间观察部落中的长者。有些规律性的活动在我们心目中跟时间流逝有关，密克马克人也察觉到了：他们的语言里有日夜、日出、日落、青少年、成年和老年，但却没有一个代表时间的词，他把观察结果写成一本标题很恰当的书，叫作《说不出的时间》。他写道：“除了时间体现的自然事物外，时间的概念不存在。”

美洲原住民对时间或许有不同的观念，但最引人注目的是美国西南部的霍皮族。早期的民族志学者假设霍皮人不怎么重视时间，拿这点大做文章。20世纪30年代，美国的语言学家沃尔夫研究过霍皮人语言和文化的各个层面后做出结论，霍皮人“没有字词、文法形式、结构或表达方式，牵涉时间或任何相关的层面”。

相反，沃尔夫认为，霍皮人把存在分成两大类，一类处理实质的物品和感官察觉到的东西，另一类涵盖心理和灵性。我们称为“过去”和“现在”的属于他们的第一类，未来则属于后者。霍皮人的动词非常丰富，但沃尔夫宣称他们的语言没有时态。最近的研究相当质疑他的诠释。举例来说，盖尔就认为霍皮人使用的情态（表明说话者对他人主张的态度）和欧洲语言的时态作用一样。霍皮人似乎也常用空间比喻传达跟时间有关的事实。他的结论是：“霍皮语并非一种没有时间也没有时态的语言。”

沃尔夫认为霍皮人的生活中没有时间观念，但历史学家惠特罗认为这么说就单纯得过分了。惠特罗提醒我们，霍皮人“已经根据天文学方面的知识，成功编写出农业和丧葬的历法，也算相当准确，特殊节庆很少差到两天以上”。的确，霍皮族和邻近的苏尼族都是观测太阳的专家，利用“地平线历法”追踪每一季日出的时间，要知道何时下种和收成，季节非常重要。

背对着未来

当政治人物在伊拉克提到“前方的路”，我们知道他们在讨论未来，不是过去。听到乐团唱的《不要回头》，我们知道歌词的意思是叫我们不要回顾过去的时光。这两种说法似乎是直截了当的比喻，我们可能觉得全世界的人都听得懂，其实不然。以南美洲的爱玛拉人为例，他们心目中空间和时间的关联十分独特。在大多数的文化中，我们觉得过去在背后，未来在眼前，提到过去和未来时，我们用的手势和身体语言也会反映出这种想法。圣地亚哥加州大学的人类学家努涅斯在智利北部录下了几十个成年爱玛拉人对话的过程，但他发现了完全相反的做法：爱玛拉人谈论过去时会指向前方，讨论未来时会向后比手势。他们的语言也反映出这种相反的做法。爱玛拉语中表示“前方”的字（nayra，也有“眼睛”“正面”或“视力”的意思），也用来指过去。同时，意思是“后方”的字（qhipa，也有“臀部”的意思），也用来表示未来。

我们不清楚这种思考方式是如何演进的。然而，努涅斯注意到爱玛拉人会区隔他们自己知道的陈述（亲自目击的事件），和他们从别人那里听说的事情。特别强调“可以看见的东西”，这正好能说明为什么过去（事情确实已经发生了）和前方有关系，因为我们能清楚看到过去；未来则无法确定，因此跟背后看不到的东西有关联。努涅斯发现年长的爱玛拉人甚至拒绝讨论未来，认为谈论还没发生的事情毫无意义。他也注意到这种文化特质似乎慢慢消失了。虽然讲爱玛拉语的人口数还有好几百万，但只有住在安第斯山中央高地的人才使用这种语言，比较年轻的一代则倾向于使用流利的西班牙语，通常也用西方的手势。

澳洲："美梦时间"

最难理解的时间概念有可能是澳洲原住民的"美梦时间"，这个黄金时代一下子就成为久远的历史，而且永远存在。活在古代的人物并未消失，反而以当代人的形体继续活下去。要维持社会秩序，就必须用仪式重现活在"美梦时间"的人物和动物，也要把他们的故事一代一代传下去。若能和古老的过去维持联系，就能拥有生命①。人类学家莫菲指出，西方人注重"进度"和"目的"，"原住民对于时间的概念基本上与目的无关，或者应该说目的就在不受时间影响的永恒美梦中"。

社会学家唐纳森发现在"美梦时间"中，"时间、地点和人物合而为一。你知道自己在哪里，身旁有什么人，就能知道现在的时间"。唐纳森指出，社会上没有表示时间的词汇，并不代表群众就不会计时。"一天的时间分成破晓、日出、早晨、中午、下午、傍晚、日落、晚上和深夜。睡眠的时间、月相和季节都可以代表时间，也可以用来计时。"看来对时间的看法就跟地球上的文化一样不胜枚举。然而，虽然彼此看起来南辕北辙，很有可能相似之处仍超过差异之处。正如盖尔说的："在梦境中，别人体验时间的方法跟我们完全不一样，这里没有过去、现在和未来，时间完全静止，或者一直绕圈圈，或者像钟摆一样来回摇动，可是梦境并不存在。"

---

① 对西方的世俗生活来说，这个想法似乎无法兼容，但或许在某种程度上符合西方的神学。比方说行圣餐仪式时，基督徒就在重现"主的晚餐"（耶稣基督和使徒的最后一餐）。一位学者说这种"基督教的崇拜方法，有效重现了公元 29 年在耶路撒冷城外发生的事件，并使之通过仪式变得永垂不朽，信徒在行礼时就能天天重现历史。的确，仪式的整个过程会让空间和时间已经固定的行动成为永恒的现在"。

希腊人：多样化的时间

在古希腊，解答时间问题的方法非常多，不止一种，在希腊思想家留下的文献中，我们可以看到问题的根源，一直到现在，这些最深奥的问题仍是哲学家极欲解开的谜团。

从荷马和赫西奥德的史诗开始，这些叙述慢慢地浮现出来。赫西奥德的《工作与生活》读起来就像公元前 7 世纪的农民年鉴，含蓄地以时间的概念为基础（不过诗篇中从未提到“时间”这个词），内容全是何时下种和何时收成的说明，明确地指出了天上的星宿。荷马的看法则比较不确定：史诗《奥德赛》中到处可见时间的周期：“曙光女神玫瑰颜色的手指”宣布一天已经开始，但主角奥德修斯航行了二十年，外表丝毫未变。（他的妻子珀涅罗珀留在伊塔刻，同样也没变老。然而，他们的儿子忒勒玛科斯在这段时间内却长大了，他的忠犬阿尔戈斯也变老了，在主人回来时便安心地咽下了最后一口气。）

过了几百年，苏格拉底之前的哲学家开始剖析时间。来自伊利亚的巴门尼德（约为公元前 520—前 430 年）是当时最有深度的思想家，他把过去和未来当成幻觉，坚持真实的世界不受时间影响，永远不会改变。他的看法和以弗所的赫拉克利特（约为公元前 535—前 475 年）形成鲜明的对比，后者认为宇宙原本就充满动力，必须不停地创造、毁坏和改变。在西方的时间概念中，这种对比会演变成关键的哲学战争，我们在接下来的几章会一直提到这个概念。

柏拉图（公元前 428—前 347 年）则看到时间和宇宙本身之间的关联。在其著作《蒂迈欧篇》中，他描述时间如何从永恒中浮现。按照他的推论，上帝是永恒的，他也要让宇宙永恒存在，但他必须勉强接受永恒的形象或倒影。柏拉图说，造物主“决定要塑造出不断变化的永恒形象，当他制定天界的秩序时，这个形象就成为永恒，却仍按照数字变化，当永恒本身坚定不移时，这形象就是我们口中的时间”。柏拉图认为时间就是其中有日月星辰的“苍穹”旋转时留下的倒影。时间不是独立的个体，而是宇宙的特质，西方思想一直到了今天仍脱离不了这个概念。

柏拉图的弟子亚里士多德（公元前 384—前 322 年）在很多方面都不同意老师的想法，时间的本质也是他质疑的一环。（从他的著作《物理学》的第一段我们就看到完善的论述。亚里士多德说：“最好的计划就是一开始就利用目前的争论，明白其中困难之处。首先，该归类给存在的事物，还是不存在的事物？接下来，本质是什么？”）在绞尽脑汁后，亚里士多德的结论是，时间深植于移动和变化之中。考虑到和时间流动分不开的事件，时间才有意义。然而时间跟移动不一样，因为移动在变换位置的物体“之中”，时间却无所不在。因此时间和移动无情地联结在一起。他说：“两者彼此定义。我们会按动作测量距离，以及按距离测量动作；举个例子，我们说路很长，如果旅途很长是因为路很长，那么时间也会移动，动作也等于时间。”

这些想法的影响深远，我们会在接下来几章看到，柏拉图和亚里士多德的真知灼见过了这么久，依然影响辩论的内容。

希腊人除了对时间的看法各有不同之外，他们关于时间如何开始的问题也十分令人烦恼，他们对此也有不同的态度。大家都知道柏拉图相信理想的数学公式。正如他在《蒂迈欧篇》中的描述，当那些数学准则找到有形的化身后，真实的世界才能存在。我们也可以想象，亚里士多德对此的看法当然完全不同。他觉得柏拉图的描述暗指世界是在过去的某一个特殊时刻变成真实的。在亚里士多德看来，这个想法一定会引起矛盾。难道柏拉图认为时间本身是不知怎的在时间中制造出来的吗①？这个论点至少可说是很棘手。亚里士多德的论点是，当某人说到时间的源

---

① 其他人则诠释说，柏拉图对时间起源的看法事实上跟亚里士多德很像。《蒂迈欧篇》里面的这段话可供参考：“那么，时间和天国同时创造出来，也在同一秒出现，因此，如果会出现崩溃，可能也会同时崩溃。”

头时，马上就可以问，在那之前呢？亚里士多德宁可把世界当成永恒不变的，过去没有开始，未来也没有结束。

同时也有其他人的看法类似东方的宗教，他们觉得时间会不断循环。所谓的斯多噶学派运动源自公元前3世纪的雅典，由来自埃利亚的哲学家芝诺领导。斯多噶学派相信“大周期”（或“大年”），夜空中行星的位置也扮演重要的角色。当行星回到同样的相对位置，宇宙历史就会重新开始（斯多噶学派可能从巴比伦人身上学到这个想法）。第四世纪时，伊梅沙的主教尼梅修斯在评论这个观念时提出主张：“苏格拉底和柏拉图以及所有人都会重生，交同样的朋友，周围有同样的市民。他们会再度经历同样的体验和活动。所有的城市、村庄和田地都会恢复原样，就跟从前一样。宇宙的复苏不止重来一次，而会不断重复，永远没有尽头。”

后来的希腊人对永恒周期的想法深信不疑。在公元6世纪，哲学家辛普利修解释毕达哥拉斯学派（他们的哲学结合数学和神秘主义）对周期时间的想法有多么热爱。辛普利修引述的毕氏学者欧德摩斯的话，很明显地表明欧德摩斯已仔细思索过不断发生的类似事件和不断发生的时间周期之间的区别：

> 你或许会觉得很好奇，时间是否如某些人所说真的会重新再来。我们现在所谓的“一模一样”其实有不同的说法：同种类的事物的确会再来一次，例如一年四季和不同的时节；同样的动作也会重复出现，例如太阳走过春分夏至秋分冬至的位置。但如果我们要是相信毕氏学派的说法，认为同样数目的东西会再度出现，那么以此类推，你以后又会坐在这里，而我又会对你说话。相同的道理也能套用在其他事物上，因此，很有可能同样的时间也会不断循环。

周期时间的想法似乎影响了亚里士多德，他观察到：“会自然移动来去的所有其他事物都有循环。这是因为所有其他事物都由时间区别，结束和开始的方式仿佛都符合某个循环，就连时间本身看来也有周期。”在讨论地球科学的著作《气象通典》中，他讲得更明白，提到在无止境的周期中不断获得和损失的知识。“我们必须说在周期中人类出现了同样的意见，不止一两次或少数几次，而是极为频繁。”

线性时间的诞生

在古代的近东地区，公元前第一个千禧年刚开始时，有一项特殊的文化孕育出非常独特的时间观念。犹太人认为，历史就像一连串特殊的事件：创造、洪水、救世主（终于）出现，都按照上帝神圣的计划展现出来。这确实是线性的时间观念。从这个角度看来，时间毫不留情地从过去行进到现在，无法逆转。也要有确切的开始：宇宙创造的过程只有一次。永恒属于上帝，不属于空间和时间。

线性时间的观念不纯属于犹太教。犹太人有不少东西是从巴比伦人那边继承过来的，这一点毫无疑问，例如类似的创世神话，古代波斯人信奉的拜火教也有同样的线性想法。但犹太人的观点得到早期的基督教徒采纳，和某些希腊哲学的关键元素最后一起奠定了西方世界观的基础。

然而，希腊哲学并未完全成为基督教神学的中心思想；像斯多噶派关于周期时间的看法和其他某些元素，就遭到拒绝。圣奥古斯丁在《上帝之城》中提到他无法相信就像在这个时代，哲学家柏拉图坐在雅典城里名为“学园”的学校教导弟子，在过去无数的时代中，同样的柏拉图、同样的城市、同样的学校和同样的学生一而再再而三地出现，未来也注定要重复再重复直到永远。很抱歉，我不认为我们得相信这种无稽之谈！

采用线性时间，这对西方思想留下了深厚而长远的影响，也为“进步”的想法奠定了基础。历史学家芒福德认为，线性时间和前一章所述机械钟的发展齐头并进。他说时钟“把时间和人类活动分开，提供助力创造出独立的世界，其中的顺序可用数学方法来测量：也就是属于科学的世界”。17 世纪末，时间在人类心目中已经成为向前不断行进的抽象个体，不受人类活动的支配。

枪支、细菌和 CCT

线性时间出现后，大家愈来愈希望能有更准确的时钟和历书来切割和测量时间，我们在前几章已经讨论过了。时钟和历书的发展成为现代科学和工业的基础，此外不论如何，都会导向今日科技世界的急促步调。西方文化似乎也把这种高速生活风格出口到世界各地，但是西方人却感觉不到自己散发出的影响。西方文化有很多有名的出口物，例如英文、自由民主和摇滚乐（其他的例子还有很多），但事实上，使用时钟和历法（尤其是格里历）来看时间，或许影响更为深远。人类学家柏斯提尔把“时钟和历书上的时间”简化成英文前缀缩写 CCT，他认为这“才是西方最成功的出口物”。根据他的说法，“从未听说有人能够成功抗拒”。①

CCT 有很多呈现出来的方法，通常连实体的时钟或历书都用不到。有好几位人类学家发现，电视就有报时的功能。像世界杯足球赛这种全世界几乎都会转播的节目就能联合各国的居民，一起做共同活动（即使并非主动的），要看世界杯，就要遵守时间：比赛按照 CCT 转播，太晚开电视的观众就看不到开球。有一项研究的主题是 20 世纪 70 年代也门偏远地区的居民拥有电视后的情况。人类学家阿德拉指出，电视出现后，“立刻影响社会生活”。电视“改变了每天的工作和休息模式，因为大多

① 柏斯提尔说过：“‘时间错误’（故意毁坏时钟和其他与时间有关的手工艺品）这个词不在我的字典上。”然而，小说中出现过这个词：康拉德 1907 年出版的《特务》中，有一段情节是叛乱分子计划要炸毁格林尼治天文台。（这个词也出现在 Urban Dictionary 网站中，不过意思不太一样：“发现实际的时间或日期与你所认为的具有极大差异时，而暂时出现疲惫烦躁的心理状态。”）

数人会看电视看到晚上 11 点发电机关闭，因此比较晚睡”，结果很多人第二天早上起不来。

日本的情况特别有意思，除了欣然接受 CCT，还进展成为地球上步调最快的国家。（正如社会学家西本郁子指出的：“在其他国家被迫西化时，日本却选择西化。”）19 世纪末，日本工业化程度愈来愈高时，变化就开始了。在 1873 年的教科书中，学童要学习读出时钟上的时间。就连语言也受到影响：新词 jikan（“时间”或“小时”）出现了，取代 toki（用来指日本传统阴历上的时间），日本人也开始提到分（fun）和秒（byo）。不能缅怀过去。到了现在的日本，如果火车入站的时间比预定的晚了一分钟，就算“迟到”。同样的准则在英国是 10 分钟，在法国是 14 分钟，在意大利则是 15 分钟。为了准时，还有可能闹出人命：2005 年，日本国铁列车为了弥补 90 秒的延误而出了意外，造成 107 人死亡。《纽约时报》的报道说：“在其他国家，晚了 90 秒的火车或许还算准时呢。”

生活的步调

西方的时钟和历法愈来愈普及，但不同文化的生活步调仍相去甚远，曾经到其他国家旅行的人应该就会注意到这种情况。人类学家博斯写了一本叫作《永远活在千里达时间》（1999 年出版），标题只是引用岛上常听到的说法。在巴西，迟到一小时没什么大不了的，但在纽约、法兰克福或东京，迟到十分钟就要提出解释。

加州大学弗列斯诺分校的社会心理学家莱文所做的研究或许是最全面的时间变动性研究，他几十年的研究心力都集结在引人入胜的著作《时间地图》（1997 年出版）中。在研究的某个阶段，莱文和同事使用三种不同的测量方法来判断三十一个国家的生活步调：城市街道上行人走路的速度、公共时钟的准确度以及向邮局职员购买邮票所需的时间。步调最快的五个国家是瑞士、爱尔兰、德国、日本和意大利；最慢的五个国家是叙利亚、萨尔瓦多、巴西、印度尼西亚和墨西哥（美国排名十六，加拿大排名十七）。或许大家都觉得“快速”的国家相对来说经济实力也比较强，“缓慢”的国家则比较贫穷。莱文并未深入研究其中的关联，但他注意到：“经济变动和生活步调似乎相辅相成，不会单独出现。”

在类似的研究中，以美国的三十六座城市为研究对象，莱文发现（或许会让人觉得很惊讶）波士顿是步调最快的城市，而洛杉矶（或许也会让人觉得很惊讶）则最慢。纽约市占了第三名（在水牛城之后），实验人员在两座城市遭到邮局职员羞辱，一个是纽约，另一个则是布达佩斯。

莱文解释一开始他察觉到生活步调的明显差异时，正在巴西教书。学生来上课时，最多会迟到一个小时，然后待到下课时间就离开。公共时钟（和私人的手表）上面的时间千变万化，大家常在同一时间安排好几个约会，结果全部爽约。

在印度，莱文花了好几个小时在火车站排队。当地人早已习惯排队排到地老天荒，还邀请莱文跟他们一起在车站大厅的地板上坐下来吃午餐。最后终于轮到他买票时，票却卖完了，但他靠着给小费贿赂买到车票。最后，“火车很晚才开，到达的时间更晚，不过都没关系，跟我约好见面的男士甚至比我还晚到”。在尼泊尔，莱文花了四天的时间等加德满都电话局的职员帮他接通国际电话。其他人也要等这么久，大家似乎都习以为常。

莱文很谨慎，对步调缓慢的文化不做任何评判，也告诫其他人要小心：“当我们把巴西人迟到的习惯归咎于不负责任，或说注意力分散的摩洛哥人缺乏重心，这除了我们草率的态度外，也还因为种族优越感而使我们变得心胸狭窄。”但他也指出起码在美国境内，很多少数族群认为他们悠闲的步调跟大多数更匆忙的英裔美国人不一样。“美裔印第安人喜欢说‘用印第安时间过活’。墨西哥裔美国人则把时间分成‘英国时间’，指时钟上实际的时间，以及‘墨西哥时间’，也就是用更随性的态度对待时钟上的时间。”[①] 莱文在墨西哥时想把问卷翻译成西班牙文，但在翻译时却碰到了问题。他想问别人定下约会时，什么时候他们“期待”对方会到、什么时候“希望”对方会到、会“等候”对方多久，结果发现这三个词在西班牙文里都是同一个动词：esperar。

在仅存的少数采猎社群中，莱文发现他们享有全世界最悠闲的生活步调。住在新几内亚西部高地的卡保库人不愿意连续两天都在工作，非洲南部住在丛林中的孔族人通常每周只工作两天半，一天六个小时。莱文觉得气候较温暖的国家，生活步调也比较缓慢：在他调查的三十一个国家中，最缓慢的国家都在热带。

我们的祖先因为不得已才开始计量时间：农民必须注意四季变化，要提高收成，就要了解太阳星辰，以及天体不断重复的行进路径。但时间所能控制的范围不止于此，更影响了公众和私人生活的所有层面。有些人觉得时间是有机体，非常灵活；有些人则觉得时间不断循环，模拟自然中的周期；还有人（包括我们在内）觉得时间没有生命，毫不留情地不断前进。

有些人可能已经受不了了。作家欧诺瑞在最近的著作《慢活》（2004年出版）中详尽阐述了欧洲和北美洲兴起的各种“缓慢”活动，例如慢食和缓慢城市，还有更出名的缓慢性爱。源自意大利的慢食宣言一开始就说：“我们的世纪从最开始到后来的发展过程，都脱离不了工业革命的影响，先是发明了机器，然后机器成为本世纪的生活模式。我们成为速度的奴隶，全部臣服于狡诈的病毒：快速生活。”（欧诺瑞读到一篇文章，里面提到有一系列的经典童话故事为了配合生活忙碌的家长，都被浓缩

---

① 人类学家虽然可以描述这三种文化差异，但最近在加拿大发生的事件则让我们看到随意批评这种差别有可能会冒犯别人，尤其当你批评某个人的时候。在 2007 年，因纽特族的艺术家法伯尔想知道加拿大税务局为什么要稽核他，便通过信息公开法要求政府提供税务数据。稽核员的评注令他大吃一惊，数据上说“典型的原住民都一样，不像我们会觉得很急迫，要在期限前完成工作”。法伯尔认为这种说法“泯灭人性”，向加拿大人权委员会提出申诉，该委员会已经展开调查。

成一分钟长度的版本，引发他写《慢活》这本书的想法。他觉得这个主题很不错，之后又问自己："我真的疯了吗？"）

快速生活似乎早已根深蒂固，但西方文化还在变化，我们对时间的看法也继续演化。记者泽尔尼克指出，手机出现后（20 世纪 90 年代快结束时，工业国家几乎人手一部），时间"比以前更黏答答"。这里的"黏答答"和缓慢没有关系，只是表示人际关系比从前更加紧密，因此，我们管理时间的方法也跟着急速改变。泽尔尼克说，由于我们的文化变得很匆忙，便含有很多小块的"软性时间"，尤其在规划晚间和周末的活动时。很多人活在"泡泡里，预期见面的地点和时间不断变化，因为我们期待能随时找到其他人。八点半仍算是八点钟，只要你及时打电话来告诉别人你无法在约定的时间到达约好的地点，再晚几分钟也没关系"。（如果这样的行为会让你有罪恶感，请举手。）泽尔尼克说，某项研究的结论是"美国愈来愈像巴西了，后者早已习惯很有弹性的时间"。另一方面，在巴西，"习惯晚到的人现在却抱怨他们必须打电话解释为什么晚到"。

西方文化这种要把愈来愈多的体验挤进每一分每一秒的倾向是否和我们调查过的各种非西方传统有某种关联呢？或许有。在面对无可避免的人生大限时，东方宗教无止境的周期，以及借由开示脱离时间的承诺，也算是一种策略。在今日的俗世中，不断听到"你就活这么一次"，或许也会让我们更想尽情利用每个时刻。

第五章

记忆的持久度

现代的神经科学家一般不会把记忆称为器官，而是称为过程，或很多过程的组合。他们的研究结果显示记忆系统有多复杂和多元。我们能够穿越时间投射心里的想法，在脑海中产生和过去相关的影像，也会想象未来将要发生的事情。科学家把这种卓越的能力称为心智时光旅行。

记忆的缺点也是其优点，记忆构成跨越时间的桥梁，让我们的心智和实际的世界联结在一起。

——沙克特

想得愈多，忘得愈快……

——博格斯

头颅里那块一公斤多的柔软灰色物质怎么能察觉到时间在流动？三百多年前，和牛顿同时代的英国科学家虎克就反复思索过这个问题：

> 我想问我们是用哪一种官能察觉到时间，因为来自五官的信息都只留存在一瞬间——仅在物体于我们心中留下印象时的那段短暂时间内。我们仍缺乏能够领会时间的感官，只有概念。但集合我们所有的官能，依然不能达到这个目的。

虽然已经有无数的人根据知识和经验进行猜测，尤其在过去几十年里，有许多人通过科学方法狂热地探索，虎克的问题到现在仍没有简单的解答。

生物学家早就知道人体会响应自然环境的节奏（的确，植物和其他动物也会），近来发展迅速的“时间生物学”开始研究人体在健康和生病时对这些节奏的反应。大家最常听到的就是每天起落的节奏：心跳、新陈代谢、消化和很多其他的功能，看起来都配合日夜的自然循环。这些是所谓的昼夜节律[①]，原文来自拉丁文，直译则是“近”（circa）和“日”（diem）两个字的组合。还有其他无数的循环周期，有的更长，有的更短。

还有大脑，这个在人体内提供知觉经验的器官。我们知道大脑包含一千亿个神经细胞（也称神经元），很巧的是，在典型的星系中，大约也有一千亿颗星星。我们也知道，每个神经元和其他神经元之间大约会建立一万个突触联结。这些联结就是大脑所有功能的源头。和其他人一起发现 DNA 结构的科学家克里克称之为“令人惊讶的假设”：大量的神经元活动让我们能够感觉到自我、察觉到周围的世界、具备意识。因此可以推测，能够感觉到时间流逝的能力应该也来自同样的地方。

心理学家和神经科学家一直都想找出大脑中是否有像“内建时钟”一样的东西，也就是某种帮助大脑记录时间的机制。但现在他们却开始怀疑大脑内并无特殊的结构能够发挥时计的作用[②]。我们对时间的意识似乎分布到很多不同的大脑区域中，每一个区域都有各自记录时间距离和顺序的方法。在加州大学洛杉矶分校脑部研究中心工作的博南诺说：“很多复杂的人类行为，例如了解语言、练习接球和演奏音乐，都要依赖大脑能够正确报时的能力。但没有人知道大脑是怎么做到的。”另外两位杰出的心理学家萨登朵夫和柯贝利斯也有同样的审慎评估：“我们仍不清楚内建时钟、顺序代码或其他过程如何让成年人建立时间维度的概念。”等一下我马上会再提到这两位心理学家的研究成果。

要研究脑内的时间，还会有个问题：这不仅是一门相对来说很新的学问，其研究内容更横跨许多学科，很多专精领域之间的界限因此变得更不

---

① 大多数人都能感觉到这些节奏有多容易变得一团糟，比方说必须值夜班的时候，或者越过好几个时区后会有时差。

② 然而，有些特定的区域要负责调节昼夜节律。最重要的区域叫作“视叉上核”，在靠近大脑底部的地方。在实验中，取出老鼠的视叉上核后，它们的昼夜节律就减弱了。

明显。这些学科包括电生理学（研究细胞和活组织与电流有关的特质）和心理物理学（研究物理刺激以及人类接受刺激后的主观体验之间的关系），脑部造影和运算模型方面的技术也很重要。神经生物学家伊格曼说过，这些新领域逐渐“描绘出脑部如何处理、学习和感知时间的方式”。

一些包罗万象的问题激发了最新的研究：随着时间的推移，我们的大脑如何编译流入的信息？来自不同脑部区域的信号如何在短短的时间内彼此协调？我们对时间长度的感知如何反映外在的世界？有哪些因素会影响我们对时间的判断？伊格曼说：“虽然对行为和感知来说非常重要，但时间感知用到的神经基础依然笼罩在神秘中。”

虽然我们才渐渐开始了解大脑如何诠释时间，但大脑有种显而易见且作用相当广泛的功能——记忆，记忆似乎就以时间为中心。事实上，虎克更进一步得出结论说，记忆就是我们感知时间的“器官”：

> 考虑到这一点，我认为我们有必要假设，有另一个器官能够理解时间留下的印象。就我的猜想，除了我们一般称为记忆的器官外，别无他物……我假设记忆就像耳朵、眼睛或鼻子，也是一种器官，位置很靠近其他感官的神经起共同作用和汇集的地方。

现代的神经科学家一般不会把记忆称为器官，而是更多地称为过程，或很多过程的组合。但是，他们的研究结果开始显露脑部的记忆系统有多复杂，有多么多元化。跟记忆相关的科学是一门庞大的学问，不可能用书中一章的篇幅讲完。我不想摘要说明研究人员从记忆运作中学到了什么，但会把重心单单放在某些脑部功能上，以便清楚说明记忆和时间的关联。

回忆过去，想象未来

你能在脑海中描绘小时候住的地方吗？闭上眼睛，是否能想象自己穿过旧居的客厅走向厨房？还记得小时候发生的事情吗，例如玩最心爱的玩具或庆祝生日？就算你的记忆力普通，要唤起这种回忆，很有可能也没什么困难，或许还能编织出不少细节。心理学家称之为“情节记忆”，这个说法是加拿大的神经科学家图尔文于20世纪70年代早期发明的。那你能换个方向看穿时间吗？是否能够想象未来你要参加的活动，比方说明天去杂货店，明年冬天去温暖的地方度假？

结果证明我们能够穿越时间投射心里的想法，在脑海中叫出和过去有关的影像，或我们想象未来会发生的事情。（小说家常操弄这个想法：例如伍尔夫的《黛洛维夫人》，虽然故事情节只延续了一天，但在主角的心里却发展成好几十年。）人类的这种投射能力其实很强，我们可以在脑海中回溯很久以前的事。你可以想象在出生前发生过的事（不过这有点难度），还有等你死后很久才会发生的事。

心理学家和认知科学家把这种卓越的能力称为心智的时光旅行[①]。很粗略地说，就是结合情节记忆和预料未来事件的能力。没有这种能力，人类就不能规划和发展，也不会有文化。失去了想象出来的未来蓝图后，文明也会跟着消失。人类毫无疑问拥有优秀的心智时光旅行能力，但我们还希望能有更深入的了解。其他的动物也有这种能力吗？如果没有，在人类的演化过程中，这种能力在什么时候出现？有原因吗？出现在我们成长过程的哪一点呢？我们从何得知想象时间流逝的方法以及时间的本质？

现年八十多岁的图尔文已经从多伦多大学退休，但仍在多伦多北边的罗特曼研究院积极编制研究方案。他的主题就是记忆，但他仍努力提出深刻的问题，探索实境的本质。年轻时的图尔文对“更加哲学”的东西有兴趣，因此“会思考时间是什么、从何时开始、时间存在前的世界

① 我们会在第八章讨论有形的时光旅行，这两者不可混淆。顺便要提一下的是，当我们的心智进入另一个时间时，通常也会进入另一个空间。如果你小时候住在其他地方，回忆起成长过程时，除了穿越时间，心智也会跨过空间。然而，科学文献都没有提过“空间旅行”的术语。

是什么样子”。

图尔文觉得大家对记忆和时间有很多误解，最普遍的是两者之间的关联在人类心目中有多强。我们会一直感觉到时间的明显流动，而我们可以说，记忆就是人类用来感受时间流动的媒介。但图尔文几十年的研究结果却推翻了这种想法。他说：“人类内在的记忆类型大多和时间无关，在动物身上也一样。”记忆的很多面向只重此时此刻，例如学习新技能，或回忆起某件事。但情节记忆则是一个值得注意的例外，图尔文相信情节记忆为人类独有，让我们能够利用想象力重临自己选择的事件，回顾过去的时光。

心理学家开始调查情节记忆和心智时光旅行能力之间的关联也不过是最近几十年的事，他们也想推测人类怎么会拥有这么精密的能力。图尔文研究情节记忆将近五十年，是最早使用“心智时光旅行”这个说法的先驱。他特别强调，负责记忆的人（他口中的“记忆者”），会觉得某段情节记忆是真实事件：感觉就像过去某个事件或个人的独特经历精确地（或至少看起来非常有道理）重演一遍。他在著作《情节记忆的元素》（1983 年出版）中说：“对记忆者来说，想起某件事，就是心智进行时光旅行，重新体验过去已经发生的事。”

我们前面曾提到两位来自南半球的心理学家，他们在心智时光旅行上的最新研究成果非常值得探讨：澳洲昆士兰大学的萨登朵夫和新西兰奥克兰大学的柯贝利斯。萨登朵夫和柯贝利斯的主张很有说服力，他们认为心智时光旅行的能力让人类祖先在求生存的过程中得到非常宝贵的优势。他们相信回忆过去和想象未来之间的联系非常深奥。这两位学者说，记忆的行为提供“素材”来塑造未来可能发生的情景，以便采取适当的行动。心智时光旅行“提供更高的行为灵活度，使当下的行动能够提高未来生存的机会”。如果他们的论点没错，那么回想过去的心智时光旅行“附属于我们想象未来情景的能力”。图尔文同意这种说法：“知道过去发生的事有什么好处？为什么要在意？重点在于，你学到了一些东西。或许演化的优势在于未来，而不是过去。”

现代的神经科学似乎证明了这种推论：只要跟大脑有关，记忆的行为就很像想象未来的行为。乍看之下或许会觉得这种说法很奇怪。刘易斯·卡罗尔的著作《镜中奇缘》中的红皇后只记得未来，不记得过去，读者都觉得很荒谬，正因为我们一向认为“记忆”和“过去”理所当然就该连在一起，和未来似乎没什么关系。虽然我们不“记得”未来，却会在心中描绘，我们描绘的方法就跟描绘过去事件的做法非常相似。脑部造影的研究结果指出，不论是回忆过去还是想象未来，在脑部额叶和颞叶中用到的区域都非常类似。

任职哈佛的心理学家沙克特最近在《自然评论：神经科学》期刊上发表的文章中提到：“我们可以把大脑当成基本上有预测能力的器官，预定要用来自过去和现在的信息去预测未来。记忆可以说是一种工具，具备预测能力的大脑就用这工具模拟出未来可能发生的事件。”

最近和沙克特碰面时，他向我解释，这种诠释记忆功能的方式仍算相当新颖，或许能帮助我们了解大脑记忆之所以演化出来的理由。他说：“我们总以为记忆一定和过去有关。人类的记忆很有可能就是要让我们在缅怀过去时有种温暖的感觉，诸如此类的说法很多。但我认为这些说法忽略了记忆让我们能够预测和模拟未来的作用。”

想象未来的时候，我们要做好几件事。我们必须用到大脑记忆系统所谓的“语意记忆”那一块，主要是我们对一切事实的常识，为想象的情景建立架构（除非你记得巴黎在法国，不然很难想象去法国旅行时要到巴黎参观）。然而，我们也必须用到情节记忆，这可能更重要：想象的假期会利用真实假期的记忆，你会想起真实的饭店餐厅等地方。这种记忆通常不够完美（等一下我们就会讨论到），但那可能只是因为这些记忆的主要目的并非提供精确的回忆。萨登朵夫和柯贝利斯认为，情节记忆“可能来自更笼统的工具箱，让我们能够逃离现在和培养远见，或许也能帮我们建立认同个人身份的感觉”。他们主张，我们传统认定记忆的主要作用（在脑海中唤起过去），事实上可能“只是构造上的特质，让我们能够设想未来”。

其他人的观察结果也支持这个想法。心理学家发现想象很久以后才会发生的事件比较难，想象不久之后就会发生的事件比较简单，同理可证，要记起不久之前的事情比较简单，要回忆很久之前的事就难了。我们似乎同时在两个“方向”上迷路：随着年龄增长，使用情节记忆的能力开始衰退，展望未来的能力也愈来愈差。

更值得注意的是，得了失忆症、想不起过去的病患在想象未来时也碰到同样的挫折。心理学上有一个很悲惨的案例，图尔文和其他的心理学家花了很多年的时间深入研究多伦多一名叫作 K.C 的男性。K.C 年轻时遭遇一场摩托车交通事故。他的头部受伤，严重损坏脑部，从此完全失去情节记忆。

K.C 的行为大致上看起来正常。他会玩西洋棋和弹钢琴，在车祸发生前他就学会了，这些技能利用第三种记忆系统，叫作“程序记忆”。他在家的附近散步时不会迷路，他的语意记忆和使用语言的能力都没有受到影响，但他的自传式记忆（知道自己是谁）消失了。他不记得过去和个人有关的事件，说不出来昨天做了什么，也说不出来明天可能会做什么。想要回答这些问题时，他的心智很单纯地“变成一片空白”。某位心理学家说，K.C“完全扎根在当下，认知能力无法回到过去，也不能向前移动”。当然，他根本察觉不到自己的处境，这才是最讽刺的地方。沙克特说“当你受困在当下，就真的变成一具空壳、一块碎片”，在这样的处境中，“对个人的自我感觉有强烈的影响”。但在五级分制中，K.C 觉得他的快乐程度是四。

圣地亚哥有一个叫作 E.P 的人，症状和 K.C 几乎一模一样。十五年前的一场感染几乎毁掉了他的脑部颞叶，他忘了自己的过去，无法形成新的记忆。有一期《国家地理》杂志以 E.P 为封面故事的主角，作家福尔的描述非常动人：“没有记忆的 E.P 完全没有时间观念。他失去了连续的意识，发生过的事就像立即蒸发的水滴……被困在永恒的现在中，回想不起过去，盘算不了未来，他的生活定住了……他陷入终极的存在梦魇，完全看不见自己所在的实境。”不过他女儿说 E.P“一向都很快乐，非常快乐，我想这是因为他的生活完全没有压力”。

我们都把记忆看得非常重要，但或许某种程度的遗忘也一样有价值。

灵长类的规划

只有人类才懂得心智时光旅行吗？过去几十年来，数名研究人员认为，动物实际上只活在当下，没有回忆过去或想象未来的能力①。（举例来说，图尔文宣称：“记住过去的事件是非常独特的普遍经验，也是人类才有的。”）近来有关大猿、某些鸟类和其他动物的研究动摇了这个看法，但结论依然充满争议。

Mutts © Patrick McDonnell / King Features Syndicate

在有关动物认知能力的研究中，最知名的就是大猿使用语言的方法。然而，萨登朵夫和柯贝利斯认为，灵长类动物的沟通内容却未显示出它们记得过去的事件。比方说，有只黑猩猩叫潘奇，能表达食物藏在哪里

① 有很多种动物看起来都会根据季节因应环境的变化：松鼠把坚果埋起来，熊类冬眠，候鸟迁徙。然而，此类活动一般都被认为出自本能（无法“舍弃”），并非心智时光旅行的范例。

（它懂得引导人类去藏食物的地方），但这“并不证明它记得藏食物的动作，就像你知道车钥匙在何处，可是不记得你把钥匙放在那里的这个过程”。萨登朵夫和柯贝利斯的文章中是这么写的。他们相信，经过训练的灵长类“产生的‘语言’并不包括在记忆中来回移动的描述，也无法提供心智时光旅行的证据。到目前为止，它们的语言不包含时态，也无法证明它们会诉说有关过去的活动或预料到的情节”。

野生的黑猩猩似乎展现出更强的先见之明和规划能力。它们会在某个地点用棍子制作“长矛”，然后在另一个地点用这些长矛来收集白蚁；也有人看过黑猩猩把石头从一个地方搬到另一个地方，然后在新的地点用石头敲开坚果。但分析观察结果时要小心。路易斯安那大学认知演化团体的主任波维内丽告诫我们，使用工具并不代表事先规划。黑猩猩真的在盘算未来吗？波维内丽说：“它们也会思考，但是在想什么？”很重要的是，它们是否在想象要找个时间去猎捕白蚁或敲开坚果，抑或找件事来做，忘了现在肚子饿的感觉。萨登朵夫和柯贝利斯认为“它们的预期脱离不了当下的背景”，因此不算是心智的时光旅行。

鸟儿、大脑和早餐

很有意思的是，动物懂得心智时光旅行的证据并非来自大猿，而是一种叫作灌丛鸦的鸟儿。灌丛鸦习惯把食物藏在很多地方，之后再拿出来。此外，它们还能分辨藏起食物后到底过了多久：会先找出最近贮藏的虫子，而不是坚果，因为新鲜的虫子比较美味；但如果虫子放了太久，它们就会改选坚果，看来它们知道虫子已经变得不新鲜了。

在一次非常有趣的灌丛鸦实验中，心理学家克莱顿和同事准备了两个隔间，每隔一天就交换灌丛鸦的住所；在其中一个隔间，灌丛鸦每天都会吃到“早餐”，在另一间就没有。然后研究人员会在傍晚随机喂食，地点在鸟儿可以任意进出两个隔间的地方。灌丛鸦立刻把多余的食物贮藏起来，而且它们喜欢藏在“不供应早餐”的隔间里。在贮藏食物时灌丛鸦并不觉得饿，所以研究人员主张，它们真的预料到第二天早上会觉得肚子饿。目前任职于剑桥大学的克莱顿觉得其中的含义很清楚：灌丛鸦“不论目前的动机为何，都能自发地规划明日，从而撼摇了原本这只属于人类的能力的想法”。（她的小组也观察到另一个很有趣的行为：灌丛鸦似乎能记住自己在藏食物时旁边是否有其他的鸟儿看到。如果被看到了，灌丛鸦稍后会回来把食物移到其他地方。此外，偷过食物的鸟儿这种反应会特别强烈，或许这就说明了“做过贼的才懂抓贼”。）

心理学家罗伯茨在《当代生物学》期刊发表的文章探讨了最新的研究结果，他的结论认为灌丛鸦和除人类以外的灵长类动物，“能够预料未来，规划现在尚未体验到的需要”。这些研究指出，“某些动物的心智能够旅行到过去和未来”。（罗伯茨似乎让步了：他在五年前的文章中写道，动物“或许会察觉到永久的现在，而人类早就能从不同的时间观点来看世界”。）曾拓尔在最近出版的另一篇评论中也做出相同的结论：“想象过去和未来事件的能力或许并非人类独有。”

灌丛鸦研究虽然令人印象深刻，但怀疑二人组萨登朵夫和柯贝利斯认为这些研究不具有决定性。他们认为灌丛鸦很有可能“记得住”食物藏在哪里，但并不需要在心理上重新塑造过去。这两位研究人员仍旧“不相信这些案例展现出真正的心智时光旅行”[①]。图尔文也保持同样的怀疑态度。他说，克莱顿差点把灌丛鸦的能力称为“情节记忆”，但后来却改口说是“类似情节”的记忆，这点让他很高兴。

---

① 萨登朵夫和柯贝利斯坚持结果并未让他们觉得沾沾自喜：“讲出这些‘扫兴’的话，并非因为我们对世界早有定见。如果能证实其他动物也有心智时光旅行的能力，我们也会觉得欣喜。很多人都觉得人类是宇宙的中心，如果动物也有这种能力，对他们来说可不是开玩笑，也具备十分深奥的道德蕴涵。”但他们认为科学家找不到证据，“我们主张到目前为止所提出的资料都指出，只有人类才懂得心智时光旅行”。

心智时光旅行的演进

就算心智时光旅行的能力仅属于人类，很有可能除了早期的人科动物外，人类和大猿共同的祖先也有这种能力[①]。人类和灵长类动物都是高度社会化的生物，很有可能在记录群体成员的动向时（比方说要预知同伴接下来会做什么），也能顺便磨炼跨越时空追踪物体所需的技能。在这种情况下，萨登朵夫和柯贝利斯就放弃坚持了，今日的大猿或许也有心智时光旅行的征兆。另一方面，发展成熟的心智时光旅行可能最近才成形。举例来说，图尔文推算或许在五万年前智人发展成熟后，这种能力才出现。

心智时光旅行的能力很有可能并不是独立发展的，而需要伴随其他重要的认知能力。萨登朵夫和柯贝利斯的文章写道："遥想未来的事件需要某种想象力，心智中必须有某种具象空间分配给想象力。"语言的作用可能也很重要。我们的语言能力包含时态和递归思考的用法，彻底支持心智时光旅行。当我们说"再过一年他就退休了"时，就是想象在未来的事件点，某件现在还没发生的事也会变成过去式。萨登朵夫和柯贝利斯指出，这句的原文用未来完成式，只是英文三十多个时态中的某一个，"且反映语言和心智时光旅行的密切关系"。（很有趣的是，心智时光旅行虽然扎根在脑部构造中，但不同文化之间的差异却很明显。惠特罗就观察到，"虽然我们对时间的感知是人类演化的产物，我们对事件的概念却并非与生俱来或自动学得的，而是来自经验和行为的智力解释"。）

萨登朵夫和柯贝利斯认为，心智时光旅行有可能是"语言演化固有的先决条件"。如果心智时光旅行的确是人类独有的能力，或许就能解释为什么复杂的语言很显然也是人类才有的。（另一个能力可能和心理学家

① 最后的黑猩猩属和我们人属的共同祖先，应该存活在五六百万年前。

口中的“心智理论”有密切关系，人类用这种能力辨别其他人和自己不一样的心智状态。举例来说，到了三四岁，小孩子就能分辨另一个人是否有错误的信念。）

大约两百万年前，人属最早的成员出现在地球上，他们的脑子（按身体比例来说）比之前的生物都大，通过了物竞天择。萨登朵夫和柯贝利斯主张，或许这些脑部较大的人科动物出现，反映出自然选择的重点是“像心智理论、语言等这类相关的特质，而我们认为，心智时光旅行的能力也是选择的重点之一”。我们在第一章已经看过早期的人科动物会制造工具并搬移到其他地方以便将来使用；萨登朵夫和柯贝利斯认为，这是最早显现出来的征兆，表示全新的认知能力愈来愈旺盛，带领我们的祖先超越以往，愈来愈繁盛。他们认为心智时光旅行“提供适应未来的终极步骤”[①]。

一百多万年以来，欧亚非三地的平原上随时都有好几种人科动物到处漫游，最后生存下来的只有智人。我们前面已经讨论过这个故事的结局：尼安德塔人于两万五千年前消失。萨登朵夫和柯贝利斯指出，人类赢得胜利是“因为不断培养前瞻力、语言、文化，以及合力侵略，让我们在非凡的演化竞赛中成为唯一的赢家。我们或许是唯一具备心智时光旅行能力的物种，因为其他和我们竞争的物种都绝种或遭到灭绝”。

最后留下的生物懂得直立行走、利用工具、使用精密的语言，也是史上第一种具备完整“过去”和“未来”概念的生物。这就是“时间”概念出现的方法吗？萨登朵夫和柯贝利斯的文章写道：“在脑海中重建过去的事件，以及建构未来的事件，或许就是时间概念的起源，也让人明白过去和未来之间的连续性。”

---

① 并非所有对未来的领悟大家都能正面接受。我们在第一章提过，萨登朵夫和柯贝利斯也同意，察觉到未来的存在，就会领悟到人生必有一死。他们两人承认这会“带来其他的心智压力”。

孩童的心智时光旅行

小孩子一生下来并不懂得心智时光旅行。在动物的案例上我们虽然已经有了定案，但刚出生到十八个月大的幼儿似乎都活在“永恒的现在”中。所有的渴望、每一句儿语，似乎都深植在幼儿对周遭环境在当下的看法。小孩的时间感会跟着记忆力和语言能力逐渐发展。很小的婴儿就展现出具备短期记忆的征象：三个月大就能认出一两个星期前看到的手机。两岁的小孩能够按顺序说出好几个星期前看到的数个物品[①]。他们也学会使用“现在”这个词，稍后也学会使用“马上”，但词汇中几乎没有和过去有关的字眼。几乎所有小孩都先学会“明天”，然后才会用“昨天”。

到了三至五岁，孩童才有思考和描述过去和未来事件的能力，以及规划未来的活动。四岁左右的小孩被问到关于昨天发生的事和明天有可能发生的事情时，一般都能够正确地回答（三岁小孩也能回答类似的问题，但答案通常有误[②]）。罗伯茨认为，不到四岁的小孩“或许尚未具备语言运用技能，来表达时间是一种从当下向后或向前移动的维度”。（这个年龄的孩子也会自发选择延迟享乐：拒绝眼前的享受，知道马上就能拿到更多的奖励。）

到了六岁，就一路向前冲了。这个年纪的小孩常会提到昨天、今天和明天。他们记得起发生过的事，也会想象未来。他们可能会提早开始倒数圣诞节和生日还有几天，具体期待（或许也会提出要求）当天能得到的东西。六岁小孩的认知能力大大超越了有史以来最聪明的黑猩猩或

① 虽然很明显幼儿已经有形成记忆的能力，但他们的记忆不持久。大多数成人不记得三四岁之前的事情。幼儿就是无法储存长期记忆，研究人员相信或许这是因为海马回和新皮质层等关键的脑部结构尚未发育完成的关系。

② 这种实验的难度很高。心理学家巴斯比指出：“我们不清楚三岁大的孩子表现不佳是因为他们尚未具备心智时光旅行的能力，还是因为他们听不懂我们的问题。”

灌丛鸦。八至十岁的孩童更聪明，开始把时间当成抽象概念，正如惠特罗所说："某一段所有事件都会发生的时间。"（很有趣的是，实施日光节约时间时要把钟表往前拨，大多数十岁的小孩相信他们就此又老了一个小时，大多数十五岁的少年却明白时钟上的时间只是一种习俗。）

上述现象至少是我们在西方文化中的小孩身上观察到的。惠特罗要大家注意，孩童发展时间感的方法和文化环境关系密切。（刚才我们才说过罗伯茨关切的问题是幼儿"或许尚未具备语言运用技能，来表达时间是一种从当下向后或向前移动的维度"，但为什么他们应该用这种方法来设想？）惠特罗在其著作《历史上的时间观念》（1988 年出版）中提到在乌干达进行的一项研究，和针对澳洲原住民做的另一项研究，他指出其他文化中的孩童"很难把在时钟上看到的时间与当天的实际时间建立关联"，这不是因为智力落于人后，而是因为"他们的生活跟我们不一样，不受时间支配"。人类学家盖尔后来也提出主张，响应虎克关心的问题，强调我们在探讨时间观念时面对的难题：那种"概念"有多少来自生理，又有多少来自文化呢？盖尔的文章中写道："我们没有计算到底过了多少时间的专属器官。说到时间'感知'，就已经是一种比喻。"

记忆的弱点

心智时光旅行的确能操控认知能力，让我们的大脑在时间的长河中游走。但这段旅程的两个方向虽然牵涉类似的脑部流程，感觉却大不相同。想象未来时，我们知道脑海中的图画其实只是按照经验和知识仿真出来的，大方向或许没错，但小地方一定错误百出。我们总把记忆想得更可靠，在大多数情况下，我们觉得自己的记忆不只是有一定根据的猜测，而的确能反映出真正发生过的事。当其他人提起上星期的派对，说法跟我们的记忆互相冲突时，我们会坚持自己的信念：他一定弄错了，我知道我看到了什么。然而，随着时间流逝，记忆也跟着褪色。翻开日记或翻阅相簿时，可能会让我们想起之前的回忆。普鲁斯特的作品《追忆似水年华》中的叙事者吃到柠檬风味的糕点小玛德莲，就仿佛穿越时间回到童年居住的村落。有时候，就算不能重新体验很久以前的快乐时光，能够回味也算聊胜于无。但记忆有多可靠？

记忆力也有缺陷，这个说法你听到也不惊讶吧。我们都碰到过很尴尬的情况，碰到认识的人却想不起来他的名字，承认自己忘了会觉得很丢脸，不然就只能装着自己没忘记，暗自祈祷能突然想起来。大多数人也有这样的经验，疯狂地寻找不见的皮夹、皮包或一串钥匙，结果却发现东西就放在最显眼的地方。随着年龄渐长，记忆力自然会衰退，而老年痴呆症等神经性疾病真的会毁坏记忆。

更令人惊讶的是，健康的成年人就算对自己栩栩如生的记忆充满自信，也不能保证记忆完全正确。我们记得的东西常常大错特错。有一项很知名的实验非常简单，你可以找朋友试试看，列出意义相关联的字词。负责实验的人念出这一串字，如“疲倦”“床铺”“醒来”“做梦”“夜晚”“毛毯”“打鼾”和“打哈欠”等全部和“诱饵”词有关的字词，这里的诱饵则是“睡觉”。受试者稍后会看到另一串词，他们会马上辨别出和主题无关的新词（例如“厨房”或“奶油”）。然而，他们常常宣称诱饵字也在第一份清单里，这就答错了。沙克特说他曾在近千人的会众前做这个实验，通常有 80%～90% 的人认为他们“听到”不在清单上的词。通常大家都确定自己听到了那个词，还控诉做实验的人说谎！

我们为什么会犯这种错误，沙克特也有一套理论：就演化而言，记住事件的要点比较重要，细节就不必了。我们可以消化故事的主旨和做出反应，一长串的细节只会让我们陷入僵局。沙克特说：“从正面的角度来说，面对眼前的事物，我们能马上抓住重点。缺点则是凸显了我们不太能够记下学习过程中的所有细节……因此我们可能会犯错，把强烈的熟悉感或回忆演绎成从未发生过的事。”

如果这里讨论的事件目击者很多，比方说一场很有名的电影，我们通常会发展出集体的记忆突变。很多人都以为在《北非谍影》中，鲍嘉饰演的瑞克有一句台词是“山姆，再弹一次”，其实不然。（瑞克是说“你都弹给她听了，当然也可以弹给我听”，然后说“如果她受不了，我没问题！弹吧！”）电影《碧血金沙》中也有一句几乎同样有名的台词常造成扰乱。阿方索·贝多亚饰演的强盗头子从没说过“识别证？识别你个大头证！”。（实际的台词是：“我们不需要识别证，我不用给你看什么狗屁识别证。”）身为科学记者，我最喜欢想起萨根在迷你电视剧集《宇宙》中常说的“数十亿又数十亿”，很有可能这就是他的口头禅。事实上，他发誓他从没说过这几个字。但卡森常在“今夜秀”以戏谑方式模仿萨根，他就常说“数十亿又数十亿”。

我们很容易产生错误记忆，不过这也有好处，可以帮我们记住要点，但还是会让人有些忧心，实验人员列出的词和记错的电影台词只是起头。科学家发现，不管是不是有心，要在受试者脑海中注入精心计划的错误记忆其实不难。在一项广为人知的研究中，加州大学尔湾分校的洛夫特斯和同事告诉受试者他们小时候曾在购物中心里走丢了，居然有将近三分之一的人被说服（在实验前他们和受试者的近亲面谈过，这些介于十八岁到五十三岁的实验对象，事实上并没有走失的经历）。更具争议性的错误记忆范例，则是和受虐或性侵有关的记忆——那些本来“被压抑”但后来在治疗师的帮助下重新想起来的经验，通常会通过催眠、“引导想象”或其他很容易引发争议的做法来治疗。

瞬间记忆

还有另外一种一直都很引人注目的记忆，最近心理学家才开始仔细研究。如果我问你 2001 年 9 月 9 日或 10 日你在做什么，大概很难想起来。但很有可能你清清楚楚记得那年 9 月 11 日早上自己人在哪里、当时在做什么。和强烈创伤或重大事件（尤其是震惊全国的事件）有关的记忆叫作“镁光灯记忆”。这个名词由两位哈佛大学的教授布朗和库利克发明，他们在20世纪60—70年代研究人类对动荡混乱的回忆。这个术语一看就明白意思：记忆深刻到就像照片般铭刻在脑海中。对老一辈的人来说，肯尼迪总统遭到刺杀的记忆就深刻到这种程度。更近代的事件则有1986年挑战者号航天飞机爆炸、1995年涉嫌杀妻的辛普森被判无罪、1997年英国的黛安娜王妃死于车祸，2001年恐怖分子攻击世贸中心当然也算。布朗和库利克相信这些记忆留存在大脑中的方法基本上和普通的记忆不一样，一定涉及他们称为“立可印”的特殊大脑机制，借此把我们得知消息的那个事件点冻结住了。

由于“9·11”恐怖攻击震惊全球，在研究此类造成严重创伤的公共事件时，自然很容易被选为案例。我们现在都用事件发生的日期“9·11”来指称，表示日期本身已经在我们的集体记忆中留下永久的刻痕[①]。

纽约大学的心理学家菲尔普斯最近做了一项研究，仔细调查关于“9·11”事件的记忆，也第一次用脑部照影技术检查这种记忆背后的机制。7月的某个午后，我和菲尔普斯教授会面。这天天气闷热，走在纽约的人行道上，就像走在比萨烤炉里，太阳正好在头顶上，摩天大楼的影子也只有短短一截。纽约大学心理学系馆的八楼不知道为什么也一样闷热。

菲尔普斯解释，她的研究出现了好几个耐人寻味的结果。过了三年后，她和同事询问当时在曼哈顿市中心、离世贸中心只有几公里的人，还有七八公里外在中城的人。结果发现，受试者对“9·11”事件的记忆强度跟他们与攻击地点的距离成正比。愈靠近“双子星座”的人讲的内容愈仔细，比离得远的人更生动、更具说服力。

菲尔普斯相信其间的关系很直接：靠近双子星座的人情绪反应比较

① 九一一事件过了五年后，《华盛顿邮报》在2006年做了调查，却发现30%的美国人说不出攻击事件发生在哪一年，实在难以置信（但95%的人能说出月份和日期）。

强烈。他们看得到、听得到，甚至闻得到发生了什么事。菲尔普斯说："靠近事件地点的人那天很有可能感觉得到威胁，还会跑去找掩护什么的。他们比较有可能描述真实的感官经验。"虽然当天的事件很可怕，但靠近纽约市北边的人不太容易感觉到实际的威胁。事实上，距离比较远的人所呈现出来的回忆从质量上来说跟其他重大的个人事件差不多，比方说去年夏天搬家到纽约，或举办难忘的生日派对。换句话说，只有在市中心的人才有真正的镁光灯记忆。

菲尔普斯和小组成员扫描脑部的结果也支持这个想法。要求受试者回想起所有和"9・11"事件有关的经验时，他们使用 fMRI 扫描仪研究受试者的脑部活动[①]。菲尔普斯发现比较靠近双子星座的人脑中杏仁核的活动比较频繁。杏仁核是位于颞叶深处一对杏仁形状的区域，主要负责处理充满情绪的记忆，尤其是恐惧反应。

值得探讨的是，正如布朗和库利克所述，造成创伤的事件虽然会在我们脑海中留下深刻清晰的记忆，但这些记忆和其他事件的记忆一样，不一定完全正确。好几项研究的结果显示过了一段时间后，镁光灯记忆的正确度就跟一般的记忆一样不断降低。在一项调查中，心理学家发现挑战者号航天飞机爆炸后过了两年半，接受调查的人在回答基本的问卷时，答案就跟事件发生后第二天的完全不一样；另一项研究发现，三年后有三分之一的人讲的话前后不一致。

以"9・11"攻击事件为案例，也出现了类似的结果。菲尔普斯说："要说服别人他们不知道自己 9 月 11 日在干什么还蛮难的。"但研究结果发现，"很多人所知'9・11'事件的细节其实不尽正确，跟昨天晚上参加的派对能记得的程度差不多，这些记忆之间的差异在于感觉自己的记忆是否正确。"

---

① fMRI 是"功能性核磁共振造影"的缩写，这种方法能够有效测量脑内的神经活动。（理由很明显，九一一事件的记忆成形时，当下并没有相关的资料。）

为什么我们很有信心自己能记得造成强烈创伤的事件，但事实上相关记忆的正确度却跟平凡事件的记忆差不多？菲尔普斯相信这是人类大脑的优势，忽略无关紧要的细节。她说："我们用情绪判断哪件事比较重要。如果眼前有老虎要把你吃掉，细节就不重要。重要的是'老虎呀，快跑吧'。"听起来很像前面讲到列出字词时，沙克特说我们无法记住：我们只记得要点，不记得细节，因为要点比较重要。菲尔普斯说："我们觉得在面对会让你十分情绪化的事件时，这个优势可以帮你快速做出决定。这是我们的一贯主张，但是我们没办法证明。"

小布什在想什么？

如果发现自己愈来愈记不起"9·11"事件的细节，没关系，大家都一样。攻击事件过了几个月以后，就连当时的美国总统都快想不起来当天发生的事。加州大学洛杉矶分校的心理学家格林伯格发现，小布什的"9·11"记忆在那一年的变化十分值得注意。2001 年 12 月 4 日，攻击事件过了快三个月，布什回忆起当时的情况：

> 我人在佛罗里达，还有我的幕僚长卡德——事实上，我要去教室里讨论一套不错的阅读方案。我正坐在教室外面，等着要进去，就看到飞机撞上世贸中心；那边刚好有电视可以看吧，我自己也开过飞机，便说："那机长技术太糟了。"然后我说："一定是一场很可怕的意外。"马上有人把我带走了——我连想都没时间想，我坐在教室里，幕僚长卡德坐在这儿，他走进来告诉我："第二架飞机撞上了塔楼。美国受到攻击了。"

过了两个星期，接受《华盛顿邮报》访问时，回忆起当天的情况他又有另一种说法。《华盛顿邮报》的报道如下：

布什总统记得资深顾问罗夫告诉了他这个消息，罗夫说好像有一架双引擎小飞机出了意外。事实上那是一架美国航空编号11的航班，从波士顿洛根国际机场起飞的波音七六七班机。根据别人告诉他的内容，布什总统假设那是一场意外。“一定是机长犯错了，”总统记得他自己这么说，“很难相信有人故意这么做。”和幕僚长卡德商谈后，布什总统说：“那家伙一定是心脏病发了。”……到了九点零五分，另一架波音七六七班机，联合航空的175号航班撞上了世贸中心的南塔。布什正坐在教室里的凳子上，卡德轻声告诉他发生的坏消息：“第二架飞机撞上南塔。美国受到攻击了。”

到了2002年1月，小布什的记忆又变了：

我人坐在那儿，还有我的幕僚长——，一开始我们走到教室里，我已经看到飞机撞上了第一栋楼。那里有一台正在播放的电视。你也知道，我以为机长出错了，很惊讶居然有人能犯下这么可怕的错误。那架飞机看起来怪怪的——总之，我正坐在那里听简报，然后卡德过来说：“美国受到攻击了。”

小布什似乎不记得是罗夫告诉他第一架飞机撞上高塔，还是他自己在电视上看到的。要说他自己看到其实不可能，因为第一架飞机失事的镜头（正好有电视台的工作人员在拍其他的节目，不小心就拍到了），要过一会儿才会上电视。可以想象阴谋论者正中下怀，宣称如果小布什看到了第一次失事的影像，他跟“同伙”一定装了摄影机来拍摄整个过程。格林伯格问：“我们一定要相信总统聪明到用这么可怕的阴谋来攻击美国，却又笨到说溜了嘴吗？还不止一次。”

事实上，格林伯格说如果我们能“考虑到人类记忆力的缺陷”，还是一个很温和的解释的。问题在于接下来的日子里，“9·11”事件震撼人心的影像一直出现在我们眼前（可说是灾难事件的冠军）。最后这些图片可能也影响到我们对原始事件的记忆。（1992年，以色列航空的货机在荷兰阿姆斯特丹失事，在后来荷兰人做的一份研究中，被问到的人里面有60%说他们在电视上看到了失事那一刻的镜头，可是从来没有人拍到当时的画面。）我们也觉得电视就是新闻的来源，但事实上我们是从其他地方得到消息的，比如说和别人对话或有人打电话来通知你（心理学家说的“来源失忆”就可以拿这个现象当例子）。此外，心理学家也发现我们很容易把不同时间的回忆结合在一起，无意间以事件发生前后的真实记忆为依据，创造出不正确的回忆（有时也叫作“不正确的时间片段”）。

小布什对“9·11”的记忆变化无常，格林伯格的结论是：“总统先生就像大多数美国人一样，在接下来的几个月内想必看了无数的片段，包括第一次失事的镜头。然后，当小布什想记起第一次怎么听到攻击消息时，他就跟其他人一样，从错误的时间片段撷取信息，回想起生动且难忘的影像，而非罗夫平淡无奇的陈述。”要注意的是，即使小布什自己的回忆变化多端，有一项元素几乎保持不变：他的幕僚长卡德在他耳边轻声告知第二次失事的消息。接下来的几个星期内，捕捉到那一刻的照片频频出现在各大报刊上，应该不是巧合了。

第六章

寻找时间之箭

“顺序”或许只有一瞬间，熵永远会取得最后的胜利。肉体无可避免地让步了，或许最后文明也会投降。所有的变化和时间之箭都指向腐坏的方向，但从物理学的角度来说，时间的“流动”不存在，世上也没有不断前进的“现在”。“流动的时间”只是人类意识不知用什么方法创造的幻觉。

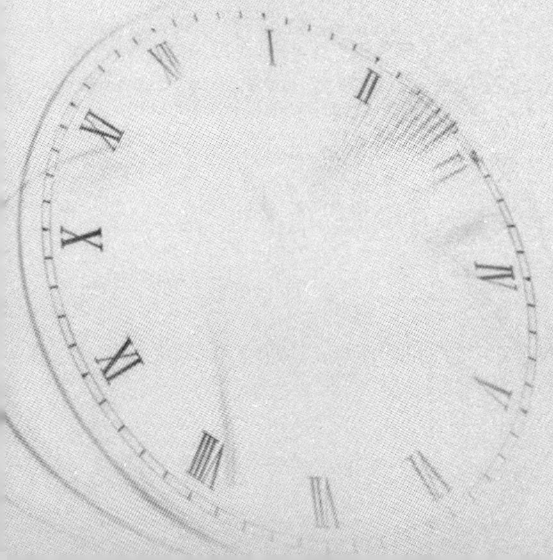

自然与自然定律，在黑夜里隐藏。

上帝说，让牛顿来，于是，一切化为光。

——蒲伯

在牛顿的巨作《自然哲学的数学原理》(以下简称《原理》)中，同事英国天文学家哈雷帮忙写序，他在序中说："和我一起颂扬牛顿吧，他打开了宝箱，揭发隐藏的真相，"哈雷的口气非常激昂，"再没有其他人能像他这么超凡入圣。"他的称赞绝非言过其实：牛顿（1642—1727 年）在《原理》中详述的数学架构，成为物理学两百多年来的基础[①]。

但《原理》曾经几乎失去了见天日的机会。年轻时的牛顿在别人口中是名"持重、沉默、好思考的小伙子"，很少与人往来。他待在剑桥的房间里，就着烛光草草写下伟大的想法。鼠疫爆发时，剑桥暂时休课，他避居到家族在林肯郡乌尔索普的乡间别墅，享受离群索居的感觉。这段隐居的日子从 1665 年底开始，长达十八个月，有些人说这是牛顿的"奇迹年"。后来回忆起这段时间时，他说："那是我从事发明的全盛时期，也是我花最多心思研究数学和哲学的时候。"在 1667 年，鼠疫逐渐退散，牛顿回到剑桥，最重要的想法已经在脑海中成形。他用三大运动

① 我的第一本书《T 恤上的宇宙》第三章中，简要叙述了牛顿的生平和著作，也提到科学革命的概要。

定律囊括伽利略的动力学，为其建立数学基础；他制定现代所谓“微积分”的规则，能够计算极小的量；他开始研究光线和色彩，并发挥惊人的想象力，用从树上掉下来的苹果和转动的行星或月球，来告诉我们这些现象都在响应同样的力量，用精确的万有引力定律阐述这个现象。那时，他才二十四岁。

牛顿主张“绝对、真实且精确的时间……会稳定地流动”。他认为眼前发生的事件以绝对的空间和时间为固定的背景

通往《原理》的路

然而，牛顿并未大肆宣扬这些看法。欧洲各地有很多学究写信给他，通常他不会回信，“我拒读讨论数学和哲学问题的信件”，稍后他回忆说，他觉得这些信件“流于辩论和争议”。他关于物理学的著作不多，多半都是未完成的论文，在剑桥三一学院的研究室里放了二十多年，跟有关炼金术和神学的文章一起盖满了灰尘。但 1684 年 8 月哈雷来访后，他的态度就改变了。哈雷大部分的时间都待在伦敦，他知道其他学者正准备发表的构想跟牛顿的研究内容差不多。（以虎克为例，似乎跟牛顿同时想到重力的平方反比定律。）牛顿这时才明白，如果要众人赏识他充满创新的科学贡献，就得加快脚步了。他用狂热的速度写作，把他知道的宇宙结构全部写下来。在写作时有一段短暂的时期，他几乎完全避开了外在的世界。他常常忘了吃东西，有时去餐厅和同事吃饭，虽然只是短短一段路他也会迷路。（牛顿的助理后来回忆当时的情况说，离开研究室时，本来应该要右转，他却往左边走，发现走错路了，他往回走，但又错过餐厅的入口，最后走回了自己的房间。偶尔他会“在书桌前站着写字，连拉张椅子过来坐下的时间都不给自己”。）

在牛顿描述世界时，时间就是重心。他的目标是要用数学描述动作，而运动当然就是一段时间内的位置变化。但他在《原理》中提到的时间概念却是物理学家和哲学家一直无法解开的难题。在大作一开始的地方，他说“我不会定义众所周知的时间、空间、地点和运动”，但接下来很快就提出了这些定义。(他之前的老师巴罗带来的影响一定很深厚，巴罗曾说过：“由于数学家常常利用到时间，他们应该清楚了解这个词的意义，不然就是骗子。”)。如果我们靠着直觉就了解时间的意义，为什么牛顿觉得他必须定义“时间”？他说他的目标在于分辨“精确时间”和一般人都持有的“普通时间”概念，以便消除“某些偏见”。因此我们就看到他非常有名的定义：

> 绝对、真实且精确的时间，就其本身且从本质来看，会稳定地流动，与任何外物无干。

牛顿究竟是什么意思？如前所述，运动就是一段时间内的变化，但如何测量时间？在牛顿的时代，每天误差几分钟的时钟仍算新颖。追求精确计时的人可以仰望天空观察日月星辰的运行。但运行不够规律，变数很多，这点牛顿早就发现了。他在《原理》中提到的范例是“时间的等式”，这个术语代表太阳每日运行轨道和运行轨道理想化平均值之间的差异。前者是日晷标示的“太阳时间”，后者是现代所谓的“平均太阳时间”。两者之间的差异不容忽视：日晷显示的时间可能会比平均太阳时间快上二十分钟，或慢二十分钟。到哪儿去找完美的时计呢？牛顿发觉地上或天上都没有完美的时钟可以仰赖，和地面物体一起遵守同样定律的星辰也无法准确计时。根据牛顿的推理，在这些不完美的实体时钟下，一定有真正的“普遍”时钟：具备精确动作的完美宇宙钟，真正的时钟只能仿效那种精确度。

牛顿的时间概念以伽利略和笛卡儿当时的研究为根据，却又背离他们两人的看法。伽利略从几何学的角度来想象时间，时间就像一条有规律刻度的直线，牛顿的前辈巴罗也认同这个看法[①]。笛卡儿（1596—1650 年）则认为时间是测量运动的方法，但持续的期间则是主观的看法，一种“思考的模式”。虽然发展出用几何方法来分析空间的坐标系统，但笛卡儿不从几何的角度来思考时间。牛顿更进一步，他想象时间和空间都是真实存在的几何结构。（正如哲学家图雷茨基指出的，当时的机械钟愈来愈普遍，虽然不完美，但牛顿也可能受到影响，激发了“时间和空间的模拟”，并加强了“时间超越运动的重要性”。）牛顿的宇宙钟滴答计时的速率与恒星和行星无关，不受人类感知的支配，是独立存在的。即使宇宙中所有的物质都消失了，时间仍然存在，这是最基本的。

“绝对时间”的问题

从牛顿的架构可以衍生出所有的方程式来预测物体移动的方式。在学校念书的时候，我们学了几个最有用的式子。假设有一个物体以稳定的速度移动。在这种情况下，物体移动的距离可以用方程式 $d = v \times t$ 来计算（距离等于速度乘以时间）。类似的（复杂度稍微提高的）等式则可以算出，在稳定施加力量让物体加速时，物体如何用移动的方式来反应。在这些方程式里，时间是一个参数，描述两个量如何互相影响而变化。牛顿的架构要有一致的时间和空间，才能发展出这一类的定律，因此他才能把时间和空间当作抽象概念。的确，在定义绝对时间前，他已经先定义了绝对空间，两者的说法大同小异：“绝对空间从本质来看，永远保持同质且不可移动，与任何外物无干。”牛顿觉得这种抽象的时间和空间

① 事实上，巴罗的时间概念和牛顿后来提出的想法非常类似：“只要考虑到时间绝对和固有的本质，时间就不一定包含动作，也不必然包含静止；不论物品在移动还是静止不动，不论我们在睡梦中还是醒着，时间都按照本身一致的步调前进。”

是最基本的。没有绝对时间（比方说，我们决定测量速度和距离时一定要以所在地的某座钟为准），牛顿的定律就失去了普遍性。

有几位哲学家立刻对牛顿的绝对时间提出反对意见，他们认为时间应该是“相对”的，当实际的物体移动时，相关的时间才有意义。在跟牛顿同时代的学者中，支持相对看法的人则以德国数学家和哲学家莱布尼兹（1646—1716年）最知名。在去世前一年，莱布尼兹和支持牛顿的英国神学家克拉克（1646—1716年）鱼雁往返十分热烈。相对派认为，时间只是一种比较两项事件的方法。从相对的角度来看，时间和组成宇宙的物体并非毫无关系。事实上正好相反：有形的物体和动作就是定义时间流动的因素。我们或许会认为这个想法比较接近真正的体验：人类“看不见”时间，就像我们看不到空间。我们只能察觉到时间中的事件和空间中的物体。

任职于加拿大安大略省滑铁卢圆周研究所的物理学家施莫林提出的比拟可以帮我们更好地了解时间。想象你在空荡荡的音乐厅里，有人忘了带走节拍器，你只听到节拍器的嘀嗒声。节拍器就是牛顿想出来的绝对时间，不管发生什么事，都一直持续计时。然后音乐家进场了，可能是弦乐四重奏，也可能是爵士乐团。他们不管节拍器（有可能根本没听到），就开始演奏。施莫林解释，从音乐中浮现的“时间”则是“根据思维和乐章之间发展出来的存在的相对时间”。演奏者聆听彼此的音乐，“透过音乐的交流，他们创造出的时间仅属于宇宙中的此时此地”。牛顿觉得音乐家的时间“是节拍器真实且绝对的时间留下的影子”。另一方面，莱布尼兹则认为节拍器“是虚构的，结合我们和眼前真正发生的事件”，在音乐厅中唯一遇到的时间则是演奏者“编织起来的”。

要制定出一套有系统的机械定律来涵盖相对时间很难，莱布尼兹自己也不知道该怎么做（爱因斯坦做到了，我们在下一章会看到）。相对的时间观本身也有难处。如果时间就是动作，动作停下来了时间也会跟着停止吗？相对派必须提出肯定的回答：没有动作，就没有时间。在牛顿的体制中，由于未知的原因，时间仍会在形而上的背景中继续前进。

牛顿和莱布尼兹

牛顿和莱布尼兹之间的“战争”也牵扯到神学。当时的人信仰上帝，像牛顿和莱布尼兹这么伟大的思想家光解释有形的世界还不够，他们也必须证明这对上帝创造世界的方式具有意义。但牛顿和莱布尼兹处理的方法完全不一样。莱布尼兹认为上帝做事绝不会突发奇想，每个行为背后一定都有理由及合理的解释，这叫作“充足理由律”。莱布尼兹相信，如果时间是绝对的，在观察不到变化的时候仍继续前进，时间在上帝创造宇宙前就已经开始流动，那么，上帝在某个时间点创造了宇宙。为什么要选“那一个”时间点？为什么不早五分钟或晚五分钟？毕竟在牛顿的体制里，每一个时刻都一模一样。（牛顿的盟友克拉克绞尽脑汁想出了他的答案，他觉得上帝有时候的确会突发奇想。莱布尼兹不满意他的回答，他说这种概念“只是断言上帝主观行事，没有足够的理由来表明他的目的”。[①]）

德国哲学家莱布尼兹反对牛顿的“绝对”时间和空间。相反，他提出“相对”的看法，只按物体的活动来测量时间

从相对的观点来看，没有事件发生，讨论时间就没有意义，所以在宇宙创造前，时间并不存在。莱布尼兹认为上帝并未在某个时刻创造宇宙，而是在创造宇宙的同时也创造了时间。（这里要注意的是，莱布

① 辩论仍未结束。哲学家卢卡斯就认为在那个时间点，上帝可以“选择让创世大爆炸发生”，因为到了最后，他“必须在某个时候决定要行动”。他拿自己教的大学生来打比方，他们可能不想起床，但“最后还是决定要起床，也不为什么特别的原因”。

尼兹对时间的看法也有问题。如果一瞬间无法持续，时间“真的”存在吗？他问：“如果某样东西的某个部分根本不存在，这个东西怎么会存在呢？时间的元素完全不存在，只有好多个一瞬间，但一瞬间本身却不是时间的元素。”）

牛顿知道莱布尼兹反对他的理论，但他从没想过用自己的理论证明上帝的荣耀。绝对空间和时间的想法的确深植于牛顿对无所不在永恒真神的信仰。我们可以从他的著作中看到，1713 年第二版的《原理》后面加了《总附注》，在这短短的附录中就能清楚看到其中的关系[①]：

> 永恒、无限、全能、全知的真神，经历无穷尽的永恒，永不消失……他不是永恒和无限的化身，但他永垂不朽。他不是时间和空间的化身，却坚忍不拔、无所不在，永久存在与遍及各处的上帝构成了时间和空间。

科学历史学家斯诺贝伦在文章中写道：“能支配一切的上帝就是牛顿信仰的上帝，也是他所研究的自然哲学的根源，亦为牛顿绝对空间和时间的上帝……先有了上帝，然后他无限的延伸和永恒的存在才能衍生出绝对的空间和时间。”

牛顿也信奉古老的“设计论证”，也就是说自然世界中处处反映造物主存在的证据。他在《总附注》中宣称：“太阳、行星和彗星构成最完美的系统，也只能在充满智慧的力量引导和支配下，才有可能发生。”

有意思的是，牛顿也有“机械式宇宙”之父的外号，在时间一开始

① 牛顿的神学著作繁多，很多都没有出版，最近才成为学者探究的对象。从这些著作中可以看出牛顿对神学的狂热不逊于科学，甚至还要更强烈。虽然他是虔诚的基督徒，去世前已经搜集了三十本圣经，但他的宗教观点十分离经叛道。他反对三位一体的说法，觉得其中蕴含了多神论。在牛顿的时代，这也是一项罪名；如果他还待在剑桥时就发表了他的看法，最轻的处罚就是被三一学院开除。

时，上帝让宇宙跟着运行，但后来就不需要神力介入了[①]。然而，牛顿的看法却相反：他相信造物主一直都很活跃，维护自然的定律，在有需要时插手干涉。牛顿认为宇宙本身和其中的活动都完全仰赖上帝的存在。莱布尼兹也不同意这一点：上帝是完美的化身，怎么可能会用粗陋的方法创造出需要定期维护的宇宙？

不存在的流动

再回到牛顿的定义："绝对、真实且精确的时间……会稳定地流动。"但流动到底是什么意思？所谓的时间流动是哲学界最常引人争议的主题。通常说某个东西会流动，表示相对于另一样东西来说，这个东西会以特定的速率流动。比方说，相对于河岸，河水会以某种速率流动，我们可以用每秒钟公升数或类似的单位来计算速率。但时间流动的基准是什么？以什么样的速率流动？要说时间流动的速率为"每秒钟一秒"，说了等于没说。如果时间的推移可以测量，那就要相对于更深奥的"超时间"来加以测量。20 世纪 60 年代的哲学家斯马特很清楚地说明了这个问题：

> 如果时间会流动……这个动作一定要以超时间为基准……如果空间中的动作是每秒钟几英尺，时间的流动速率如何计量？每什么几秒钟？此外，如果推移是时间的本质，那也应该是超时间的本质，接下来我们就可以假设超超时间的存在，以此类推永无止境。

哲学家普莱斯指出，正如我们无法有意义地说出时间流动的速率，也无法有意义地说出时间流动的方向。说时间"从过去流向未来"还不够深

① 虽然牛顿的名字常和"机械式宇宙"连在一起，但这种说法事实上由来已久，起码可以追溯到 13 世纪的思想家奥雷斯姆和萨克罗博斯科。后来的支持者包括笛卡儿和化学家波义耳（1627—1691 年）。有些哲学家实际上认为牛顿的思想"反机械"，因为他的重力概念也考虑到"超距作用"。

入，因为这就是定义过去和未来的方式。

牛顿在他最著名的定律中提到时间的流动后，就再也没提过这件事。事实上，他的三大运动定律甚至无法帮我们辨别过去和未来。牛顿所有的等式都有时间对称性，也就是说不管时间朝着哪个方向“走”，这些等式跟自然现象的描述一样站得住脚。

思考牛顿定律的效用时，我们通常会想到这些定律如何帮助我们预测未来的事件，例如抛射物体的路径或行星的轨道，或许最典型的例子就是预测到哈雷彗星还会回来。哈雷利用之前看到彗星的观测结果，配合牛顿的等式，预言 1682 年看到的明亮彗星会在 1759 年重返地球。（他的预言成真了，但哈雷在 1742 年去世，没能活着看到自己的预言实现。当然最后荣耀还是归属于他，以他的名字命名这颗彗星。）我的书架上有一本书列出了未来几十年内会发生的日食和月食，连几点几分都能算出来，如果作者愿意，可以预测未来一千年的天文事件。当美国太空总署出版未来几十年的日月食数据时，预测的时间精确到秒数，有些参数甚至精确到一秒钟的十分之一。

这种预言利用牛顿定律的决定论本质：如果你知道系统在某个时间点的状态，原则上就可以预测未来某个时间点的系统状态。法国数学家和天文学家拉普拉斯（1749—1827 年）满腔热情地接纳决定论的世界观，他声明：

> 我们或许会把宇宙当前的状态看成过去的结果和未来的成因。在某个时间点，有一股才智知道驱动自然的所有力量，和自然形成时所有物品的位置。如果这股才智足以分析所有的数据，就能用单一的方程式囊括宇宙中最大的物体和最小的原子移动的方式。因为有这样的才智，就能明了一切，未来就像过去一样清晰展现在眼前。

注意“未来就像过去一样”的说法：拉普拉斯认为牛顿的方程式双

向都行得通。你可以用过去预测未来，也可以用未来预测过去。举例来说，天文学家追踪了几个天体，就能算出轨道参数，然后“预言”（我们也可以说“回溯”）过去某个时间点的天体位置。（这个技巧对天文考古学家和历史学家来说非常宝贵，如果古文中提到日月食或行星排列成一直线等天文事件，就可以推测出写作的时期。）

但人类和动物等复杂的物体可以往回“走”吗？这里我们碰到了难题，因为就常识而言，答案是否定的，很清楚，我们在自然中观察到的现象几乎都无法逆转。但牛顿的等式并不是妨碍逆转的因素，我们已经看到他的等式具备时间对称性。牛顿的定律具体呈现过去和未来之间的精确对称性，1874 年，开尔文爵士在《自然》期刊中提到这种对称性：

> 如果宇宙中所有物质的分子动作都在同一时间逆转，自然现象就会永远反转。瀑布最下面无数的泡沫会重新结合落入水中；热运动会重新集中能量，把质量往上投入掉下来的水滴中，重新形成一小束往上流动的水柱……生物的成长过程会逆转，清楚知道未来会发生什么事，但不记得过去，并再度回到未出生的状态。

当然，我们看不到开尔文爵士描述的奇异事件。打破的茶杯不会自发重组，打散的鸡蛋不会回复原状，录好的音乐倒着放听起来就不太像“音乐”了。（虽然摇滚乐团齐柏林飞船的《天堂之梯》倒着放据说会听到“我可爱的魔鬼”，披头士有好几首歌倒着放也能听到“保罗已经死了”。）相反，虽然牛顿的定律指出时间的精确对称性，但时间似乎只有一个明确的方向。

寻找时间之箭

想象一颗球在撞球桌上滚动。如果桌面毫无摩擦力，和橡皮垫碰撞时会产生完美的弹力，这颗球就不会停止滚动，每隔几秒就从橡皮垫上弹开，速度永远保持一致。这景象看起来应该很无聊，如果我们录制几分钟的影片，最后不论向前播放或向后倒转，看起来都一样。看到影片的人分辨不出影片的顺序到底是向前还是向后（只要动作够简单，扩大规模后的结果也一样：地球绕着太阳转的影片倒着看也没问题）。按照牛顿的定律，撞球的行为具有时间对称性。如果再加一颗球，两颗球的动作前转后转看起来都一样。现在的情况比较复杂，因为除了碰到橡皮垫，撞球有时会互相撞击。但跟前面讲的一样，影片向前或向后播放感觉都很合理。如果桌上有十颗球滚来滚去，只要它们随意地散落在桌上，仍看不出时间的"方向"。

但假设现在我们用三角框把球排好，也就是按着某种顺序来排列。把白球放在定位上，瞄准，然后"破坏"小心排好的球。现在顺序就被弄乱了。可能还会有好几堆球，但当下一个人推杆时，排列的随意程度又增加了。物理学家用熵这个术语来量化系统中的失序量，所以我们可以说推杆次数增加后，熵也会跟着增加。

现在讨论的事件绝对不具备时间对称性。倒着播放的电影一看就可以归属到这一类。我们从经验中知道，随意放置的撞球不会自发地紧挨着整齐地排列成三角形，我们不会在自然界看到熵降低。

不论我们讨论的物体是肉眼可见的撞球还是只能用显微镜看见的气体分子，形态都很类似。假设我们有一个容器，中间用活门分成两格，一格装满了氮气，一格装满了氧气。打开活门后，会发生什么事？某些氮分子会立刻进入装了氧气的分格，氧气分子也会进氮气这一边。过了几分钟就会完全混合。分子仍会像刚才提过的撞球一样不停地来回弹跳，却永远无法恢复原状。第一格再也无法变成纯氮气，第二格也不能变回纯氧气。如果分子有颜色，或者把例子中的物质改成牛奶和咖啡，拍摄下来的影片就会显示混合的过程。但是这部影片只有一个走向：其中的两种元素无法"解除混合"。

这些例子背后的原则就是热力学第二定律。第二定律指出密闭系统中秩序失调的量（熵的量）永远无法减少，过了一段时间一定会增加，充其量只能保持原状[①]。

热力学第二定律

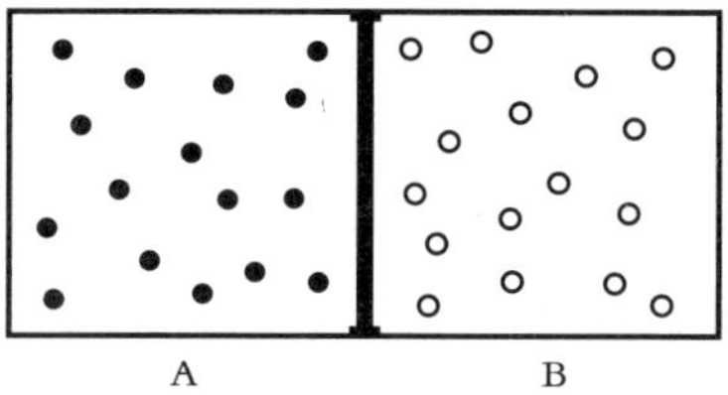

一、两个隔间中间有阻隔。（A）包含氮分子（黑色），另一边（B）则含有氧分子（白色）

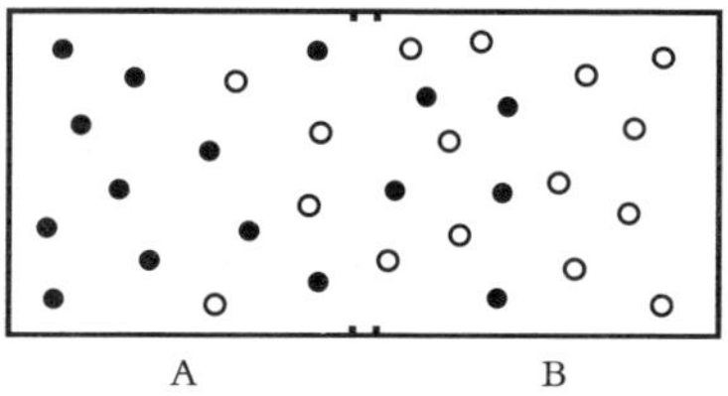

二、去除阻隔后，有些氮分子进入（B），有些氧分子则进入（A）

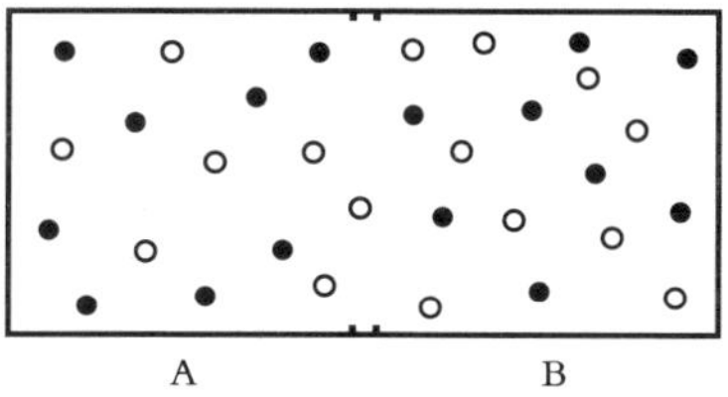

三、两种分子很快就完全混合了。这个序列不能反转：两种气体永远无法“解除混合”。这种受到热力学第二定律引导的过程似乎就和“时间之箭”有关

---

① “密闭系统”指系统不会受到外来的影响。事实上撞球桌不算密闭系统，因为所有参与的人都会一直打白球，先把球排好后再开始打，导致熵降低。要更生动地描绘热力学第二定律如何发挥作用，我们可以想象第一次打了白球后就立刻隔离撞球桌。如果撞球桌没有摩擦力，也没有球袋，熵就会随着时间逐渐增加，直到所有的球随意散落在桌上。

我们应该特别注意第二定律的两个方面。首先，这个定律基本上来自统计学，不能套用在单一的撞球上，但可以用来描绘很多球滚动时的特征。第二，如果某个程序包含大量的粒子或物体，这个程序天生就不对称，这种不对称性在我们心目中通常就表示时间的流动。1927 年，英国天文学家爱丁顿（1881—1944 年）用“时间之箭”来描述不对称性，至今我们仍用这个很生动的说法。（爱丁顿认为，第二定律“在自然定律中占有至高无上的地位”。）

第二定律的统计学本质帮助我们了解为什么复杂的系统只能朝着一个方向发展。在桌上随机摆放十颗撞球的方法有好几十亿种，相较之下，紧挨着装在三角框里的方法却寥寥可数（也就是开球前的排列方法）。撞球随意移动，过了一段时间后，就可以看出来为什么撞球再也不可能回复原来的排列方式。同样的论据也可以应用到容器内的气体分子。或者我们再用打碎的茶杯来当例子。茶杯破掉的方法很多，但只有一个方法可以拼回原状。就理论而言，摔破的茶杯可以自发地重新组合（不受牛顿定律的影响），但热力学第二定律却限制了这种可能性。实际上来说，我们不可能期待自己能够目击这样的事件。在所有的例子和复杂的系统中，时间之箭有如系统中失调秩序量的变化，这种变化一定要从比较少的熵移往比较多的熵。

热力学第二定律可能会让人有点丧气。第二定律暗示“顺序”或许只有一瞬间。以打扫地下室为例，再怎么频繁清理，熵永远会取得胜利。肉体无可避免地让步了，或许到了最后，文明也会投降。牛津大学的化学家阿特金斯在下面的篇章里抓住了这种悲观的情绪：

> 我们望向窗外，看着第二定律掌管的世界，也看到了自然本身并无目的……所有的变化和时间之箭都指向腐坏的方向。在我们陷入均衡状态，踏进坟墓的同时，时间的体验负责传动我们大脑中的电气化学程序，毫无目的地趋向混乱。

热力学第二定律看来必定和时间之箭有关，但两者的关联似乎没有表面上这么明确。我们真能解释过去和未来之间的差别吗？假设现在的情况是这样，撞球都紧紧排在桌子的一侧，这时熵就很少。想象未来的情景，我们当然期待能看到熵一直增加，撞球的排列更加没有秩序。但别忘了，我们用来预测撞球运动的定律都有完美的时间对称性。如果我们从同样的形态开始，想要猜测过去的排列情况为何（尝试“预言”倒着播放最后几分钟的影片看起来会是怎样），那我们仍会预测熵继续增加。换句话说，从特定的低熵状态开始，我们使用的统计学论点就会告诉我们除了在未来熵会增加，回到过去也一样。这个论点很难捉摸，但非常重要：我们用来预测低熵系统会在未来演进成高熵系统的分析方法，也可以用来“预言”低熵系统的前身可能是高熵系统[①]。不过我们也有可能从一开始就弄错了。紧密排列的撞球应该先有人把它们排好，而不是因为撞球随意滚动而形成；没打破的茶杯本来被人拿起来倒茶，而不是摔碎的瓷片自动组成杯子的形状。我们的分析一看就知道很不完整。

热力学第二定律说，如果你现在有一个低熵系统，就可以期待未来会有一个高熵系统。但是这个定律并没有说为什么应该期待现在有一个低熵系统。或许我们该回顾更遥远的过去。过去有可能发生了什么事，才会让我们看到眼前的低熵宇宙。或许要以更广泛的宇宙论为背景，才能了解热力学第二定律的根源，也就是考虑到宇宙的起源和演化。或许宇宙一开始的时候就在超低熵状态里，这就说明了为什么我们现在会观察到熵不断增加。这个想法也有一些很难解释的地方，我们会在第十一章详细说明。不过我们至少学到了一点，说明热力学第二定律能够“解释”时间之箭时要非常谨慎。

---

① 有时候这被称为“洛施密特的悖论”。洛施密特（1821—1895 年）是来自奥地利的科学家。

哲学插曲一

当然在更久之前，哲学家就比科学家更早开始思索时间的许多难题。（在牛顿和莱布尼兹的时代，“哲学”原本就涵盖了几乎所有的学科，我们现在所说的“科学”包含在“自然哲学”的研究中。）很多重要的主题延续了好几个世纪，有些现代的论点可以追溯到古代。运动的问题令希腊人困惑不解。一个物体出现了变化，怎么可能还是同一个物体？“时间”是“变化”的同义词吗？很多希腊的思想家认为，时间的确是变化和运动等主要概念之外的次要概念。我们在第四章提到的赫拉克利特就属于这一派。对赫拉克利特而言，变化至高无上，世界上的一切都不断变迁。他最有名的声明是“人不能踏入同一条河两次”——人变了，河也变了。巴门尼德不赞成。事实上，他提出了更引人注目的结论，时间不存在。巴门尼德的论点是这样的：我们能设想到的东西必然永远存在。能谈论或能想到的东西，“没有创造也没有毁灭，是完整的、独特的、坚定的、完美的”。巴门尼德认为这种推理的方法排除了变化：存在的东西就这么存在，变化一定是一种错觉。

柏拉图的作品也响应这个想法，人类的认知几乎都是幻觉。然而，柏拉图并非纯粹放弃我们不完美的感知，他努力找出人类感知和周围世界更深层的真相有什么关系。柏拉图认为我们不能把时间当成幻觉来抵制，他的目标是要把时间融合到他对于宇宙的看法里，也就是我们在第四章简短讨论过的宇宙论。

前面也讨论过亚里士多德，他相信时间需要变化，过了两千年，莱布尼兹又提出同样的看法。“现在”的概念也让亚里士多德很头痛。他把时间流动看成一连串的“现在”（连续不断的一瞬间），但是他不认为时间由很多一瞬间组成。就像一条线不可能由点组成，他相信时间也不可能由“现在”组成。（他的推论是，不管两个点有多靠近，永远不可能粘在一起，中间一定可以插入另一个点。）但亚里士多德似乎无法解释这些“现在”的实际情况：是静态的吗？某一个瞬间是否跟其他的瞬间非常类似？还是“现在”以某种方式流过时间，或和时间一起流动？看似不断流动的时间带来的问题，就连最谨慎的思想家都无法解开。

未来“真的存在”？

过去和未来的分别也让亚里士多德十分苦恼。未来“真的存在”吗？未来似乎比现在或过去更加虚无。未来给人不确定的感觉，未来的事件不像现在或过去的事件可以有那么肯定的描述。未来就像海市蜃楼，过去就像刻在石头上；现在就在眼前，而未来却像迷雾，充满无限的可能性。亚里士多德会很谨慎地思考“明天会有一场海战”之类的描述。此类陈述的真相似乎不怎么明确，要看众位将军是否真会选择第二天开战。根据他的推论，未来事件的陈述无所谓真假。某个论点成真的可能性或许比另一个论点大，但我们无法提供论点的确定性。在亚里士多德心中，未来可能会成真，但不确定。

基督教神学采纳了不少亚里士多德世界观的看法，不过也按自身的需要做了修改。圣奥古斯丁在祷告文《忏悔录》中诉说他同时对抗哲学和探索灵性，探索的过程引领他改信基督教。圣奥古斯丁思索过犹太教和基督教的创世理论，接下来他立刻发觉，与时间和永恒相关的艰难问题倾巢而出。上帝“选了一个时间”创造世界？那之前他在做什么？我们刚才也已经看到，一千三百多年后，同样的难题困住了莱布尼兹，圣奥古斯丁则提出相同的结论：他推论上帝在创造宇宙的同时，一定也创造了时间。

圣奥古斯丁接着继续揣摩过去、现在和未来之间的分别，时间明显的“流动”令他百思不得其解。最后圣奥古斯丁似乎认为“现在”的地位非常特别，不知道为什么就比过去或未来来得真实。他的确主张过去和未来就某种程度而言是“现在”的一部分，因为“现在”包含我们过去的回忆以及对未来的期待。有人把这种立场发扬光大，摒弃过去和未来，也就是所谓的现在主义。不论我们如何诠释圣奥古斯丁的推理方式，他提出的时间和人类意识之间的关联，是一种很深奥的概念，之前谈到笛卡儿时我们也简略说明过，后面也会继续提到这个概念。

两种时间

仔细思索过时间的人就会注意到我们提到时间时，有两种截然不同的方式。提到已经发生的事情、当下发生的事和可能会发生的事，我们会在脑海中以目前体验的时刻为基准，描绘出这些事件。我们用“过去”和“未来”两个词描述这些事件跟当下的关联，用来描述某个特殊行为的动词则按需要加上适当的“时态”：“我煮了意大利面”“我正在吃晚餐”“我会去洗碗”。这三句陈述彼此相关，在我吃完饭后，“我正在吃晚餐”就失去了真实性。这句话描述和“现在”有关的事件，而“现在”则不停地转移。

但是当我们像伽利略和牛顿一样，把时间想象成一条线时，用的方法就变了。我们会为不同的事件加上标签，标明在时间在线发生的位置。这个看法比较静态，从这种论点描述事件时，我们说话的方式也会改变。（事实上，用“静态”来形容有点误导读者了，会给人某种后设时间潜伏在背景中的感觉。但我们应该想象一系列不受时间影响的事件。）当我们说“独立宣言于 1776 年 7 月 4 日签署”时，我们不需要指出相对于现在，这件事发生在过去；当我们说“2017 年会有日食”时，我们同样不需要指出以现在为基准，这是未来会发生的事。这一类的事件似乎恒久不变。

英国哲学家麦克塔加特（1866—1925 年）在 1908 年发表了影响深远的论文《时间的不真实性》，详加说明这个定义。他把这两种思考时间的方法称为“A 系列”和“B 系列”。A 系列就是根据过去、现在和未来的时间概念，我们已经司空见惯，也有人说这是“有时态”的时间概念。从 A 系列的角度来看，当有人告诉我们某件事在多久之前发生，或还要等多久才会发生，就定下了事件在时间中的位置。相反，B 系列则指我们归属给特殊时刻的永恒标签，例如 2009 年 6 月 30 日格林尼治标准时间下午五点钟（有人称之为“无时态”的时间概念）。用 B 系列的角度描述的事件可以用“比……早”或“比……晚”来表明，但“现在”永远无法进入 B 系列。

用 A 系列的角度描述事件时，我们的陈述似乎纯属偶然：如果在吃过鸡蛋的第二天我说“昨天早餐吃了鸡蛋”，此项陈述为真，但换个时间说，有可能为真，也可能为假。用 B 系列的角度陈述某件事时，则有不同的感觉：“列克星敦及康考特之役过了一年多以后签署了《独立宣言》”或“2012 年伦敦奥运举办后过了五年，2017 年就会出现日食”，这两句话似乎比较像是永恒的事实，描述世界历史上不变的属性。这两句话的英文使用一般的时态，但使用 B 系列的角度时，我们不费吹灰之力就能养成习惯，省略过去和未来的时态，用现在式就够了。以上述两句为例，你可以说：“《独立宣言》在列克星敦及康考特之役过了一年多以后签署。”不要提到“现在”，就可以了解过去和未来的本质，也就是把 A 系列合并到 B 系列里。你应该说“说完这句话后，再过九年就会出现日食”，而不是“从现在算起，九年后会出现日食”。我们当然不习惯这种说法，但哲学家相信这句话传达了同样的信息。

从 B 系列的角度来看世界，一开始可能会有点奇怪。“现在”在 B 系列中没有特殊的地位，时间线所有的点都具有平等的立足点。“现在”就像“这里”，表示和说话的人有关系的某样东西，但没有绝对的意义。按着 B 系列的描绘把事件穿成一串，结果就像一整块的时间。的确，我们常用“块状宇宙”来称呼这种写照。采用块状的时间概念后，就很容易得出时间的流动只是幻觉（甚或自由意志也包含在内）的结论。从 B

系列的角度来看，我们可以争论未来的事件早已“固定”在时间中（比方说下一任教宗登基）。未来要发生的事真的无法避免吗？是否就摊在眼前，无法选择呢？麦克塔加特实际上更进一步。正如他的论文标题，最后他的结论跟巴门尼德一样，认为时间本身就是幻觉。他的推理如下：就逻辑而言，过去、现在和未来是彼此不兼容的属性，某个事件只能“位于”其中一个。然而，每个事件看来确实都有全部三个属性：让我借用麦克塔加特的例子，安妮皇后之死曾经属于未来，然后变成现在，现在又变成过去。所以他否决“有时态”的时间概念。但是，由于他相信有时态的概念是解释时间表面流动的唯一方法，所以结论是，时间并非有意义的实体。

自《时间的不真实性》出版后，整个 20 世纪大家都在辩论麦克塔加特的论点。很多哲学家虽然不同意麦克塔加特最终的结论，却深受 B 系列所描绘的“块状时间”影响。事实上，A 系列的描述虽然感觉跟人类直觉比较相近，B 系列体现的“无时态”观点或许代表今日物理学家和哲学家的主要看法，我们稍后就会讨论爱因斯坦提出的全新时空写照，更巩固了这种看法。

南纽英顿的智者

全力支持“不受时间影响”说法的学者包括英国物理学家巴伯。目前七十多岁的巴伯以爱因斯坦的重力理论（也就是广义相对论）作为论文题目，1968 年从德国科隆大学取得博士学位。接下来就独立从事理论物理学的研究，不属于任何学术机构，同时也靠翻译俄国的科学期刊赚取收入。在著作《时间的尽头：物理学的下一场革命》（1999 年出版），巴伯指出时间（以及动作和变化）只是幻觉。

巴伯的论点应和巴门尼德和麦克塔加特，但他占有前辈缺乏的强大优势：熟悉现代物理学，彻底研究过广义相对论和量子理论（我们会在下一章更详细地讨论这两种理论）。

物理学家巴伯

我到巴伯家拜访，他家在牛津郡北边充满田园风味的南纽英顿，一栋盖了茅草屋顶的农舍，已经有350年的历史。他招待我在花园里坐下，我们啜饮热茶，开始聊起时间和空间、动作和变化、马赫和闵可夫斯基。他给我的印象是糅合了专才的英国的乡绅。

时值春末，按英国的标准来说阳光还算灿烂，空气中满是紫藤的香气。巴伯家隔壁是一座1150年建造的诺曼教堂，他也是管理人，所以有一副钥匙。他常陪同访客穿过礼拜堂，带他们参观无数的珍宝，其中有一幅14世纪的壁画，描绘1170年英王亨利二世派人谋杀坎特伯雷大主教贝克特的情景。（巴伯向我保证，大多数来到这里的访客都是为了参观历史悠久的教堂，而不是来讨论时间的概念。）若非头上有飞机飞过，我会以为还在伊丽莎白女王一世的统治之下，忘了当今的女王是二世，听到好几架飞机的声音后，两人到屋内继续谈。

我们暂停了一下，吃了芦笋、面包和奶油、奶酪及新鲜草莓当晚餐，然后到客厅里坐在沙发上休息。他换了个舒服的坐姿后开始说话，听起来非常仔细谨慎，糅合了严肃的学术智慧和令人放松的优雅英国风情。

巴伯解释道，“时间”的问题也有一部分是因为人类最佳的两套理论（广义相对论和量子理论）处理的方法截然不同而造成的。他说：“就像两个小孩在争同一个玩具，但问题是他们两个要的东西不一样。”他认为唯一的解决之道就是把玩具拿走，我们必须抛弃时间的概念。

他的论点核心相当简单易懂。巴伯把每一个“现在”都想成完整、自给自足的宇宙，在这样的宇宙中时间显然不存在。如果我们把宇宙的历史想象成电影镜头，每一个镜头都应该同样被视为“真实的”。（全部的“现在”集合起来后，巴伯称之为“柏拉图尼亚”，他取这个名字是为了纪念柏拉图和他心目中永恒不变的形式。）

那过去和未来呢？巴伯觉得过去和未来也跟时间一样不明确，没有必要。除了回忆（和记录这些回忆的各种物品，比方说在自然界有化石，人工产物则有报纸），没有其他实际的证据。同样，除了对未来的信念，未来也没有任何证据——全部都是幻象。

巴伯说：“从物理学家的角度来说，时间的‘流动’不存在，世上也没有不断前进的‘现在’。‘流动的时间’这种想法只是人类意识不知用什么方法创造的幻觉。”

为什么我们会把时间想象成不断前进的东西，“不断移动的现在”一个接着一个？这大概是人脑（尤其是记忆）运作的方式。巴伯解释，报纸和化石的历史贡献就有如人脑对个人记忆的功效。不论是化石、报纸还是人脑，都可以视为“时空胶囊”，也就是排列非常精确的有形系统，能够把过去“保存”在其中。他说：“在我们所体验到的世界中，这是最值得注意的一件事。”就某种意义来看，巴伯至少有一点没错：如果神经科学进步到可以精确详细地“读取”到大脑的神经活动，我们只要研究某人脑部现在的状况，就可以推论出他一生的经历。可以说，过去就是现在。

巴伯补充说道：“想想看，这就是现代地质学和宇宙学研究的内容。”宇宙学家研究现在的天空状况，推论出宇宙的过去；地质学家也用同样的方法来了解过去的地球——基本上就是“瞬间留下的印象”。

平等看待每一个“现在”的真实性，在错综复杂的说法中，出现了某种不朽的看法。并非大多数人期待的来生，而是生与死携手同行。既然时间不流动，我们的年纪也不会增加。巴伯说：“时间无法老化，一瞬间就是一瞬间。因此到了这个程度，有七十岁的巴伯，就是现在的我，但也有六十岁的巴伯，跟七十岁的巴伯一样真实。说昨天不如今天真实，其实没有意义。”

那时间究竟是什么？

他说："那是心智犯的错误。提到上帝时，拉普拉斯对拿破仑说'我不需要那样的假设'，这也是我对时间的评语。"

搭火车返回牛津时，列车长报出每站的站名。每个月台上都有数字时钟，到站的时间精确到几点几分（至少理论上是）。时间的确感觉很实在。我还是跟以前一样迷惑（又来了，我还是用了"以前"）。很难想象时间纯属空虚，但我们说出的每一句话几乎都跟时间有关，时间的幻象（如果可以这么说的话）似乎控制了人类所有的思绪，渗入我们的语言。迷惑的不止我一个。哲学家桑德斯在《纽约时报》上评论巴伯的著作时，说这本书充满"至理名言"，还补充说道，在教学和分析上，此书是一本"巨作"；但他也发出"哲学的健康警告"，承认他不确定书的内容"是否真的合理"。

或许未来（又来了！），作家会找到更清楚的方法来阐明时间的幻象。毕竟，在牛顿之后的学者比牛顿更懂得如何解释他提出的力学（今日物理系的学生用的教科书形形色色，唯一绝对不会采用的就是牛顿写的那一本）。此外，牛顿跟所有人一样，跟他所在的时代脱离不了关系。21 世纪的学者在讨论牛顿的物理学时，一定会先去掉跟神学有关的东西。（巴伯说，透过绝对时间和空间的想法，"牛顿以为他看到了上帝的构造。我想他可能觉得自己让看不见的上帝现身了"。）或许已经成为定见的时间概念留下了沉重的包袱，我们不能一下子就抛开成见。

就在此刻，我发誓要再读一次《时间的尽头》，可能读了反而更迷惑，反正我还没大胆到去钻研牛顿的《原理》。我想到一个故事，很可能是捏造的，有一个学生看到牛顿乘着马车经过，据说他开了一个玩笑："前面那位老兄写了一本没人看得懂的书，连他自己也看不懂。"

第七章

时间、重力和黑洞的想象

如果航天员掉到黑洞里，在远方的观测者会看到他的腕表变得越来越慢，快要碰到事件视界时，时间就完全停止了。从航天员的角度看，当他掉入黑洞很有可能马上就要惨死时，时间仍如常移动。但对在黑洞外观测的人来说，他会永远留在事件视界上，冻结在时间里。

相对论教我们把更多心思放在时间上。

物理学家伦德勒，他发明了“事件视界”这个术语。

我看到过去、现在和未来同时出现在眼前。

——诗人布莱克

坐落在瑞士西边、群山环绕的波恩似乎过了一个世纪仍没什么变化。大街上仍有街车迂回来往，老城狭窄的街道旁满是拱廊。每隔几个街口，路中间就会出现五颜六色的喷泉，很多喷泉的年份都可以追溯到16世纪。爬上波恩大教堂的哥德式尖塔后（名列瑞士境内最高的几个景点），游客就能看到宽广的景色：铺了红色瓦片的屋顶、教堂的尖顶和阿勒河翻腾的蓝色水流。除了汽车和游客外，事实上，自从22岁的爱因斯坦在1902年的冬天来到瑞士的首都后，这座城市几乎完全没变。当时爱因斯坦没有工作，步行来到此处，所有家当都在一个行李箱里。过了不到三年，他结婚生子了，啊，对了，还发展出全新的时空写照，就此改变了全世界。

爱因斯坦（1879—1955年）的出生地不在波恩，而是离此地约两百五十公里、位于德国南部的乌尔姆。他在波恩的时间也不长，还不到十年。他的天资令他愈来愈出名，苏黎世、布拉格和柏林的学术机构纷纷邀请他任职，等到纳粹主义兴起后，他不得不离开欧洲。不过这位充满抱负的年轻科学家在波恩找到第一份正式的初级工作，在政府机构审查专利申请，也在这里开启了他对宇宙本质的洞察力。

爱因斯坦在克拉姆街 49 号住过一阵子，爬上狭窄的木质楼梯，就能进入他的小公寓，现在公寓已经改建成博物馆，导游爱格勒在楼梯尽头等我。她用带着浓重瑞士德语口音的英语告诉我，爱因斯坦住在这里时，他的公寓只有两个房间，不过其中一间有两扇对着克拉姆街的大窗户（博物馆的面积比较大，纳入了隔邻的几个房间和上面那层楼）。如果爱因斯坦把头伸出窗外向左边看，就能看到一个街口外壮观的 16 世纪钟塔。钟塔虽然不甚修长美观，却也华丽缤纷，年轻的爱因斯坦只要一出家门，就会看到钟塔。

游客鱼贯穿过贴了壁纸的俭朴房间，仔细打量爱因斯坦在专利办公室用的木头桌子、几十张历史悠久的照片、他的博士论文，甚至还有他高中时的成绩单（其实大家都猜错了，他的成绩还不错）。审查专利的薪水一年约三千五百瑞士法郎，只能勉强支付房租以及他和妻子米列娃的基本开销。爱格勒说："能在年轻时第一次自己负担一栋这样的公寓，爱因斯坦很高兴、很自豪。六十平方米的面积不算宽阔，但他已经觉得很豪华了。"

白天，爱因斯坦在办公室审查数百份专利申请书。但他心之所系并非小机件，而是根本的理论，即宇宙固有的构造。到了 1905 年春天，新的时空理论已在爱因斯坦的脑海中成形。二十六岁的爱因斯坦进入了他自己的奇迹年（跟牛顿提出独特看法的年纪差不多），写出五篇深具开创性的物理学论文，其中一篇包含相对论的第一部分，也就是狭义相对论。

相对论的根基

在 20 世纪初，牛顿的定律似乎可以解释所有的现象，但无法涵盖一切。为了了解电力和磁力，以及光线和无线电波，物理学家必须仰赖另一套非常成功的自然理论，也就是由苏格兰物理学家麦克斯韦（1831—

1879 年）提出的架构①。麦克斯韦发展出一组等式，描述电场和磁场之间的关系，这两者实际上是一体两面。正如牛顿把天际和地面的力学联结在一起，麦克斯韦证明了电力和磁力最终也有关系。电磁也跟光线脱不了关系，现在科学家都把光线当成电磁波，一个不断振荡的电场和磁场。（光线只是一种电磁波，X 光、微波和无线电波则是“电子辐射”的例子，只是波长不一样。）

但麦克斯韦的等式表示这些电磁波还有更值得注意的地方，它们似乎都以特别的速度前进，物理学家用符号 c 表示光的速度（17 世纪 70 年代，丹麦天文学家罗默率先测出正确的光速。现代的 c 值大约是每秒三十万公里）。光线是一种用固定速度前进的波，这个概念引发了两个令人烦恼的问题：第一，光以速度 c 前进的相对基准是什么？光的速度会跟着测量方法变化吗？你自己的速度和发光物体的速度，一定也会影响你测量出来的值。麦克斯韦的等式是否仅适用于和光波有关的特定参考系？

第二，光波究竟如何从某处传播到另一处？根据目前科学家对波的了解，他们知道波需要某种媒介才能移动（比方说声波需要空气，海洋中的波需要水）。但光波可以穿过真空从太阳传送到地球，用的是哪一种媒介呢？

在麦克斯韦的时代，最合理的猜测就是光波在叫作“光以太”的物质中振动。科学家相信光以太弥漫在空间的每一处，应该就是能让光波传播的物质。（也有人说重力透过光以太施加影响。牛顿从未清楚说明某个物体如何感受到另一个远方物体的重力，他的对手嘲弄他的重力理论，竟能不可思议地穿过空间。）

光以太的说法一出，两个问题都解决了：光波有了传播媒介，也能定义麦克斯韦的电磁波会用到的参考系。但这个解答仍有点牵强。物理定律应该放诸四海皆准，不是吗？如果电磁波需要特定的参考系，似乎

---

① 我的书《T 恤上的宇宙》第四章更详细地介绍了麦克斯韦和 19 世纪的物理学概论。

就违反了从伽利略时代定下来的最基本的原理。通常称为“相对论原理”（或“伽利略相对论”），指出世界上没有“特殊的”参考系：在测量“真实的”速度或距离或时间间隔时，所有的观测人员都具有同等的地位。事实上，伽利略讲过一个强调该重点的假想实验：想象你跟朋友被关在没有窗户的船舱里，而且船已经开动了，假设你旁边有蝴蝶跟鸟，跟装满鱼的水族箱，还有一个底部有洞、慢慢滴水的水桶。你手上有一颗球，可以跟朋友玩丢球。当船只停在港口中，动物会朝着四面八方移动，水桶里的水继续笔直滴下，球在你跟朋友之间来回飞动。但如果船只以平稳的速度移动，你也会观察到一模一样的作用（这是伽利略很深奥的理解）。伽利略宣称：“所有的作用都不会出现任何变化，你也不能辨别船只是静止还是在行进。[①]”的确，伽利略证实了“移动”和“静止”等说法都只是标签，观察的人没有特权说自己正在静止状态（或以特定速度前进）。

但在麦克斯韦的电磁学里，看来的确有特殊的参考系属于神秘的光以太。如果光以太的特质可以用某种方法测量（或能侦测到就可以了），当然就有帮助。物理学家想要辨别出地球绕着太阳旋转时地球的动作透过光以太的影响。然而，最后到了 1905 年，还是没有人侦测得到光以太。

大多数科学家并不把这明显的难题放在心上。在 19 世纪 80 年代，赫兹用麦克斯韦的等式预料到无线电波的存在，后来马上找到充分的证据，在不到 10 年内，马可尼就忙着制作无线电发报机和接收机。但有几位物理学家忧心忡忡，包括年轻的爱因斯坦在内，在这两种互相冲突的世界观里，他们看到自然的基本写照从一开始就有缺陷（这些难题也是法国数学家庞加莱和荷兰物理学家洛兰兹努力想要解答的目标）。

爱因斯坦天资聪颖，能在脑海中进行“假想实验”，用简单的意象让

① 对现代人来说，飞在巡航高度的喷气式客机或许就是最生动的例子。只要机长避开乱流或急转弯，拉下窗板的乘客几乎感觉不到飞机的移动。

看起来相当抽象的问题呈现在眼前。十几岁的时候，他就苦思过听起来很简单的问题：如果你能追上光束，会是什么情况[①]？牛顿和麦克斯韦提供的答案天差地远。在牛顿的架构中，只要加快速度，什么都能追得上，没问题。但在麦克斯韦的想象中，光的传播速度一定是每秒钟三十万公里。如果你追上了光束，光的速度就变成零（相对于你来说）。那你会看到“冻结的”光波吗？（冲浪的人站上浪峰时，他和海浪前进的速度一模一样，或许他就会觉得脚下的浪冻住了，但冻住的光线会是什么样的？）如果能够观测到冻结的光线，你的速度就有“绝对的”读数，这显然违反了伽利略的相对论。爱因斯坦则觉得静态光束的想法很疯狂。他说：“不可能有这种东西，根据经验或根据麦克斯韦的等式都不可能。”爱因斯坦不同意随着光束移动的观测者需要不同的等式（不同的定律）来描述眼前的景象，动作毕竟不是固定不变的。爱因斯坦呼应伽利略的说法，他的问题是，观测者如何“知道（或能够确定）他处在以固定速度快速移动的状态中？”如果冻结的光线没有意义，当你加速到快要接近光速时，会发生什么事？

历史学家到现在还在辩论爱因斯坦究竟是如何做出这样的结论的。专利局的工作或许在后世人的眼中不值一哂，或许在他想象哪一个机件有用、哪一个没用的时候，就能锻炼心智，产生无形的价值。历史学家加里森认为让欧洲各地电力钟同步的问题尤其重要，送到爱因斯坦桌上的专利申请书有不少是相关的电子装置。爱因斯坦在波恩有一群好友，他们给自己取了个外号叫奥林匹亚学院，谈到时间和空间时，成员之间的对话也给了他非常宝贵的意见，原是同班同学的妻子米列娃也发挥了类似的作用。（几年前在一封具有代表性的情书里，爱因斯坦告诉米列娃，他很期待到苏黎世探望她时两人一起去健行。“要立刻去爬玉特立

---

① 爱因斯坦在 16 岁时第一次想到“假想实验”，我们可以看出这个实验对他的思绪影响深远，他最后在 1905 年发表了狭义相对论的文章。

山，”他在信里提到附近的一座山丘，“我已经能想象到有多好玩……然后我们就可以开始研究亥姆霍兹有关光线的电磁理论。”）休谟和马赫等思想家的哲学作品也对爱因斯坦产生了深远的影响，虽然空闲时间不多，但一有空他就专心研究这两人的著作。

不论起因为何，1905 年初爱因斯坦想到了答案，看似突如其来，但事实上他已经花了 10 年的时间专心思索，几乎不怎么想其他的事情。那年 5 月，他告诉友人贝索解决之道“在于分析时间的概念”。接着又说时间“无法从绝对的角度来定义，时间和信号速度之间也有分不开的关系”。

爱因斯坦发现牛顿的定律有其极限，只是实际情形的大致状况。如果牵涉的速度不高，牛顿的等式就能正确套用：对日常的速度来说，绝对绰绰有余。但速度接近光速时，牛顿的定律就瓦解了，所以我们需要新的架构。

爱因斯坦的论文《关于运动物体的电动力学》于 1905 年 6 月 30 日刊登在素负盛名的期刊《物理学年鉴》上，全长 30 页。但爱因斯坦在刚开始的几页就推翻了牛顿的世界观，引进了全新的时空观点，除此之外，也完全淘汰了光以太的想法（爱因斯坦推论，没有人能侦测到光以太是因为光以太根本不存在）。在论文结尾并未列出参考其他科学家著作的书目，不过他感谢友人贝索“提供了几项珍贵的建议”。这篇文章发表后，爱因斯坦终于向世人证明如何才能协调牛顿的力学和麦克斯韦的电磁理论。

全新的时空观

爱因斯坦在 1905 年提出的理论被称为“狭义相对论”，以两个“假设”为基础。第一假设说，不论两个观测者相对于彼此移动的速度有多快，只要以稳定的速度移动（也就是说速度不会加快），他们都应该使用相同的物理学定律。或许你想预测抛射体的运动、测量电力或磁力的特质，或研究光束，每个人适用的定律都一样。

第二假设说不论你自己和发光物体的速度为何，光速永远保持不变。换句话说，你测出的光束前进速度一定都是特定的 c 值。

第一假设不算特别激进。基本上重述伽利略的相对论原则（没有特殊的坐标系），并把这套理论提升成物理世界中的基本假设。

然而，第二假设就真的让人吃了一惊。在牛顿的世界中，测量物体的速度时必须考虑到物体的运动和测量者的运动。如果你站在月台上，会觉得火车疾驰而过，但如果你人在火车上，会觉得火车似乎动也不动（而月台似乎正在急速后退）。从火车前部投掷棒球，站在月台上的观测者会看到棒球得到一股“助力”：如果火车的时速为 100 公里，投球的速度为每小时 80 公里，站在一旁的观测者会看到棒球移动的速度为 180 公里。计算非常简单：在地面上的观测者测量到的速度就是火车速度加球速的总和。也就是 $v=v_1+v_2$。一看就很清楚，不是吗？

在爱因斯坦的理论中，这依然只概略说明火车、棒球和其他缓慢移动物体的情况；也就是指运动速度低于光速的物体。但第二假设也指出对光线来说就不一样了：不论你移动的速度多快，也不论光线来源的移动速度多快，你测量到的光束前进速度都是每秒 30 万公里。不论我是提着手电筒慢慢走路，或是把手电筒装在以每秒 20 万公里（光速的 2/3）通过的火箭上，其实也都一样，你测量到的光速都是每秒 30 万公里。爱因斯坦的假想实验目的在于追上光的速度，这就是最终的答案：做不到。光速不能加快，也不能减慢，不论你移动的速度有多快，光速都保持正常不变的行进速度。（这个假设还有另一个作用，就是让光速变成宇宙间的终极“速限”。）

事实上，当速度接近光速时，就不能用牛顿的定律把它们相加起来。你测到的速度 v 再也不等于 v_1+v_2 的结果。爱因斯坦解出了正确的方程式①。速度不快时，仍等于牛顿的结果，但速度很快时，你得出的结果会

① 新的公式是 $v=\frac{v_1+v_2}{1+\frac{v_1+v_2}{c_2}}$

比预期的低（不论 v_1 和 v_2 有多大，总和一定会小于 c）。

现在我们要讨论最精彩的地方：为了让光速保持不变，时间和空间必须是相对的。也就是说，如果两名观测者相对于彼此移动，他们测到两件事之间的时间间隔或空间中两点的距离就会不一样，这在牛顿的绝对时空领域中绝对不会出现。爱因斯坦证明了该如何正确计算出其中的差异。

两名观测者带着完全同步的时钟，怎么可能会测量出某事件和另一个事件之间经过的时间间隔不一样？这或许是爱因斯坦的理论中最违反直觉的含义。事实上，比较两座一模一样的时钟，以高速前进的钟似乎比"静止不动"的那座走得更慢（这里的引号只是要提醒你，这两座钟的任一座，都可以说是正在移动的那座）。这种作用叫作时间膨胀。举个例子，假设一列高速火车上载了"光束钟"，这钟用两面平行的镜子制成，镜子水平放置，之间有光束上下弹跳。火车静止不动时，在火车上的人跟站在月台上的人测量到时钟每一次"滴答"之间的间隔一样长。但火车的速度接近光速时，站在月台上的观测者就会看到光束留下对角线或锯齿状的痕迹。因此，光束在时钟发出"滴答"声时要通过更长的距离。现在重点来了，爱因斯坦的第二假设要求测量出来的光速仍是同样的值。由于速度等于距离除以时间，既然距离增加，时钟每一次"滴答"之间的时间一定会增加。因此，站在地面上的观测者看到移动火车上的时钟走得比较慢。

但是在火车上的观测者却有相反的结论：他看到月台上的光束钟会留下对角线的轨迹，便推论出月台上的钟比较慢。这也符合爱因斯坦的第一假设，没有特殊的、"偏好的"坐标系，两名观测者的说法都站得住脚。

在日常的速度下，我们可以忽略时间膨胀效应，但接近光速时就不能忽视（我不想解释时间膨胀的方程式，不过这个效应只用到中学程度的数学，有减号、除法和开平方根）。如果你的朋友搭乘火箭，用八成的光速呼啸而过，你会观察到她的时钟速度只有平常的百分之六十。以九成的光速行进时，只有平常的百分之四十三；以百分之九十九的光速前进，会掉到百分之十四（你的朋友无法以光速前进；如果真的到达光速，你会看到她的时钟整个停下来了）①。

值得玩味的是，爱因斯坦在1905年的论文中用到的等式不是新发明的。庞加莱和洛兰兹早就知道这些等式，却无法在诠释上有所突破，他们也没看出只要用新的方法去思考时间和空间，就能调和相对论的原理和麦克斯韦的电磁理论。只有爱因斯坦才有独特的能力，退后一步综观全局。

为什么时间是相对的

一、放在静止火车上的“光束”钟

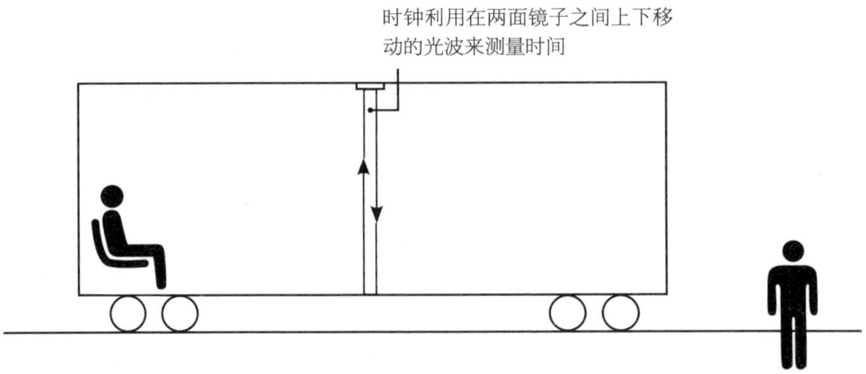

在火车上的乘客和在地面上的人测量到每次脉冲之间的时间一样长

① 还有两个效应值得一提：快速运动的物体，其长度看起来会缩短，质量（继续加速的阻力）则会增加。

二、以接近光速的速度移动的火车

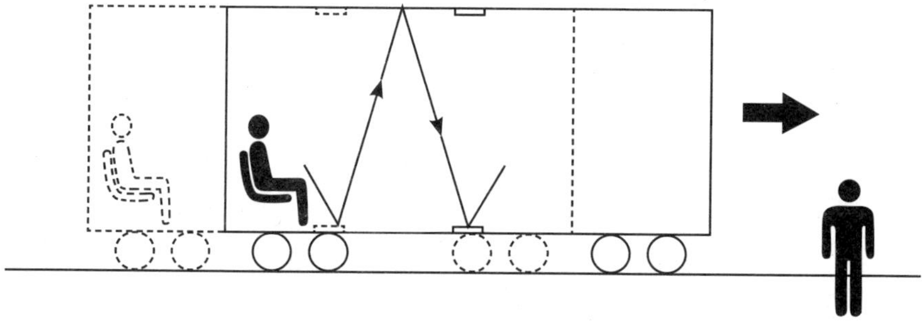

在地面上的观测者现在看到光波留下对角线的轨迹。由于光波的速度保持不变，他测量到时钟循环之间的间隔变长，结果认为时钟“变慢了”

· 他也看到火车（还有上面所有的东西）变短了，但只限于火车移动的方向

他一直找不到学术界的工作，在专利局的工作又相当封闭，反而成为优势：既然不属于任何物理学机构，他也不必遵守学界先入为主的观念。换句话说，根本没有后顾之忧。哈佛的历史学家霍尔顿是最出名的爱因斯坦专家，他说：“他完全是个局外人。19 世纪和 20 世纪初的物理学研究对于他没有利害关系……他放任自己的思绪四处游移。既然没有学术地位，就不怕造成危害，他有本钱冒险……和其他人相比，他的看法更加有力。”

物理学界（最后扩大到全世界）认为狭义相对论颠覆了其他的理论，但爱因斯坦却不这么认为。他的目的只是要用麦克斯韦的电磁理论解释更多的现象。一开始他把自己的想法叫作“不变量理论”，强调光速对每个人来说都一样，但时间和空间则是相对的。但庞加莱和伟大的德国物理学家普朗克则称之为相对论，这个名称也成为沿用至今的说法。

“现在”的问题

狭义相对论违反一般人心目中的时间观念，而快速移动的钟会走得比较慢只是其中的一环。我们也不得不重新思考“同时发生”的概念。如果两个事件在相同的时间发生，我们会说两件事同时发生。在牛顿的世界里，这个想法直截了当。但在爱因斯坦的宇宙中，就有问题了：我觉得同时发生的两件事在你心目中可能不是同时的，取决于我们相对于彼此的运动。这叫作“同时性的相对性”。

再假想眼前有一节车厢，配备了几样简单的工具：在车厢两头我们装了照相机的闪光灯和光电二极管，然后接上电线，只要有光线打在光电二极管上，就会触发闪光灯。（我们可以想象车厢四周漆黑一片，除非有外来的光线，否则闪光灯不会起作用。）我们可以把左边的闪光灯叫作 A，右边的叫作 B。现在我站到车厢中间，也就是 A 和 B 的中点。手上则拿着第三个闪光灯装置。如果我发射闪光，会发生什么事？闪光灯的光线同时到达 A 和 B，导致两只闪光灯一起亮起来。从我的观点来看，A 和 B 触发的闪光同时发生。

接下来想象车厢由左向右移动，速度接近光速。我站在车厢中间，发射闪光后看到 A 和 B 的闪光同时出现（这是爱因斯坦第一假设的规定，此假设很简单地指出，我也可以说我自己静止不动，而车站和月台则快速通过）。但站在月台上的观测者看到了什么？站在他的观察点，车厢后方（A）在“追逐”光束，而车厢前方（B）则离光束愈来愈远。从他的角度来看，光束要碰到 A，走的距离比较近，要碰到 B 的话则要走比较远。根据爱因斯坦的第二假设，他会看到光束以一般的速度 c 前进；观测者可以得出结论，光束要碰到 A 来触发闪光所需的时间，会少于触发 B 点闪光的时间。换句话说，他会先看到 A 发出闪光，然后才会看到 B 的闪光，两件事不再同时发生。

根据狭义相对论，我们不能从绝对的角度宣布两件事同时发生，而只能说这两件事从特殊的参考系来看，似乎同时发生（物理学家格林称之为“在人类发现的实境本质中最深入的洞察”）。

还有更难的问题。当我们说“现在”发生了某件事，是什么意思？我们说“现在”的时候，其实在比较两件事：我可以弹一下手指，然后问大家是否有其他的事件和弹手指的动作同时发生。如果有的话，我会说那件事“现在”正在发生。在牛顿的世界里，这个问句很合理：“宇宙中有哪些事件现在正在发生？”答案是很独特的一组事件，分散在各处，但都落在同一个“时间片段”上。假设我在美国东岸标准时间 2008 年 12 月 1 日正午弹了一下手指，宇宙各处发生的事件只有两个可能：跟弹手指的动作同时发生，或非同时发生。这对牛顿来说很合理，但爱因斯坦不能接受。我们已经看过，在狭义相对论中，观测者无法全体同意两件事是否同时发生，所以普遍的“现在”也不存在。爱因斯坦说过：“在世界各地你都听不到可以拿来当作时间的嘀嗒声。”（有一次他到苏黎世讲课，发生了一件很有趣的事，他在黑板上画满了时钟来讲解同时发生的概念。长篇大论的解释结束后，他问：“到底几点了？我没戴手表。”）

普遍的“现在”早已深植脑海，我们很难抛弃原本的想法。我们会想象自己说出“宇宙中所有现在正在发生的事情”，用这个句子表示有意义的一组事件。但爱因斯坦向我们证明这种陈述事实上没有清楚的意义。每一名观测者都自行列出看起来“现在”正在发生的事情，没有人的清单比其他人更具权威。宇宙中没有“母钟”可以告诉我们在什么时间发生了什么事。人类语言中最简单、最常出现的字眼“现在”已经变成没有人能了解的概念。

牛顿或许不喜欢这种说法，但自 20 世纪爱因斯坦发表了狭义相对论后，无数的实验证明相对论的预测无误。2007 年的秋天，由加拿大曼尼托巴大学的格温纳领导的科学家小组证明了时间膨胀的效应，精确度高达千万分之一，由此为时间定下了新的基准。格温纳和同侪使用一台

同时性的相对性

一、从静止车厢中间发出的闪光

对乘客和地面上的观测者来说，从车厢中间发出的闪光在同一时间到达车厢两端。光电二极管同时触发 A 和 B 点的闪光灯

二、车厢以接近光速的速度前进时，从车厢中间发出闪光

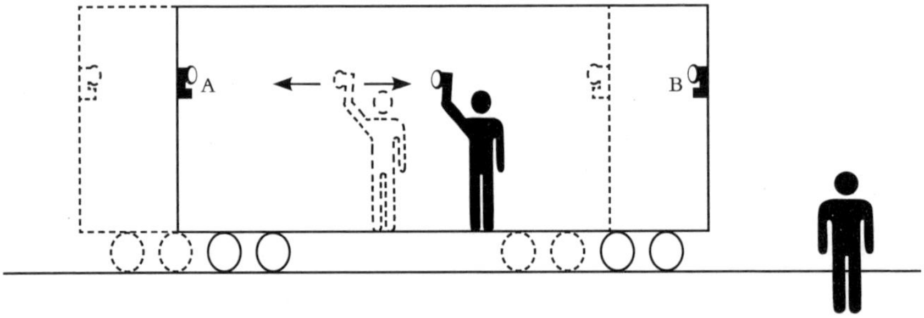

地面上的观测者会觉得发出的光束先碰到 A，车厢后方似乎在“追赶”光束。他看到在 A 点的闪光灯被触发后，B 的闪光灯才会触发。在 A 和 B 发生的事件对乘客而言仍同时发生，但站在月台上的观测者则觉得不是同时

在德国的加速器，让锂离子以百分之六的光速在环型管中前进。然后用激光促使离子散发出辐射。由于辐射是一种振荡的电磁波，所以能发挥时钟的功能，辐射的一次循环就像时钟“滴答”一下。在高速前进的状态下，嘀嗒声变慢了，看来似乎降低了辐射的频率。在格温纳的实验中，频率的变化就跟狭义相对论预测的一样。

在 1905 年秋天，爱因斯坦发表了一篇补充说明的短文，让大家看到他的假设出现了令人诧异的结果。在文中他解释了物质和能量的关联，用现今全世界最知名的等式表现出来就是：$E= mc^2$①。

狭义相对论出现后，空间和时间的紧密关系早已超过了牛顿所能想象的范围。在牛顿的世界中，两个事件可以在时间或空间（或两者皆是）中分开。空间中的位置可以用三个数字显示（也就是纬度、经度和海拔高度），而事件中的时刻则能用一个参考来描述（比方说精确的时间和日期）。然而，根据狭义相对论，我们必须在想象中把这两组信息结合在一起。我们必须把事件想象成展现在四维数组中，也就是所谓的“时空”，爱因斯坦之前的数学老师闵可夫斯基（1864—1909 年）用数学上的精确度为这个想法制定公式。1908 年，闵可夫斯基在讲课时发表了精彩的声明，宣判古老传统的空间和时间观已经死亡：“从今以后，独立的空间和独立的时间将退化成纯粹的幻影，只有两者合而为一才能保存其独立的地位。”

要描绘出四维景象并不容易，但如果我们忽略一个空间维度，从爱因斯坦的时空观点来刻画物体就不会太难。我们可以沿着水平平面绘制其余两个空间维度，并想象垂直轴就是时间的维度。通过时空的物体轨迹称为其世界线。像地球和太阳等类似的系统则有了全新的观点。如果我们选择一个太阳在其中为静止的参考系，太阳的世界线就是一条笔直

① 等式中的 E 代表能量，m 是质量，c 仍是光速。由于 c 值非常大，c 的平方还要更大，即使质量很小，也能转换成大量的能量。

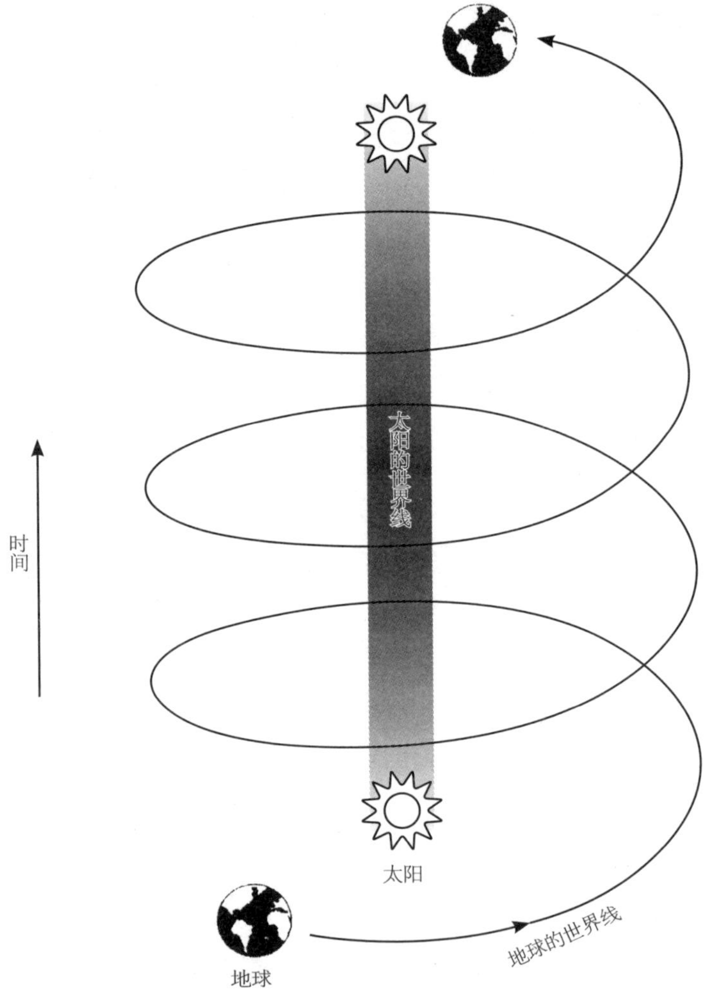

图解世界线：我们无法绘制四维的时空，但如果我们忽略一个空间维度，就可以想象三维的景象，其中时间是第三个维度。在上面有太阳和地球的图画中，时间沿着垂直轴前进，而地球的“世界线”则呈螺旋状

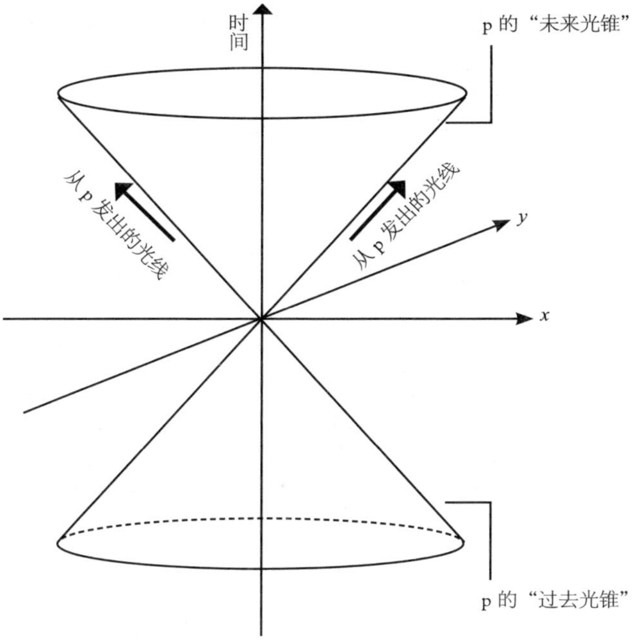

"光锥"：只有在 p 的"过去光锥"内的事件才能对 p 造成影响；只有在 p 的"未来光锥"内的事件才会受到 p 的影响（在这个时空图解中，只显示了两个空间维度。垂直轴表示时间。）

的水平线，而地球的世界线则是螺旋状。

还有另一个很有用的概念，可以帮助我们描绘出时空中的事件是如何彼此关联的，也就是物理学家口中的光锥。我们再度把空间想象成沿着水平平面延伸，时间则垂直延伸。假设在特定的时间点 p，有一道光发射出来（实际上，我们会把 p 叫作"事件"，也就是在空间和时间中孤立出来的点）。光线从 p 以光速向外行进，在时空中画出锥状的区域，p 则在底部。这叫作"p 的未来光锥"。

要记得，任何物体行进的速度都比不上光线，所以光锥在时空中围住了某人在 p 点能够"探访"的整个区域，事件 p 的确无法影响锥外的时空区域。同样，我们可以画另一个从 p 向下延伸的光锥，亦即在时间中后退，这就是"p 的过去光锥"，只有来自过去光锥内的事件会对 p 造成影响。这个看法也强烈抵触牛顿的定律：在古典的看法中，不必考虑速限，你可以影响时空中任何区域内的事件，只要是未来的事件就可以。另一方面，只要是属于过去的事件，不管在时空的哪个区域内，都可以影响你。相对论的看法相反，宇宙大部分的领域都是禁区。

在四维的时空中，过去和未来（或之前和之后）的概念要怎么解释？情况不像我们从这些光锥上看到的清楚线条这么简单。还好有同时性的相对性，对我而言是过去的事件，对你来说可能是未来的，反之亦然，只要事件够远，你和我又相对于彼此在移动。很多物理学家和少数哲学家发觉狭义相对论的四维时空能够证明过去和未来的事件就跟现在的事件一样“真实”。所有的东西似乎都一次摆在某种区块中，这与我们在前一章看过的与麦克塔加特口中 B 系列有关的“块状宇宙”，其实非常相似。狭义相对论的出现，意味着 20 世纪最杰出的物理学家也支持块状宇宙的说法。

爱因斯坦怎么解释这个想法？从他的文章中我们可以看到跟巴门尼德、圣奥古斯丁和麦克塔加特非常相似的说法，时间的概念（或至少时间的“流动”）在他心中并非停驻“在外面”的宇宙中，而是在每个人心里。他曾经说过：“简单而主观地感觉到时间的流动，让我们能够整理印象，判断某件事比较早发生，另一件事则比较晚。”

很多哲学家似乎赞同他的说法。美国哲学家帕特南认为，缺乏普遍的“现在”表示未来的事件完全已成定局。拿选举做例子，对我来说是未来的事件，对你却已经是过去（虽然看似怪异，在狭义相对论中，根据我们的速度和要行进的距离，却相当合理）。帕特南的论点是，在我们交会的时刻，你认为是真实的所有事物在我心中也必须变成“真实的”，包括尚未公布的选举结果在内（但从我的观点来看，选举还没举行）。对自由意愿的传统看法和未来的“开放性”当然因此变得乱七八糟。彻底得到改头换面的不只有未来，按照类似的推理，如果某件事在我的过去，但有可能在你的现在，我也必须承认这件事仍保有“真实性”。

帕特南的论点似乎说服了哲学家洛克伍德。他写道："要认真看待时空概念，就是要把存在或发生于任何时间或地点的事件当成跟此时此地一样真实。""块状宇宙"和其中刻意去除界线的过去、现在和未来仍支配了哲学家和物理学家的观念。时空中的每一点诚然都有光锥定义的过去和未来，但每一个点都有这样的光锥。没有"普遍的未来"，也没有"普遍的过去"。身兼物理学家和作家的戴维斯说过："把时间切割成过去、现在和未来的界线似乎失去了实质的意义。"

爱因斯坦的巨作

爱因斯坦在 1905 年 6 月出版的文章只是开始。狭义相对论仅适用于以固定速度移动的物体，无法涵盖加速中的物体，也不考虑到重力。他费尽心思想要制定一套更完整的理论，到了 1907 年的某一天，以简单的想法为出发点，他有了重大的突破："如果一个人自由落下，就感觉不到自己的体重。"爱因斯坦想了很久，"这个简单的假想实验在我心中留下很深刻的印象。"

关于加速的运动，爱因斯坦倾向于一个很深奥的结论，很像伽利略对定速动作推论出来的道理。伽利略说过，如果你在没有窗户的交通工具里，就不知道你现在是静止，还是以稳定的速度移动。爱因斯坦发现，如果你在没有窗户的交通工具里，感觉到有一股力量往下拉，那你有可能正在加速往上，或者只是感觉到地心引力，两者的意义完全一样（就像你搭电梯上楼，电梯开始移动的短暂时刻内，你会觉得身体比较重）。

加速和重力之间的关联最后变成发展新架构的关键，这个架构能把两个现象都涵盖在内。然而，要有很强的数学能力，才能清楚其中的细节。欧几里得的"平面"几何学派不上用场，爱因斯坦需要德国数学家黎曼（1826—1866 年）不久前才发展出来的"曲面"几何。爱因斯坦对同事说："我这一生还没有这么辛苦过。我现在满心钦佩数学的伟大……和这个问题比起来，原本的相对论感觉就像儿戏。"

到了1915年末，爱因斯坦研究出全新的重力数学公式。研究结果称为"广义相对论"，和之前的狭义相对论互相对照。相对论以全新的方法描绘重力：牛顿认为重力是隔着一段距离发挥作用的力量，爱因斯坦则认为重力本身就是空间的偏移或扭曲。（大家最常听到的说法是把重力比拟成一块大橡胶板，在上面放上一个很重的保龄球后，球的质量就会造成橡胶板变形，而原本在附近滚动的弹珠，也会因为橡胶板变形而跟着偏转。）太阳就是利用这种扭曲让地球在轨道上运行。在爱因斯坦的世界中，物质会扭曲宇宙的构造，我们体验到的扭曲就是重力的力量。牛顿认为空间和时间都是静态的背景或舞台，有形的事件在其上一件件展开，爱因斯坦却认为空间和时间本身会在宇宙中不断地变动。

广义相对论一出现就成功解释了水星的轨道。自19世纪中期以来，天文学家就注意到水星绕着太阳运转时，并不会留下完美的椭圆形轨迹。每次通过太阳时，水星的轨道反而会稍有变化。天文学家把这个细微的效应称为岁差，每一百年累积下来的差别不到百分之一度。但牛顿的物理学无法解释为什么，爱因斯坦的理论却能正确描述这个现象。

过了三年，广义相对论面临更艰难的考验。由于太阳会扭曲周围的空间，恒星射出的光线如果正好在附近通过，太阳就应该让光线转向。也就是说，太阳通过遥远恒星的前方时，我们从地球上看到的恒星位置应该有些许变化。太阳的亮度极高，通常我们看不到后方的恒星，所以天文学家必须等到日全食，月球遮住太阳的光线时，才能进行观测。1919年5月29日，爱因斯坦的预言得到证实，远方恒星的影像的确如相对论的预测，离开了原来的位置。同年11月，研究结果在伦敦举行的一场会议上发布后，立刻登上世界各地的头条。《泰晤士报》断言这是一场"科学革命"。几天后《纽约时报》的说法更震动人心："天上的光线全歪了。"哪怕爱因斯坦对此并不在意，但从此他声名大噪。

时间、重力和黑洞

提到扭曲周围空间的重物时，我们可以想象变形橡胶板上的保龄球，但这时我们却忽略了很重要的东西：重物扭曲了邻近的空间以及时间。（的确，由于广义相对论以狭义相对论为基础，我们可以说重物扭曲了时空。）按照广义相对论，在重力场内，原来时间会变慢。重力场愈强，效应也愈大（这称为重力时间膨胀）。如果有两个去苏格兰爬山的人把手表精确调整成一样的时间，海拔高度比较高的人会发现他的手表比走在低海拔高度的朋友更快（在这个例子里，两个人的时间差异当然很细微，无法从市面上卖的手表上看出来）。

现在已经有很多不同的实验观察到重力时间膨胀。最具戏剧效果的测试于 1971 年举行，科学家搭上喷气式客机，把原子钟带到世界各地，稍后再跟留在地面上的相同时钟进行比较。实验本身其实比这里的描述更复杂，除了测试广义相对论（在飞机上的时钟比在地面上的高，因此所在的重力场也比较弱），也测试狭义相对论（飞机上的时钟以高速前进）。科学家找出方法切割两种效应，结果也符合爱因斯坦的理论①。其他科学家也在地面上进行类似的实验。以位于美国科罗拉多州柏德市的原子钟为例，此原子钟所在位置的海拔约为 1600 米，比起海拔只有 25 米、位于英格兰格林尼治的相同时钟，每年会增快五微秒。到目前为止，所有测试广义相对论的实验都证明了爱因斯坦的预言。（事实上，全球定位系统必须同时考虑狭义相对论和广义相对论的效应，才能正确运作。）

在大多数情况下，时空遭到重力扭曲的程度都非常细微，因此过了很久才有人注意到。（太阳的重量是地球的 30 万倍，即便如此，太阳的重力场在 1919 年日食出现时，也只让光线偏移了两千分之一度。）但广

---

① 其实还有第三种效应要切割开来：地球转动也会带来时间膨胀效应！

义相对论预测更重更大的物体会更严重地扭曲时空。最极端的例子就是黑洞：这些奇特的结构扭曲空间和时间的威力十足，结果连自己都脱离了宇宙。

巨大的恒星耗尽所有的核能燃料，再也无法支撑自身的重量时，就会形成黑洞。然后恒星开始崩解。如果恒星够大，超过太阳的质量三倍的话，一崩解就一发不可收拾。重力会让濒死的恒星缩小，缩到某个关键的临界点（叫作“事件视界”）以下时，就会发生很特别的情况——变成隐形。从事件视界射出的光线永远无法逃逸；重力拉扯的力量太强了。在事件视界内的物体实际上和外界完全脱节。（虽然我们看不见黑洞，却有很强的间接证据证明这种物体的确存在。或许在大多数星系中心都有“无边的”黑洞，我们的银河系也包括在内。）

如果航天员掉到黑洞里，在远方的观测者会看到他的腕表变得愈来愈慢，几乎要停下来了。如果他快要碰到事件视界，我们就会看到他的手表完全停止。从航天员的角度来看，当他掉入黑洞很有可能马上就要惨死时，时间仍如常移动。（事实上，早在他能真的穿过事件视界之前，黑洞外的密集辐射跟重力场的潮汐效应[①]，就会置他于死地。）但对在黑洞外观测的人来说，他会永远留在事件视界上，冻结在时间里。

广义相对论让天文物理学整个改头换面，研究宇宙起源和演化的宇宙论也一样。感谢爱因斯坦的理论，我们心中宇宙诞生的看法整个改观了。在第九章研究时间和宇宙的起源时，我们会从这个全新的角度详细探索。

按照爱因斯坦广义相对论的描述，要如何描绘时间？世界线和光锥依然存在，但当时空本身被重力扭曲后，光锥会倾斜，世界线也会扭转。尽管如此，很多哲学家仍相信广义相对论的架构，适合之前我们认

---

① 指重力对不同区域拉扯的力量变化。如果航天员的脚先掉到黑洞里，重力就会拉扯他的双脚，不会拉他的头，后果当然非常可怕。

为跟狭义相对论有关联的块状宇宙（举例来说，在广义相对论中，同时性变成相对的）。我们也应该注意，广义相对论的等式跟牛顿的等式一样，具备时间对称性，而相对论中并未直接提到要如何解释时间明显的流动。

量子革命

知道自己要得到诺贝尔奖，一定感觉很开心。到了 1920 年，爱因斯坦已经成为家喻户晓的国际巨星，他知道他该拿奖了。（事实上从 1910 年开始，他已经被提名很多次，但总因为不同的原因无法胜出，有几次是政治因素，有几次则是因为科学。很多人觉得相对论太抽象，理论性太强，不该得奖，1919 年的日食出现后，才打破这些迷思。）他也知道他不会把奖金留下来：他已经答应妻子米列娃要把这笔钱给她，这是离婚协议中的一项条款（爱因斯坦和米列娃在 1919 年完成离婚手续，同年他再婚，娶了自己的表姐艾尔莎）。1921 年他终于赢得了诺贝尔奖，但颂词中并未提到相对论，只是提到了在他的奇迹年（1905 年）写的其他文章。他得奖的原因是："对理论物理学的贡献，特别是发现了光电效应的定律。"

那篇文章写成的时间只比狭义相对论早几个星期，主要探讨光线和金属之间称为"光电效应"的互动。名为"量子理论"的新科学架构由此获益良多，普朗克在 1900 年发表的文章奠定了量子理论的根基。普朗克很想找出方法来解释高温物体散发出来的辐射光谱[①]。他发觉牛顿的力学和麦克斯韦的电磁理论都不太恰当。最后他想到，高温能量散发时并不是连续的热流，而是特定大小（非常微小）的不连续能量束。普朗克把独立的能量束称为量子（quantum，复数为 quanta），在拉丁文中是问

① 物体的光谱是指在不同波长发出的辐射强度。

“数量有多少”的意思。

我们不会深入解释量子理论的早期发展。只要注意一件事，在接下来的几十年内，量子理论开花结果，发展出新的力学系统，只要牵涉的距离很微小，牛顿的力学就被量子理论取代了。提到棒球或行星时（只要它们的行进速度比光速慢），牛顿的力学可以解决问题，但原子和次原子的世界只能通过量子理论来研究，传统的牛顿架构因此改名成“古典”力学。

量子力学和牛顿的力学相去甚远。首先，量子力学原本就不提供确定性。在古典力学中，粒子只有两个可能，在位置 x 或不在位置 x。在量子理论中，就无法这么精确。我们只能说当我们测量粒子的位置时，有特定的或然率发现它在 x。事实上，量子力学的说法是，除非我们测量粒子，否则粒子可以同时在很多位置；更概略地说，量子系统可以同时处于很多“状态”，这个现象叫作叠加。只有在观察量子系统时（也就是进行测量），系统才会“坍缩”，我们才能得到一个具体的结果。（起码在量子力学传统的“哥本哈根解释”中，坍缩就是这个意思。还有另一个叫作“多世界”的解释，我们会在下一章讨论。）

时间和量子

在量子世界中，时间的命运又是如何的？我们常听到本质非常不确定的量子测量一定会毫不留情地背离决定论，而且（据说）会容许“开放的”未来。然而，事情并没有那么简单。结果我们发现，描述量子状态演化的等式（叫作薛定谔等式），却具有决定性。事实上，量子系统演化的方式完全能从等式推算出来（等式跟前面说过的一样，有时间对称性）。直到我们介入，开始进行测量，这时波函数就坍缩了，不然系统的演化不会脱离预期。波函数的坍缩似乎无法逆转，所以看起来和时间之箭有关联。戴维斯说：“在进行测量时，特定的实境从无数的可能中投射出来……有可能的变成真实的，开放的未来变成固定的过去，这正是我们所谓的时间流动。”

虽然量子理论或许到了最后能让我们更深入地了解时间之箭，但这套理论也带来威胁，很有可能会颠覆一些长久以来跟因果关系有关的想法。在古典世界中，所有的事件都有起因，就算我们推论不出来，起因依旧存在。在量子世界中，有些事件（比方说放射性原子的衰变）可能就这么“发生”了。熟悉古典物理学的人也已经习惯了因果的想法，量子理论却带来了激烈的偏差。但我们或许也该接受这套理论，就像相对论，量子理论的预测已经在无数的实验中得到证实。每次使用装了半导体的器具，就目击了量子理论的应用。

伟大的物理学家波尔曾说过：“听了量子理论而不感到惊异，表示你不了解。”爱因斯坦虽然也是其中一位创始人，却始终无法完全接受量子理论描绘出来的世界。如果爱因斯坦完全接纳量子理论，除了“世纪名人”的封号外，或许也能成为“千禧年名人”，不过这也只是我的空想。在1905年初的几个星期内，光一次突如其来的想象，他就推翻了我们的世界观，留下了令后人不断啧啧赞赏的事迹。多年后，他曾在文章中写道：“牛顿，原谅我。”他承认他自已也利用了前辈先贤的想法，“你找到了你那个时代具备最高推理能力和创造力的人可以用的唯一方法”。

在波恩那栋朴实的公寓里，游客漫步参观，爱因斯坦曾在这里和年轻的妻子一起吃饭，把新生的儿子抱在怀里哄他入睡，有时也拉拉小提琴，想象全新的宇宙，他的创造力在这里达到顶点。朋友可能会在吃过晚餐后来访，流连忘返促膝长谈。他们会讨论力学和电力、钟表和参考系，以及物理学和哲学。讨论的内容令人眼花缭乱，加上香烟和土耳其咖啡助兴，相对论的种子就此深植在爱因斯坦的心中。

今日的游客极少数是专业的科学家。他们来自各行各业，深受爱因斯坦的吸引，他不只是超乎寻常的知识分子，也是一个充满热情的人，可说是科学时代的圣之时者。博物馆的访客留言本上常有小孩留下的图画。导游爱格勒说有一个 9 岁的男孩留下了一张纸条给“亲爱的爱因斯坦”，他说他也想成为“像你一样的科学家”。爱格勒说，成人访客也一样满心敬畏。有些人还要求在博物馆关门后留下来，只为了呼吸爱因斯坦曾呼吸过的空气。她说：“很难解释，你要自己感受。”

第八章

跟着小说去旅行

在物理学界有一条界线，一边是“疯狂但还合理”，一边则是“疯狂得不得了”。黑洞属于前者，而时光旅行则是后者。时光旅行对每一个人都充满吸引力，也是科幻小说作家最喜欢的主题，小说中有大胆的科学家，有奇妙的时光机器，还有“如果……会怎么样”的精彩故事。

“我知道，”他停了一下又继续说，“一切对你们来说都很不可思议，但只有一件事让我不敢相信，就是今天晚上我在这间熟悉的房间里，看着你们的脸，讲述这些奇异的冒险旅程。”

——韦尔斯《时光机器》

物理学家马雷特小时候的世界以父亲博伊德为中心，博伊德是个卓绝的人物，努力工作的同时也不放弃享乐，也很疼爱孩子。第二次世界大战时，博伊德加入美国陆军，担任战地医官，1945 年美军跨越莱茵河时，他也在先锋部队中。战后他白天到电子公司上一整天的班，晚上和周末则帮人修理电视。博伊德 33 岁时心脏病突发去世，年仅 10 岁的马雷特“完全崩溃了”。父亲离世后马雷特郁郁寡欢，他读过韦尔斯的经典名著《时光机器》后，过了几年爱因斯坦的理论问世，才再次让他精神一振。书本内容让他相信自己有一天能再见到父亲，也令他决心进入科学界。

马雷特现在在康涅狄格大学教物理学，多年来他一直梦想能够造出时光机器，但他害怕遭人嘲弄，不敢透露自己的渴望。“我想要拿到终身职位”，他说完笑了一笑。还好他找到了一门学科，能帮他了解时间的本质，也够“正当”，他可以进行研究，不会引人侧目。黑洞理论也是他埋首研究的目标。前一阵子我去了康涅狄格州的斯托尔斯，一座寂静的新英格兰小镇，和马雷特约在他在康涅狄格大学校园里的办公室见面，他告诉我："你知道，在物理学界有一条界线，一边是'疯狂但还合理'的想法，一边则是'疯狂得不得了'的想法。大家认为黑洞'疯狂但还合理'，而时光旅行则是'疯狂得不得了'。结果证明在研究黑洞时我也能顺便研究时间。"

一直到了20世纪90年代晚期，马雷特都躲在他所谓的"时光旅行的衣柜"里（译注：表示跟同性恋一样不敢公开）。大受欢迎的《新科学人》杂志专文介绍他的研究后（杂志封面大大方方地写着"缅怀过去：来看看全世界第一座时光机器"），他才脱离隐居的状态。现在他也很开心地在网站上把"时光旅行"列为他的主要研究领域。

走出时光旅行的衣柜

我们在前一章看过的黑洞由于有庞大的重力场，会让时间变慢（爱因斯坦的广义相对论预测到的效应）。但马雷特发现，光也会影响时间。光带有能量，爱因斯坦也证明了质量和能量具有同样的效用，所以光线应该也能扭曲空间和时间。

马雷特想到，他可以用一列强力激光形成强烈光线的循环光束。如果把两列激光束平行排列，光束围绕的空间就会变成正方形。马雷特说，正方形内的空间会变得"扭曲"，就像把牛奶加入咖啡杯后，搅拌咖啡，牛奶就会开始盘绕。他说，通过"光子晶体波导"就能强迫光线以螺旋状前进，进而增强扭曲的效应（光子晶体的光学特质能让通过的光线沿着特定的路径前进）。如果光束够剧烈，靠近光束的空间和时间扭曲程度会严重到能够在时间中创造出"循环"。用物理学的行话来说，这种系统会制造出封闭式类时间曲线①，这是时光旅行最关键的现象。从理论上来说，沿着这种曲线前进的粒子会回到过去，就像沿着街口一直走，你就

① 马雷特称之为"封闭式类时间线"，不过"曲线"是比较常见的说法。

会回到起点。马雷特愈说愈兴奋，一度差点把一本厚厚的教科书撞到地上，这本书的标题《重力》正好很适合对话的内容。

马雷特的提议听起来虽然疯狂，不过他曾在同侪评论的物理学期刊中描述主要的理论元素。然而，物理学界的反应并不大。康涅狄格大学物理系的主任斯德瓦利曾有意接受挑战，开始马雷特提议的实验，但他也提出警告，制造时光机器“似乎遥不可及”。美国麻省塔夫斯大学的两位物理学家最近发表文章评论马雷特的理论，他们认为用此类仪器创造出的封闭式类时间曲线会出现在很遥远的地方，“比我们看得到的宇宙半径范围还要大无数倍”。

马雷特仍不放弃希望，他说专家并非质疑他所依凭的物理学或数学，而是不确定是否能活用等式，创造出“时间循环”。马雷特和在同一所大学的实验物理学家合作，想弄清楚要如何才能让他的激光驱动时间循环开始运转（他们目前还在筹募资金，马雷特相信要测试他的方法，需要 25 万美金的设备）。他希望在十年内就能看到初步的结果，也相信在 21 世纪结束前，人类就能在时空中旅行。

西雅图信号正炽

马雷特并不孤单。在美国另一边的海岸上，华盛顿大学的物理学家克拉默也在研究跟时间相关的新奇机械，看起来十分复杂，配备了激光束、镜子、分光镜，最重要的则是一对对“纠缠态”光子。马雷特的重心放在相对论上，克拉默把指望放在现代物理学的另一根支柱上，也就是量子理论，尤其以量子纠缠（也叫作“量子非局域性”）的奇特想法为焦点。量子纠缠最早在 20 世纪初出现，指出在一对纠缠的粒子中观察到其中一个粒子时（比方说记下粒子的旋转或极化），就会自动得到另一个成对粒子的信息，即使两个粒子之间相隔非常远。虽然听起来很诡异，爱因斯坦很不喜欢这种想法，直斥其为“幽灵式的超距作用”，但最近已有无数的实验证实了量子纠缠。

科学家用形形色色的方法诠释量子纠缠，想要了解其中的宇宙论。克拉默认为要了解遥远粒子间看似能够瞬间沟通的现象，最简单的方法就是通过逆因果律的概念。我到西雅图拜访克拉默，这位语气温和的教授想用外行人听得懂的术语来说明逆因果律。简单来说，就是未来能够影响现在或现在能够影响过去的特殊事态，在次原子的世界里，等于还没离开家门就到了办公室。虽然听起来完全违反直觉，但物理定律中却没有说法能排除这种影响。

要在实验室里示范逆因果律却很难。克拉默规划的实验重点在于让光束通过晶体，分裂成两束纠缠的光子，每一束光子再通过有两条隙缝的屏幕——一个世纪前，量子理论的先锋也用同样的方法证明光的行为如果跟粒子不一样，就该跟波一样。通过屏幕后，再把两束光子聚焦到侦测器上，不过事先不知道特定的光束是一道波还是一串粒子。还有一个更重要的构成要素，也就是第二束光子上的侦测器可以移动，只要调整侦测器和屏幕之前的距离，你就可以控制光束要标成光波还是粒子。然而，由于光束已经呈现纠缠状态，你知道如果第二个侦测器把某个光子标成波，那么另一个侦测器上的纠缠态“伙伴”也是波。克拉默的想法很大胆，要强迫第二道光束“绕道”通过约十公里长、盘绕成圈的光缆，使其速度降低几微秒。这表示你对第二个侦测器做的设定（要看到波还是粒子），会影响第一个侦测器上看到的东西，尽管光束已经早了几微秒射到第一个侦测器上。

至少理论上来说应该如此。如果实验成功，我们可以想象未来的事件跨越很短的一段时间来影响过去的事件。克拉默说：“原则上，如果量子纠缠可以用来传送信号，我可以把信号送回五十微秒前。在传送前的五十微秒，我就收到了信号。”但理论上延迟可能更长。他若有所思地说：“如果你在传送和接收信号间能有五十微秒的差别，原则上没有什么能阻挡你把它乘上一百万倍，也就是五十秒的差别。”

克拉默跟马雷特一样，努力募集资金来进行规划中的实验，不过当地的报纸提到他的财务困难后（新闻头条是“物理学家要实验时光旅行，需筹措两万美元”），很多人慷慨解囊。克拉默在报道中哀叹就连美国国防部高等研究计划局（DARPA）都不肯提供实验基金给他，尽管如此，文中也指出 DARPA 的研究重点在于“可以变形的液体机器人（看过电影《魔鬼终结者》第二集就知道了）和生物机械混合体昆虫”。克拉默很高兴捐款源源不绝，但跟大多数科学家一样，他不想花太多时间成为众人注目的焦点。他说：“我们的实验都还没开始，就有这么多人注意，让我觉得有点不自在。”

《新科学人》杂志再度率先公开克拉默的想法。这本杂志一向具有独到的鉴赏力，作者主张，如果逆因果律果真得到证实（他承认要特别强调“如果”两个字），就会“颠覆我们最看重的因果本质概念以及宇宙运作的方式”。

物理学界的回应则比较客气。虽然量子纠缠现在已经得到许多实验的证实，但我们仍不清楚是否能用一对对的纠缠粒子来发出信号，在克拉默提出的实验架构中，这一点却是先决条件。换句话说，纠缠只能证明某种程度的逆因果律。

或许克拉默和马雷特出入最大的看法在于克拉默期望自己的实验会失败。他深深怀疑这种反向信号发生的可能性。但究竟为什么不可能发生，还需要详细调查。克拉默说：“很有可能有某种关系会妨碍你反向发出信号。我们想用这个实验来了解到底是什么关系……如果全部的东西都准备好了，你应该试试看，试着挑战极限，看看会发生什么事。”

你一定梦想过逃离时间的禁锢吧？我们似乎陷在时间的流动中，无法自主地度过一天又一天。要是我们能像在空间移动一样，自由地在时间中穿梭，想想看那会变成什么样子：从错误中学到经验后，我们可以回到过去，重新度过生命中的关键时刻。我们可以跟过世的亲人再见一面。我们可以窥探未来，看自己的曾孙长什么样子。或许可以尝试更刺激的旅程：

见证耶稣受难，或英国历史上最重要的黑斯廷斯战役（想过这件事的作者不胜枚举）。或许也可以立下要改变历史的目标，比方说回到 1933 年的柏林，先把希特勒杀了，他就没机会带领大军攻击其他国家。

时光旅行的主题对每个人来说都充满吸引力。一百多年来，时光旅行也是科幻小说作家最喜欢的主题，最早出版的是韦尔斯的小说，后来有给人装模作样感觉的《回到未来》电影三部曲、《超时空博士》影集、《魔鬼终结者》系列电影和各种版本都拍了无数集的《星际旅行》。

跟着小说走

韦尔斯并非第一个臆测时光旅行的作家——至少不是第一个用灵巧叙事手法带领读者跨越年份“玩弄时间”的人。在狄更斯的小说《小气财神》（1843 年出版）中，主人翁斯克鲁奇突然被送到过去、现在和未来的圣诞节，但情节比较像幻觉，而不是真的前往不同的年份。马克·吐温《误闯阿瑟王宫》（1889 年出版）中的主角头上挨了一拳，醒来后发现自己回到中世纪的英国，不过书中一直没解释他怎么会到那儿去。同时还有两个比较不为人知的故事以更直接的方法处理时光旅行。米切尔的《倒着走的钟》（1881 年出版）和刘易斯·卡罗尔的《色尔维和布鲁诺》（1889 年出版）都提到除了能报时，还能让佩戴的人控制时间的时计，戴上了就会前往时计显示的时间。

但韦尔斯的《时光机器》开创了先例，读者必须想象为了特殊目的而建造的机器，搭上了就能控制时间。这个想法的独创性再怎么强调都不算过分——《科幻小说百科全书》称其为“叙事技术的重大突破”，赞美其主题善用过去的事实“构成历史断层，非常引人注目”。

韦尔斯认为时间只是一个维度，我们可以穿越时间，就像穿越空间一样。《时光机器》于 1895 年出版，比爱因斯坦的狭义相对论早了十年。韦尔斯因写作而出名，但他也曾在伦敦的帝国学院上过一些科学课程，对科学发展也很有兴趣。他的看法显然比别人更早考虑到爱因斯坦理论基础中的主要概念。

《时光机器》出版了以后，描写时光旅行的书籍充斥市面，复杂度和可信度各有不同。海莱因的短篇小说《行尸走肉》（1959 年出版）或许可以说是最错综复杂的时光旅行故事，肯定也最让读者觉得心烦意乱。在这个疯狂的故事里，时光旅人动了变性手术，除了变成自己的父亲，也变成自己的母亲。事实上，随着情节发展，我们发现故事中所有的主要角色都是同一个人，出现在不同的生命阶段。

道格拉斯·亚当斯用更幽默的风格在《银河系漫游指南》第二部中告诉我们，时光旅行的主要障碍“其实只是文法问题”，此外碰到这个问题时，就应该查阅街道评论员博士的《时光旅人的一千零一种时态结构手册》。举例来说，你会学到如何描述过去即将发生在你身上但你却往前跳了两天时间来避开的事件。从自然时间的观点、未来的时间观点或更早之前的观点出发，会有三种不同的描述，当你从某个时间旅行到另一个时间并想着要变成自己的母亲或父亲时，还有可能让对话变得更复杂。

大多数读者学到未来半条件亚转位变格假设意图式就放弃了，事实上，后来此书再版时，这个时态后面的书页全部留白，省下不少印刷费用。

这些作者所写到的时光旅行纯属空想，还是在现实世界中真能实现呢？如果可以实现，我们要如何解决时光旅行可能造成的诸多矛盾？

向前跳

在继续讨论前，我们应该先区分前往未来和回到过去。还好狭义相对论带来了时间膨胀效应，要前往未来，只要快速前行一段时间，然后回到原点。事实上已经成真了：阿波罗号上的航天员和长期在地球轨道上运行的人，回到地球后老化速度都比待在地球上的同仁慢了一点点（注意，通常只差了几微秒，因为他们的速度和光速比起来仍然慢得跟蜗牛一样)。俄罗斯的航天员卡廖夫目前是这种时光旅行的纪录保持人，他在和平号太空站和国际太空站待了超过八百天，一直绕着地球转。到目前为止，他的老化程度比地球上的同事慢了五十分之一秒。

爱因斯坦理论第二部分的广义相对论对未来时光旅行也有帮助。勇敢的时光旅人靠近强烈的重力场后（例如黑洞），老化速度会比留在家里的兄弟姊妹慢，因此从旅人的角度来看，他就到了未来。

不过据我的猜测，很多人可能会觉得卡廖夫体验的时光旅行“不算数”。或许因为距离太短，根本察觉不到老化程度的差异。但时间差异的大小只受到科技的限制。理论上，航天员出航开始漫长旅程后再回到地球，会发现地球上已经过了好几百年。假设你要绕银河系一圈，大概需要十五万光年。你慢慢地稳定加速，每一秒只增加十公里的速度（这就是“g”值，模拟地球上重力每天施加在我们身上的力量）。用这种速率持续加速，只要时间够久，最后就会达到非常高的速度。过了差不多十一年半，你就发现自己已经完成一半的旅程。你已经跨越了七万五千光年，呼啸前进的速度大概是光速的 99.99867%。现在开始用同样的速率减速：又过了七万五千光年后，你回到地球，整整绕了银河系“一圈”。但你的时钟早就跟地球上的时钟差了十万八千里：你觉得只过了 23.16 年，但是在地球上却已经过了十五万零二年。

这一点不需要争议：狭义相对论的时间膨胀效应是已经确立的科学。物理学家格林说：“我们有充分的理由可以相信狭义相对论正确无误，也没有理由不相信，而且进入未来的做法也能如预期般发挥作用。虽然理论已经确立，却因为科技而脱离不了这个时代。”

但这种时空旅行有一个明显的缺点——去了就不能回来。航天员不能在看到未来后回到出发的时间，也不能把 2108 年的消息带回 2008 年的世界（比方说一百年来的股价、超级杯的比数和乐透中奖号码）。除了牵涉前往未来的时光旅行，回到过去的旅行问题反而更多，我们马上就会讨论到。（无论如何，向前行进的时光旅人在到达终点时，如果那时的人相信他的故事，会把他当成来自过去的时光旅行者。既然他对 21 世纪的生活了如指掌，一定会成为历史学家瞩目的焦点。）

回到昨日

回到过去就比较复杂，基本上这个想法就自相矛盾。我们最容易想到的问题就是所谓的“祖父悖论”，时光旅人杀死祖父，防止自己出生，没出生的人却不可能回到过去。这个悖论有很多版本，我们马上就会详细探讨。但首先我们要注意，说来也奇怪，已知的物理定律中没有任何一条明令禁止我们回到过去的时间。事实上，广义相对论中最值得注意的空间和时间扭曲似乎就是为了这种特殊的旅程而打造出来的。物理学家克劳斯曾说：“爱因斯坦的广义相对论等式除了不直接否决这种可能性，还成为助力。”

我们前面已经看过，广义相对论很重要的一点是在质量和时空的几何之间创造出的关联。质量基本上会扭曲周围的空间和时间。要如何才能造成高度扭曲呢？要能剧烈到可以创造出封闭式类时间曲线，太阳系中所有能想到的东西连边都沾不上。我们需要更独特的天文物理物体，把我们带到黑洞去，还有黑洞更奇特的表亲虫洞。

一开始时我们假设掉到黑洞里的物体有去无回：掉到事件视界下的物体完全从宇宙中消失，马上就在黑洞中心被压碎，从此遭人遗忘。但是，物理学家后来也想到另一个可能性：如果黑洞除了“入口”，还有“出口”呢？这种双头的黑洞叫作虫洞。理论上虫洞可以当作时间和空间中遥远地点之间的“桥梁”，把旅人送到另一个宇宙中，或者不离开我们的宇宙，只是送到很远的地方，这就取决于虫洞两端的位置。

虫虫翻身

然而，虫洞不光是个洞那么简单。一方面我们还不知道怎么用普通的物质（恒星和星系的构成要素）形成虫洞。首先，构成虫洞需要多得不得了的物质，这么多的物质聚在一起，不会把自己也压垮了吗？在加州理工学院任教的物理学家索恩于20世纪80年代提出解决办法：如果虫洞该由特殊的物质构成，能够产生“负能量”，就会释放出足够的压力来保持开启。量子理论指出这种特殊物质有可能存在，但我们没办法证明用负能量形成的虫洞是否有可能存在于我们的宇宙中。（也有人说这种结构或许在大爆炸时形成，现在散落在宇宙各处。不过这种说法纯属理论。）即便如此，只要这种结构有可能存在——没有物理定律明确地否决，就是非常惊人的发现。如果能找到一个稳定、可通行的虫洞，航天员就能从一个地点进去，从另一个地方出来，不过出来时，时间也变了，可能是过去，也可能是未来。虫洞就可以当成时光机器（不过这种旅行的种类有一个限制，旅人不能回到虫洞形成之前的时间）。

虫洞理论出现不久，就变成科幻小说的主题。1985年春天，萨根写了小说《接触未来》后一边校稿，一边找索恩提供意见。萨根需要帮他的女主角艾莉·阿罗维找个方法穿越浩瀚的空间和时间。他想黑洞应该可以奏效，但索恩发现虫洞才是更好的选择。过了几个月后《接触未来》出版了，也改编成电影，在1997年上映，由朱迪·福斯特饰演伊莉。正如作家图米指出的，有趣的是虫洞的灵感左右逢源：索恩帮萨根出主意后，又继续费心思索虫洞的意义。1998年9月，索恩和两名同事写的文章《虫洞、时光机器和弱能量条件》，出现在期刊《物理评论通讯》上。虽然只有三页长，却是知名物理学家首次认真讨论时光机器的文章。图米的文章提到，那时“时光机器的想法已经跨出科幻小说的领域，进入科学的范畴”。

时光旅行最广为人接纳的方法或许就是通过虫洞，但这不是唯一的办法。物理学家也想象出其他奇特程度不下虫洞的结构，或许也能让空间和时间扭曲到必要的程度。在20世纪70年代，物理学家蒂普勒发现，如果螺旋状的长圆柱表面移动的速度能够接近光速，就能拖曳周围的时空一起前进，或许就能创造出封闭式类时间曲线（有点困难，可能需要无限长的圆柱）。在20世纪90年代初，物理学家哥特想象出一个使用“宇宙弦”的方案，宇宙弦可能在大爆炸时形成，是无数细长且密集的能量。两条这样的弦在高速前进时交会，如果航天员正好在那时通过这对宇宙弦，就可以回到原来出发的起点。科学家还提出了其他好几种一样深奥的想法，都以广义相对论的等式解答为基础。

或许靠着索恩和同事口中的那种虫洞，真的有可能回到过去，但我们却要马上面临回到过去所带来的矛盾。这些矛盾引发了不少麻烦的哲学问题，我们最好停下来思考几个问题，然后再继续讨论。

哲学插曲二

质疑过去和未来的“真实性”或许是个很好的起点。时光旅行的想法本身就预设有目的地，也就是和现在一样真实的过去和未来，然而并非所有人都同意这一点。你可以提出反对的意见，过去已经“过去了”，你不能参观古罗马，原因很简单，因为古罗马已经不存在了。或许同一个原因让你无法亲眼看到未来的事件。（很明显，科幻小说中所有时空旅行的场景碰到这个推理的方法，就等于被泼了一桶冷水，《魔鬼终结者》里的机器人和决心要阻挡机器人邪恶任务的代理人，怎么能从还不存在的未来回到现在？）前往过去和未来都不可能，因为无处无时可去。这种否定过去和未来真实性的哲学想法叫作现在主义（我们在第六章已经简短地提过），也有人不时提出其中“无目的”的想法来反对时光旅行。（有趣的是，偶尔也有人说“现在主义”之前是主流的世界观，或者这就解释了为什么过了19世纪中期，时光旅行的故事才开始流行。）

另一个反对的论点则是“双重占据”的问题：我怎么可能回到过去

或未来，却不碰到当时已经在那里的“我”？哲学家就这些问题写了冗长的论文，有些读起来令人爱不释手。我却觉得大部分的文献（或许潜意识中）都源自牛顿的观点，时间和空间似乎都非常明确，就像宇宙中有座“母钟”。然而，我们在第七章已经讨论过，情况并非如此，狭义相对论让我们不得不把时间和空间当成纠缠在一起的东西。“过去”和“未来”的地位就跟“现在”一样稳固，即使“现在”已经被贬低成主观的符号。的确，俄国航天员卡廖夫似乎已经克服了这些障碍。未来虽说不够真实，但他还是向未来前进了五十分之一秒，他也没有撞上已经在那里的自己。

我们说“回到未来”时，到底是什么意思？一般来说，我们不是指反向“生活”或“体验”，不论那到底有什么含义。（不过有些作家确实探索过那个概念，有时候还详细到了极点，例如埃米斯的小说《时光之箭》。）大多数人就算希望能看起来年轻点，也不希望自己的记忆、知识和经验在旅途中溜走。谈到时光机器时，我们想象的东西通常更复杂：在想象中，进入这架机器，我们想必就能控制“外面某处”的时间以特定的速度向前或向后移动，而“本地”的时间仍按照正常的速度前进。（哲学家刘易斯 1976 年刊出了名为《时光旅行的矛盾》的论文后，再度掀起大众对相关议题的兴趣，他用“外在时间”和“个人时间”来区别这两种时间线。）韦尔斯设想的时光旅行就是这样：时光旅人按下控制杆前往未来，女仆“像火箭一样迅速穿过房间”，但在机器中的时间却以正常的速度流动。时光旅人没有急速老化，如果他戴了手表，应该也会以原来的速度运转。不过很重要的是时光机器“仪表板”上的刻度盘不知为什么能指出“外面某处”的时间，让他可以看到自己到了公元 802701 年。（《星际旅行》的影迷应该记得有一集也有类似的分歧：在“裸时”中，企业号向着过去飞驰，成员的意识经验似乎往前走，舰上的时计却能记录“实际的时间”，观众可以看到日期和年份向后倒退。）

还有一个很棘手的问题，当你在时间中移动时，也会转移空间吗？对企业号来说不是大问题，想来就来，想去就去。但我们相信韦尔斯笔下的时光机器离不开地球，可谓“跟着地球一起转动”。毕竟地球在轨道上绕着太阳公转的速度也有每秒三十公里，但韦尔斯的时光旅人一定“跟得上”，不然就会在外层空间现身了。这种问题起码会让我们很谨慎地思考“时光旅行”的真正含义，还有心中对时光机器的期待。

爷爷！快闪啊！

我们现在要来讨论众所周知的矛盾情况。最多人讨论的局面就是，假设时光旅人回到 1930 年，决定在祖父碰到结婚对象（他的祖母）前就把他杀了（或者也可以假设时光旅人驾驶技术很差，不小心撞死了自己的祖父）。要怎么防止这种看似不可能的事件发生？

目前提出的解决方法主要有四个。第一，自然定律总会不知不觉地联合起来，妨碍你执行恶毒的任务。第二，你虽然可以任意而行，但由于就某种程度而言“你已经干了那档子事”，结果就是已经留存下来的历史记录。如果你的祖父得享天年，你就无法改变事实（我们后面会讨论到，前两个解决方法基本上一模一样，可是采取不同的角度）。第三个可能性则是所谓的“平行宇宙”解决方法：在这个局面中，你可以回到过去杀死祖父，但你的行为不会改变“历史”（你学过的世界历史），而只是另一个平行世界的过去。最后，以上的矛盾证明了人类不可能回到过去，这是第四个说法。

先来讨论自然阴谋论的说法。你回到过去，从值得信赖的时光机器走出来，只觉得头有点痛。报纸上的日期证明你回到了 1930 年，你找到祖父当年住的地方，查到他的行踪。你举起手枪，他就站在你眼前。你一定打得中。你扣下扳机，然后……会发生什么事？这里就是有趣的地方了。有人说物理定律会阻挡你杀死自己的祖父，他们并非主张会有超自然的力量来阻止你，而是说会发生某件事或一系列的事件，让你无法顺利执行任务。有可能你在射击场练习了很久，真的对准祖父时还是打不中。或许你改变了心意，在最后一秒钟决定不要动手。或许你在前往祖父住所的途中踩到香蕉皮滑倒了。不论如何，就是有一连串的事件妨碍你达到目标。

乍看之下，上面的推论似乎违反了自由意志的概念（很多哲学家和少数物理学家实际上都主张自由意志是幻觉，但现在不妨假设自由意志确实存在）。如果你不顾一切，一定要杀死祖父，为什么你会“意外地”一直踩到香蕉皮或碰到其他类似的障碍？是否有种“整体的”定律妨碍到我们“局部”的行动？果真如此，那就违反了牛津大学的哲学家洛克伍德口中的自主原则。自主原则指出，我们要在所在地进行的活动，“不会涉及宇宙间其他人的行为”。换句话说，只要你不违反所在地的物理定律，整个宇宙和你在此时此地进行的活动都没有关系（应该没有任何关系）。宇宙的“诉求”或许使你无法杀死祖父，但你在此时此地瞄准那可怜的家伙并扣下扳机时，为什么整个宇宙应该和这件事有关联？首先要说明的是，在没有封闭式类时间曲线的宇宙中，普遍的定律绝对不会干涉你个人的自主性。但洛克伍德主张，加入时间循环后，你的能力范围就会突然受到严格的限制。某次谋杀行动失败了，你可以在所在地找到解释，比方说踩到香蕉皮，但谋杀行动连续失败，原因“则在于多形式时空的整体结构”。（或许你也可以说，要解释的话，无穷尽的“意外”

感觉就跟意外应该阻挡的矛盾情况一样奇怪，哲学家当然也已经费尽心思来应付反对的说法。）

覆水难收

我想大多数的物理学家和哲学家都能接受这里的假设，也就是人类无法改变历史。格林说：“如果你回到过去的时间，你无法改变任何事情，就像圆周率的值已经固定了一样。”在狭义相对论中，空间和时间的存在不需要质疑，过去的也就过去了。一旦回到过去，你所能采取的行动自然受到严格的限制。我们不得不面对“你已经做过这档子事”的争论，更正式的名称则是一致性原则。哲学家约翰·弗里德曼用更严密的说法来表达这个原则，他说：“要解决能在真实的宇宙中局部出现的物理定律，用的方法必须在任何地方都能维持本身的一致性。”用外行人的话来说，如果你回到过去的时间，你的行为一定要跟宇宙整体的历史保持一致。更简单的解释是，如果你回到过去，你只能做你实际上做过的事。

我们现在就能明白，第一个跟第二个论点结果都一样，时光旅人一定要因为一连串没有尽头的神秘巧合、特殊的限制或不知为何失去自由意志而无法杀死自己的祖父吗？这种推理方式就本末倒置了。史密斯写了一篇标题带有讽刺意味的文章《时光旅行要开始了，带了足够的香蕉吗？》，他说：“如果时光旅人要回到过去的时间，他人已经在那里了。如果他要救人一命或阻挠某人出生，他也已经做了这件事了。”要说一连串的事件“不可能发生”，我们就该事先声明发生这些事件的可能性有多高。如果这一连串的事件已经发生过，却说它们“不可能发生”，就给人用词不当的感觉。如果祖父记得 1930 年有个疯狂的陌生人要置他于死地，时光旅人就是那个陌生人。史密斯说，认为某件事已经发生，在时光旅人体验到时这件事“再度发生”，其实不对，这件事就是发生过了。史密斯让这种混乱的情况成为“二度”谬误。如果时光旅人见证到历史事件，事实就是如此，但那表示他一直都在那个时间里。

这个想法听起来很简单，但仍有可能严重破坏自由意志的概念。举个例子来说，尼费尼格的《时空旅人之妻》（2003 年出版）中的男主角亨利，能在时间中移动，我们可以探讨他的行为。当二十四岁的亨利见到五岁大的自己，成年的亨利很努力地要让自己在十九年后仍能记住他看到“自己”做的事情，但这个行为只是看似出自自由意志。既然他的旅程“已经发生了”，就应该迫使他的行为就像五岁时看到已成年的自己所展现出来的，不是吗？或许他察觉到这股强迫的感受，只是觉得自己有选择……

撞球和本体

我们还可以想象出更简单的矛盾。假设撞球桌上正好有个精心放置的虫洞。现在你把一颗球打到虫洞的开口里。球进去了，然后从另一端出来，正好就在进洞的前一刻。有可能发生的情景是这颗球撞到自己，或许会改变轨道，结果完全偏离虫洞。但如果球不进虫洞，就不会撞到自己，也不会从轨道偏斜出去，结果就会进入虫洞……以此类推。（举一个反例，只要球从侧面撞到未进洞的自己，力道不怎么强，不会妨碍进入虫洞，那就没关系了。这仍是一个很特别的案例，某件事导致自身发生，有时也叫作“本体矛盾”，但逻辑上并未出现抵触。）

时光旅行的矛盾不只出现在人类和真正的物质上，也涉及信息。这个说法有很多变化，通常叫作“知识矛盾”。假设是类似这样的情况——你为了物理或数学上的一个问题（任何领域都可以）而苦恼不已。为了方便讨论，不妨假设你是一个狂热的数学家，对“哥德巴赫猜想”非常好奇，这个难题发表了两百五十多年，数学家仍找不出解释的方法。（猜想的内容是，每个偶数都可以用两个质数的总和来表达，例如四等于二加二、六等于三加三、八等于三加五……数学家强烈感觉到这个猜想的正确无误，即所有的偶数都可以套用这个说法，但到目前为止仍没有人能提出证据。）假设说现在是 2008 年，你觉得人类还需要好几十年来证实哥德巴赫猜想，所以你就把时光机器的目的地设成 2040 年。到达目的地后，你立刻前往图书馆（那时候应该全都数字化了），发现哥德巴赫猜想已经被解开了，你觉得很高兴，努力研读已经出版的答案。证据内容冗长艰涩，但最后你终于牢牢记下来。你也发现作者是你认识的人，虽然他现在是一所大学的数学教授，但在 2008 年他还是小孩子，就住在你家附近。你也看到出版日期是 2038 年。太好了。那孩子还有足足三十年的时间成为教授，找到证据跟写出这篇文章。回到 2008 年后，你尽一切可能鼓励那个孩子，虽然他对自己的数学能力心存怀疑，但在你的坚持下他进大学主修数学，最后也当上了教授。但日子一年一年过去，他似乎在哥德巴赫猜想上没什么进展。他只发表了几篇研究论文，都不太值得注意。最后，只剩下几天，他必须把论文寄给期刊的编辑室，你发现他可能赶不上。既然证据还记在心中，你把你记得的东西写在纸上，装入信封后从教授家的门缝塞进去。接到来自无名氏的宝藏，他当然欣喜若狂，事业有了出路，从此也会建立起屹立不倒的名声。他立刻把证据写出来，在截止期限前送给数学期刊的编辑，也就是你在未来看到的版本。

证据究竟从何而来？不是教授，他只照抄了你塞进门缝的资料。但也不是你发现的，你只从数学期刊上搜集了这些证据！基本上相关的知识不知从何而来。就跟关系密切的本体矛盾一样，这种“免费的午餐”似乎很怪异，但严格来说并未造成逻辑抵触。

改变谁的历史？

现在来看第三个可能性，所谓的“平行宇宙”。拿来避开各种矛盾还挺成功的：举例来说，如果你杀了自己的祖父，只代表这件事发生在另一个宇宙中。这个理论当然“简洁有力”，但消除了矛盾后，却带来了形而上的包袱。我们有没有理由质疑多重宇宙是否真的存在？

在量子力学的古怪世界中，多重宇宙的想法早就出现了。这个想法现代的化身可以追溯到 20 世纪 50 年代，物理学家艾弗雷特三世用“多世界”来诠释量子力学。在多世界的架构中，当某件事可能有超过一个的结局时，所有的结局据说都各自出现在不同的宇宙中。有些评论家可能会觉得多重宇宙的想法原本就背离了“欧坎的剃刀”——也就是说解释应该愈简单愈好。一个宇宙就够了，为什么要假设看不见的宇宙还有无限多呢？支持多重宇宙的人则答复，因为一个宇宙不够用。

量子理论的多世界诠释依然争议不断，但几位知名的理论家最近纷纷倒向这个说法。最直言不讳的拥护者则是牛津大学的物理学家多伊奇。他在 1997 年出版了《现实的结构》，书中说量子理论解决了时光旅行带来的矛盾，尤其是多世界的观点。他写道：“平行宇宙的量子理论不是问题，反而是解答。这个说法阐明了非凡、反直觉的现实，唯有这个解释才站得住脚。”我到他在牛津的住所拜访，谈话中他给我更清楚的解释：“考虑到量子理论后，时光旅行就能真正保持一致。只是当你确实回到过去时，你回到另一个宇宙的过去。”

如果你回到过去，找到你的祖父，这是一个不同的（或者可以说“平行的”）宇宙，祖父在其中确实遇到了来自未来的神秘旅人。如果你真把他杀了，表示他在那个宇宙中不会有孙辈。然而，在你所来自的宇宙中，他活到很老，历史（那个宇宙的历史）不会发生争议。“哥德巴赫猜想”的知识矛盾也有类似的解决方法：在一个宇宙中，教授自己找到了证据；在另一个宇宙中，证据则从在第一个宇宙出版的论文复制过来。在这两种情况下，证据都有确切的来源。

在美国康涅狄格州工作的研究人员马雷特想用光束示范时空旅行，他跟多伊奇一样，相信多重世界的真实性。“你过去做了什么，不会影响到我们的宇宙。”他自信满满地说。（他当然明白，万一他不知怎样才能挽救父亲免于早逝，也不会影响他的宇宙，他会在全新的平行宇宙中救回自己的父亲。）

物理学所不容？

最后来讨论第四个可能性，也就是物理学定律不知为何不允许我们回到过去。这个说法最有名的佐证来自剑桥的物理学家霍金。他把这种普遍的定律叫作“时序保护假说”：物理学的定律联合起来防止肉眼可见的物体回到过去。霍金承认他不知道实际上阻碍时光旅行的机制是什么，但不管是什么，都能防止矛盾出现，这样“历史学家的世界就安全了”。大家也知道他说过：“时光旅行从来没有成功过，之后也不会成功，最好的证据就是我们到现在还没有被来自未来的一大群旅客侵略。”但图米和其他人也指出，霍金一定在开玩笑。毕竟，目前科学家在设计的时光机器都无法让旅人回到机器建造前的时间，所以我们没碰到时光旅人，只表示时光机器尚未发明。就算更进步的文明（或许是几千年后的我们）不小心掉到原本就有的虫洞里，也能随意地通过虫洞回到远古时代，仍有几个看似有理的原因证明为什么我们看不到为数众多的时光旅人。比方说，时光旅人只要做好必要的伪装，就不会遭人注意了。（我想，如果你聪明到要去窥探恺撒大帝被刺杀的过程，应该也会很聪明地穿上当时的服饰，免得被识破。）还有另一个可能性，就像多伊奇和洛克伍德写的，我们在银河系里算是比较无趣的文明，更进步的文明对我们没有兴趣，“也没有理由假设他们觉得应该要先来参观（这个世纪的）地球”。

耐人寻味的是，虽然霍金现在支持时序保护假说，但之前他也曾犹豫不决，无法否定时光旅行的可信度。他在 20 世纪 80 年代曾揶揄时光旅行的想法，然后帮克劳斯的《星际旅行的物理学》（1955 年出版）写序时，他说：“在星际以高速旅行可能会有一个结果，就是让人回到过去的时间。”根据伦敦的《周日泰晤士报》报道，霍金说如果结合了广义相对论和量子理论，时光旅行“的确有可能实现”。然而，在写第二本畅销书《果壳中的宇宙》(2001年出版)时，他又再度低估了时光旅行的可能性。

如果要找“来自未来的一大群旅客”，或许送出邀请是最好的做法。2005年5月7日在美国麻省理工学院举办的时光旅行会议就以这个想法为出发点。当然，科学家一方面利用这次论坛的机会详细讨论最新的时光旅行技术，同时也鼓励来自未来的旅客来拜访我们。(这次会议的构想来自研究生多莱，他看了漫画后学到要举办这种主题的会议，不论会议在何时举行，来自未来的旅人都可以参加。)据与会者所知，没有未来的访客参加这次会议。

同时，大家仍用怀疑的态度阅读有关时光旅行的论文。马雷特认为在一个世纪内人类就能实现时光旅行的想法，也一样遭人嗤之以鼻。许多研究人员继续钻研虫洞，认为这是最有可能实现时光旅行的方法，但也有人认为虫洞没有用。斯坦福大学的物理学家萨斯坎德在2005年发表了一篇技术含量相当高的文章，他认为要能操控虫洞，一定会违反两个看似不可侵犯的自然定律，也就是能量不灭定律和量子力学的“测不准原理”。他说，穿越时间的人“需要找到另一种类型的时光机器”。有些物理学家也指出，弦论的等式让封闭式类时间曲线从一开始就无法形成，通过虫洞或其他机制都没有办法(我们会在下一章详细讨论弦论)。

如果真能证实时光旅行不可能，那也是一项极为重要的发现。霍金曾说过:“就算到最后发现时光旅行不可能实现，我们也应该了解为什么不可能。”

答案可能来自像霍金或索恩这些科学界大师的深奥理论思考，或者来自尚未得到大众瞩目的马雷特或克拉默，在地下室的实验室里，用相当朴实的设备，什么都得一把抓。不论如何，想要找出时光旅行的答案，并不单纯只因热爱科幻小说中的故事。时光旅行体现了理论上的挑战及明显的矛盾，科学家不得不面对现代物理学中最难解的问题，也就是宇宙终极定律的本质，除了因果的奥秘，还有关于空间和时间本质的基本问题。

难道一切只是一场荒谬的梦境？当然是。马雷特读到《时光机器》时只有 11 岁。他现在长大了，也更聪明了，在物理学的真实世界中奠定了更稳固的根基。他说："随着年龄增长，小时候觉得很惊奇的东西都被粉碎了。"他承认自己小时候很幼稚，分不清楚幻想和现实。他说："小孩子觉得幻想都是真的。"但在内心深处，幼稚的梦想仍发出微弱的光芒，小说中有大胆的科学家，有奇妙的时光机器，还可以问别人说"如果……会怎么样呢？"

第九章

世界几岁了？

奥古斯丁钻研圣经，算到了公元前 5500 年；圣毕德尊者算到公元前 5199 年。开普勒、牛顿和马丁·路德推测为公元前 4000 年到公元前 3993 年。爱尔兰主教阿瑟推论出世界于公元前 4004 年 10 月 22 日星期六晚上 6 点钟诞生。法国科学家布封测算地球已经 74 832 岁了……

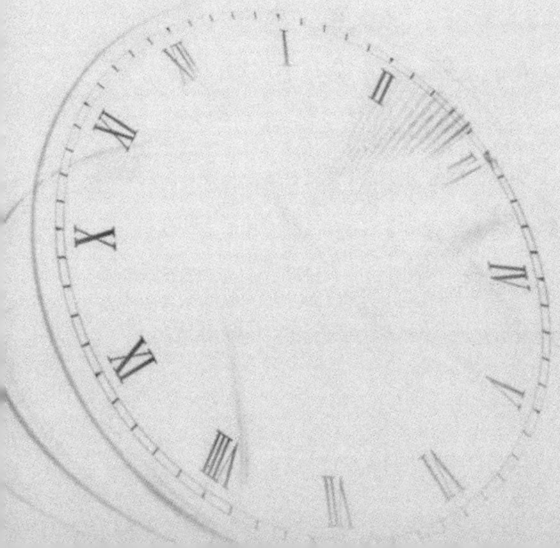

对于太空中的创造成果，想要画出范围，不啻是白费心力……因此，我们已经准备好面对这样的发现，时间中的宇宙范围早已超乎凡人的掌握。

——莱尔

在美国亚利桑那州东北部，蜿蜒而过的秦利溪支流把聚合在这里的峡谷切成三块扇形，现在纳入德榭伊峡谷国家保护区。秦利溪向北流入圣胡安河，后者继续向西前进，流入科罗拉多州，向西走两百多公里，这两条河流亦雕刻出大峡谷令人叹为观止的缺口。德榭伊峡谷由同样的水系打造而成，难怪景色和地质都和美国西部有名的亲戚大峡谷非常类似。沿着德榭伊峡谷南缘的锯齿状小径行走，脚下的砂岩悬崖离下面的沙漠大约有 300 米，像蜘蛛岩这么壮观的巨大石柱离地向上拔出的高度也将近 300 米。虽然一年四季游人如织的大峡谷几乎没有“淡季”，但谢天谢地，今天德榭伊峡谷却一片宁静。最近趁着春季找了个傍晚去游荡，除了我之外，只有一名游客在蜘蛛岩的鸟瞰台上享受日落的景色。那位先生满头白发，带着庞大的 8mm × 10mm 取景相机，架在巨大的木头三脚架上，另一个三脚架上则放了顶级的哈苏相机，应该是为了预防万一吧。几天后，我发现也有人在大峡谷拍类似的照片，但那里有几百名背着相机的游客摩肩接踵，在最受欢迎的南崖边想办法挤到可以拍照的地方。

当太阳朝着西边的地平线下沉，峡谷北边和东边岩壁上一层层的岩石从粉褐色转变成明亮的橘色和红色。这景色美不胜收，还能窥探绵延不断的时间。德榭伊峡谷最古老的特色是一层叫作苏派岩层的砂岩，约于两亿八千万年前形成，比恐龙始祖漫步地球的时间早了好几千万年，而崖壁柔和的玫瑰色则来自上方的岩层。这就是所谓的德榭伊砂岩，本来是沙丘，在两亿五千万年到两亿三千万年前被压成坚硬的岩石。过了五千万年后，最上面的秦利岩层崩坏了。现在只留下当初的底层，叫作辛那壤砾岩，而其余的部分经过几百万年的日晒雨淋和侵蚀后，已经瓦解了。

德榭伊峡谷的岩石以时间为主题，诉说非凡的故事，但要破解其中的信息却不简单。一直到近几百年来，我们才发觉地球的历史有多么悠久，又过了一段时间，才发觉整个宇宙居然比这些砂岩层更加古老。在远古时代，宇宙浩瀚的历史无人知悉。

我们在第四章看过，很多古代的文化把时间想象成一系列无止境的循环。在当时的社会中，质疑时间开始的方式或时间，感觉根本没有意义。作家戈斯特写了一本很有趣的书《测量永恒》，书中说："两千年以前，要说世界有起点，这个想法根本不可思议。"但犹太人率先设想出世界的创造过程（很有可能受到巴比伦人的启发），然后基督徒也采用这个构想，寻找起源的念头突然就合乎逻辑了。数百年来，大家都相信答案就在经文中，而不在大自然里，但是已经有人踏上寻找的旅程。伟大的思想家如奥古斯丁之流，钻研圣经的《创世记》一书，把亚当男性后裔的年龄加起来（计算"生"出现几次，比方说，雅各布"生"犹大），算出创世的时间。奥古斯丁最后算到公元前 5500 年，中世纪的英国修道士圣毕德尊者的结果稍晚，到公元前 5199 年。在这一千年内，不断有人继续投入，一直延续到现代。开普勒、牛顿和马丁·路德推测的日期相去不远，介于公元前 4000 年到公元前 3993 年。（在犹太传统中，创世年是公元前 3760 年，不过犹太历把前一年当作历法起点，也就是公元前 3761 年。）

主教和圣经

世界几岁了？最有影响力的说法来自爱尔兰主教阿瑟（1580—1655年）。阿瑟在都柏林出生，虽然爱尔兰人大多是天主教徒，他却从小接受新教徒的教养。他爱书若狂，看得到的书都拿来读。他也游览过英国和爱尔兰境内的各大图书馆，最后积聚了上万册书籍，私人藏书的数量在欧洲可说是数一数二。为了整合书中时有出入（而且通常互相冲突）的历史，阿瑟除了阅读圣经，也读了好几百篇古文。最后他把巴比伦国王尼布甲尼撒二世的死亡日期，定在公元前562年，现在的历史学家仍未提出反对意见。然后他读了希伯来圣经（旧约），把先知的年纪和历代国王的统治时期加起来，最后算到尼布甲尼撒，总和约3442年。再把两个数字加起来，就算出创世发生在公元前4004年。阿瑟还想继续算出确切的时间和日期，根据他的推理，伊甸园的苹果熟了，才会掉下来，所以那时很有可能是秋分时节。由于《创世记》的故事暗示傍晚是一天的开始（“有晚上，有早晨，这是头一日”），所以他相信世界在晚上被创造出来。最后他推论出，世界于公元前4004年10月22日星期六晚上6点钟诞生。后来的评论家几乎都省略了过多的细节，第一个完整的日子是公元前4004年10月23日，后来称为“阿瑟日”。

现代人不懂阿瑟怎么能这么自信满满，他推算出来的日期跟真正的日期差了十万八千里，却无论如何都有一种神准到令人不敢相信的感觉。不过在阿瑟的时代，很多学者都使用同样的计算方式得到类似的结果。大多数的研究结果现在早已被人遗忘，但是这位来自爱尔兰的神职人员却因此成为家喻户晓的人物，不然就没有人认识他了。阿瑟完成分析后，伦敦的出版商在印制圣经时也把他的年表印在页缘。1701年，英国国教教会决定在圣经的新译本中印上阿瑟的年表（过了几百年，很多读者都以为年表原本就在圣经里）。一直到了20世纪初，圣经印制时仍加上了阿瑟的年表。

爱尔兰主教阿瑟。研究圣经年表的结果让他相信世界于公元前 4004 年 10 月 22 日星期六诞生

然而，到了 18 世纪，有些学者开始怀疑地球并不如阿瑟宣称的这么年轻。少数大胆的作家公开表示《创世记》中描述的世界诞生的过程并不正确，顶多只能当作比喻，不能从字面上解读。

在更大胆的思想家中，有一位来自法国的布封（1707—1788 年）。他有一套充满雄心壮志的著作《自然史》，共有四十四册，目标在于涵盖全部的自然科学。他在书中主张地球诞生是因为彗星撞到太阳，这让信仰虔诚的思想家听了非常愤怒。戈斯特写道："他一下子就贬低了世界的诞生，把至高造物主辉煌的节奏降级成一场大灾难。"布封也认为所有的物种之间都有或多或少的关联，可能都来自同样的祖先，他相信上帝并不在意每一种植物和每一种动物的细节。关于圣经上的说明，布封说《创世记》的语言需要谨慎地诠释。他呼应伽利略的说法，认为圣经的目标读者是一般人，不是科学家。不需要假设《创世记》头几章提到的每一"天"跟现在有二十四小时的一天一样长。的确，到了上帝创造太阳，第三个所谓的"天"过后，一天过后又一"天"的想法才得到确立。

布封反向操作，利用科学方法计算地球的年龄。他相信我们的星球原本是一球熔岩，然后慢慢冷却到目前的温度。他用不同材质的球做实验，加热后观察它们要花多久的时间才能冷却。实验了六年后，他的结论是地球已经七万四千八百三十二岁了[①]。后来他又改动了估计的数值，觉得地球应该更古老，不过他没有公布这些结果。或许他算出的数字大

① 跟阿瑟的日期一样，布封的估计数字似乎太精确了。他好像不担心自己的"误差幅度"。

到连他自己都吓到了，害怕公之于世后会遭到攻击。他想："随着时间过去，人类心智似乎也迷失了方向，为什么？是否因为我们习惯了短短的生存期限，觉得一百年就是很长的时间，无法了解一千年有多长，更无法想象一万年甚至十万年？"

牛顿研究过物体冷却的物理现象，这也是布封采用的根据，而牛顿事实上也用同样的技术估算地球的年龄。他算出的数字跟布封的不相上下，大约为五万年。但牛顿不一样，他不能接受这个数字，这个结果与他的宗教信仰发生了剧烈的冲突。

石头里的秘密

即使在古代，也有心思不受拘束的人，想象地球不断演化，随着时间过去，地貌也持续改变。举例来说，希罗多德猜想地质作用要花好几千年的时间。约于公元前 1000 年，波斯哲学家和科学家阿维森纳想象中的古老地球听起来却相当符合现代的说法：他说山脉"是地壳隆起的结果，有可能因为剧烈的地震而出现，或是水造成的，流水切穿新的路线，剥蚀山谷，地层有好几种，有的软有的硬。风吹水流会让一块地层瓦解，却让另一块保持完整无缺"。他的结论是："要花很久的时间，这些变化才能一一完成。"在布封解出地球年龄前的一个世纪，英国博物学家约翰·雷（1627—1705 年）正在研究他在英格兰中部地区和韦尔斯北部找到的化石，发现有些化石属于当时已经灭绝的植物和动物。他想，这些物种的繁茂和灭亡，难道不需要几千年的时间吗？果真如此，随之而来的神学问题就令人头痛了：如果上帝创造了完美的世界，为什么某些生物相继死去，被其他的生物取代？

地质学家赫定（1726—1797 年）以约翰·雷的研究为出发点，在英国各地到处旅行，归纳出的地球年龄也差不多。他相信来自地心的热力偶尔会把熔岩推出地壳，花岗岩之类的岩石也一度呈熔解状态。根据他的推理，这种作用需要非常长的时间才能完成。赫定做出结论说：“所以，调查的结果是我们根本找不到源头，也无法预知会在何时结束。”

某些人无法理解这个新的时标。基本上，这么长的时间和经文中提到的比起来，很难找到交集。但至少有一位著名的哲学家愿意接纳最新的结论。康德（1724—1804 年）认为创世的过程“并非一蹴可就”，而是持续了很长一段时间。康德的文字似乎为现代宇宙论学家提供了预兆，他说：“过了好几百万个世纪，还有好几百万个世纪，其间会形成新的世界和世界的系统，一个接着一个……要有像永恒那么长的时间，无限的空间和无穷的世界才能享有活力，不断延续下去，多得数不清，也没有尽头。”作家图尔敏和菲尔德在《发现时间》中说道：“到了 1750 年，延续数千年的未来已经进入人类能够思考的范围内，但在康德前，没有人能像他这样认真地公开讨论‘长达数百万个年份和世纪’的过去。”

过了一个世纪，地质学家莱尔（1797—1875 年）得出结论，他认为在古代让地球成形的作用到了现在仍持续发挥力量。过了几千年，就会逐渐看到变化，像诺亚大洪水这种激烈的变动其实没有必要。根据化石提供的证据，他推论出连气候都随着时代变化：他相信欧洲的气候曾经非常温和，属于热带气候。莱尔的著作《地质学原理》分成三册，出版时间介于 1830 年到 1833 年。他在书中推论，地球可能不止几千岁，应该已经好几百万年了，这个主张令人大吃一惊。也难怪他的同事会把第一册送给年轻的博物学家达尔文，鼓励他享受莱尔活泼的文笔，但不要认真采纳他的结论。尽管如此，当“小猎犬号”漫长的旅程起航时，这本书一定给达尔文带来了不少刺激。

约在同时，和莱尔同一个时代的斯科罗普（1797—1876 年）正在法国各地游览，查看死火山的状态。他认为这些火山借由持续的地质作用缓缓形成。他的结论收录在著作《法国中部地质学纪要》（1827 年出版）中，或许是地质学家发出的言论中最有名的：“对学习自然的人来说，大自然的成果似乎随时随地发出回声：‘时间！时间！时间！’”

莱尔（左）率先指出地质作用延续了数百万年。达尔文（右）搭上“小猎犬号”时带了莱尔著作《地质学原理》的第一册

达尔文的“深远时间”

达尔文（1809—1882年）刚从大学毕业时想受训成为神职人员，而老师则建议他到海军舰船“小猎犬号”上担任博物学家。“小猎犬号”出航的目的是要到南美洲海岸进行水文测量调查，南大西洋和太平洋东部的岛屿也是目标。“小猎犬号”于1831年启程，原本预定两年后就回航，结果整个旅程花了五年的时间。在漫长的旅途中，达尔文亲眼看到了地质作用的证据，上船后过了几个月，他就转而相信莱尔推论出的古老地球。达尔文仔细观察了环状珊瑚礁，认为成因是现在已经消失的火山。到了维德角共和国，他看到向上伸展的悬崖，显然是由连续的火山活动造成。到了智利，他亲身体验了一场地震。达尔文推论，安第斯山脉本身就由地壳不断隆起而形成。莱尔的精神似乎跟着达尔文，一起登上了“小猎犬号”。达尔文后来在文章中写道，这位地质学家的著作“改变了

人心里的整个定调”,“看到莱尔从没看过的东西,却好像是透过他的眼睛看见的”。

还有一路上看到的动物。达尔文一开始不怎么了解他看到的众多物种。在加拉巴哥群岛就有几十种不一样的雀鸟,彼此之间可能体形略有差异和鸟喙形状稍有变化。同时,他也看到一度非常繁茂的物种,灭绝后现在只留下化石,被新的物种取代。这里他就不同意莱尔的看法,后者认为物种一旦出现在世界上,就再也不会改变。

1836 年达尔文回到英国后,演化的想法才开始成形。在伦敦住了一阵子后,搬到伦敦东南边郊区的大屋里。他娶了表姊埃玛(以制作瓷器出名),两人生了十个小孩,有七名长大成人。在接下来的二十年内,达尔文努力钻研自己的笔记、研究样本、思索他在旅程中看到的事物。(同时也要对抗重病,他一直呕吐、打战、心悸,还有头痛。他的病症一直没有正式的诊断结果。不论到底是什么,他常常病到无法工作,情况比较好的时候,一天能工作几小时就不错了。)

达尔文并非第一个想到演化的人,事实上他的祖父伊拉斯谟斯·达尔文就曾说过,所有的温血动物都来自同一个祖先。但随着时间流逝,物种如何变化,却没有人能够解答。达尔文的重大突破并非演化的想法,而是背后的机制:物竞天择。(简单地说,最能够适应特殊环境的有机体比较有可能存活和繁衍,把赋予“优势”的特质传给下一代。)物竞天择的机制就是大自然用来创造动植物新品种的工具。演化需要时间,由于莱尔的地质学,达尔文也相信,现有的物种早已太多了。达尔文并没有发现“深远的时间”,但以地质学家的研究为基础,他全力赞同“深远时间”的存在。他写道:“在人类无法了解的范围外,在长远的年份间,必然已经绵延了无限的世代。”

《物种起源》于 1859 年 11 月出版,第一版立刻销售一空,接下来的十几年内,又印刷了六版,科学界立刻接纳了达尔文的想法。当然,神学界有些反对的声音:达尔文的理论指出所有的生物都有关系(后来他还说人类跟猿猴基本上是亲戚），因为所有的物种都会逐渐演化，不需要特别的“创造行为”[①]。要习惯这些想法并不容易，有些保守的宗教思想家一直无法接受达尔文的说法。笼罩整场辩论的则是漫长的演化时间轴。在阿瑟的年表上，地球只有六千岁，感觉不够恰当。地球的历史和生命本身似乎要追溯到好几百万年前才算合理。作家费理斯说：“达尔文提出演化论就设定了时间的炸弹。”

时间概念的革命掀起后，到了 19 世纪末，几乎所有人都能接受这场革命的冲击，地质学家盖克的文字非常有说服力：“如此不可思议的生物发展体系全都把年份记录在石头中，要多久的时间才能完成！”这是他在 1892 年提出的观点。“演化法则全都清清楚楚写在地球的景观上和大自然的书页上。”除了生物世界，地球也透露出演化的过程：

> 今日依然存活的植物和动物就像早已消失的古代地质特色一样有说服力……我们可以从中看出气候在变化，岛屿脱离了广大的陆地，曾经连在一起的海洋现在都分开了，或者一度分开的海洋现在又连在一起……现在和过去因此联合成一个持续发展的庞大系统。

演化永恒的演出也让达尔文惊叹，还有演化所需的长远年代。他在《物种起源》中说：“已经有漫长的时间变成过去，如果你不承认这一点，就立刻放下这本书。”

地质学家和博物学家的结论很快也为物理学家采纳。1895 年发现 X 光，1896 年发现放射线，原子内的全新世界也跟着开启，产生了新的工具，能用来调查久远的时间。化学家卢瑟福（1871—1937 年）出生于新西兰，他在加拿大蒙特利尔工作时，发现某些元素很不稳定，经过漫长的时间后，释放能量的速率会不断递减（但可以预测）；含有这些元素的矿物

① 达尔文后来又写了《人类源流》，于 1871 年出版，直接探索人类的起源。

过了好几千年，甚至好几百万年，仍能释放能量。卢瑟福立刻想到自己的发现有多重要：地球的内部过了一段时间后，并不会像两百年前布封假设的一样慢慢变冷，相反地，地球液态核心中的放射元素不断衰变，继续帮地球内部加热。放射性“因此增加了地球上生命存续的可能期限”，卢瑟福写道，“才有足够的时间留给地质学家和生物学家所主张的演化过程”。

放射性衰变的概念带来了全新的技术，能有效测定矿物的年份。这些不稳定的粒子衰变的速率不受温度和压力的影响，仅取决于元素的种类。过了不久，地质学家就用新的“放射性定年法”来测量岩石的年龄，这才发现它们已经存在数亿年了。物理学家福尔摩斯在著作《地球的年龄》（1927 年出版）中提到：“所有的证据都指向同一个结论……地球的年龄介于十六亿到三十亿年之间。[①]”阿瑟推算出的年龄到了此时已经和圣经密不可分，却突然看起来犹如沧海一粟。戈斯特说：“社会大众每天处理的数字不是几十就是几百，已经习惯了，突然从几百万跳到数十亿，真令人目眩神迷。”

真的目眩神迷，还好对科学家来说，计算这些数字跟用手指数数一样简单。我们或许无法在脑海中设想这么大的数字——要在拥挤的运动场中“看见”五万名观众还真够难的，但这并不妨碍我们去运算这些数字。英国天文学家爱丁顿曾于 1919 年带领日食观测队，并证明了爱因斯坦的广义相对论，他就了解庞大数字带来的矛盾。在一篇广为流传的论文中，他用表格显示地球到太阳、最近的恒星和其他天体的公里数，地球距当时所知最远的星系有三垓（1 垓等于 10^{21}）公里。他写道：“有些人抱怨他们不明白这些数字。他们当然不明白。但碰到大数字时，就别想‘明白’它们。再过几个星期，英国的财政部长就会提出约九亿英镑的年度预算。”（当时的国家预算还不到十亿英镑或美元。）“你或许以为只要准备好，他就能进入恍惚状态，想象眼前摆了一堆同等价值的铜板、

① 最新的数字是四十五亿年，根据目前找到的最古老的岩石、陨石和月球上的样本来推算。

钞票或商品。我相信他应该无法‘明白’九亿英镑有多少，但是他可以把这些钱花掉”，爱丁顿说，这么大的数字“并非为了令人张口结舌，而是要拿来运算和使用”。

时间和宇宙

恒星也能告诉我们跟时间有关的故事，这个故事就像地球的古老源头，人类花了好几百年的时间才找出答案。每种文化都有宇宙起源的神话，但是和宇宙论相关的科学研究实际上却是最年轻的学科，现代的宇宙论到了 20 世纪初才开始。虽然伽利略已经看到那条叫作银河的模糊光带其实是由许多星星组成的，多到数不清，但等到更高倍数的望远镜出现，还有更精密的新技术可以确定恒星的距离时，我们才能了解银河系的结构。现在我们知道银河系的形状就像个巨大的飞盘，直径约为十万光年[①]，中间突起，边缘则有向外旋出的臂状分支（地球位于其中一条分支上，因此从我们的观点看来，银河系就是晚上会看到的条状银河）。倍数更高的望远镜出现后，天文学家开始把其他模糊的光点编成目录，这些光点叫作星云，四散在天空各处。有些星云的螺旋形状看起来十分明显，一开始时叫作“涡状星云”，但到了 20 世纪 20 年代，科学家就看到这些星云其实跟我们的星系一样。这些“外部”的星系很像我们的银河系，但是非常遥远。（事实上，康德在 1750 年就提出了这种说法，把星云称为“宇宙孤岛”。）我们的宇宙图片愈来愈大。

但这只是开始。天文学家还要学习如何测量这些星系到地球的距离，观察星系的光谱，就可以计算出它们在太空中移动的速度。很多星系的光谱线都朝着红色那一端移动——也就是红位移，表示它们会离我们的银河系愈来愈远。（这个现象可用“多普勒效应”来比拟：当救护车愈走

① 一光年就是光线一年内前进的距离，大约为 9.5 兆公里。

愈远，警笛的音调也会比静止时更低，就是所谓的“多普勒效应”。）到了 1929 年，美国天文学家哈勃（1889—1953 年）有一项很了不起的发现。他在加州的威尔逊山天文台使用当时世界上最大的望远镜（长约 2.5 米），有系统地研究遥远的星系，发觉这些星系“在望远镜所及的范围内散落各处”。他发现星系和银河系之间的距离，与星系的移动有相互关系，觉得非常惊讶——星系离我们愈远，移走的速度也愈快。这就是宇宙的扩张。

美国天文学家哈勃。他研究银河系以外的星系，其取得的成果显示我们住在不断膨胀的宇宙中

哈勃提出的全新宇宙图非常激进。在这之前，科学家一直想象宇宙是静止的，别无他想，宇宙一直都在，从以前到现在看起来都大同小异。新的写照动态得多。我们的宇宙会不断成长。

爱因斯坦差点就预测到宇宙的膨胀，很有趣吧。提出广义相对论的等式后过了几年，他把等式套用到宇宙上。但结果让他大吃一惊：根据这些等式，宇宙不可能是静态的，相反，宇宙必须不断扩张或收缩。几名科学家积极地探索相关的情况，俄罗斯宇宙学家亚历山大·弗里德曼就是一个例子，他发现爱因斯坦等式的解答指出宇宙不断膨胀，觉得这个情况非常合理。比利时物理学家勒迈特（他也是天主教神父）更进一步，在哈勃宣布他的发现前，就指出科学家观察到的红位移可能就表示宇宙正在膨胀，并提出一个想法，世界从一个“太古原子”开始[①]。

① 虽然发现宇宙不断膨胀的荣耀多半归功于哈勃，但天文学家斯里佛和米尔顿·赫马森等几位科学家的贡献也非常重要。当时无人重视勒迈特的研究成果，因为他把结果刊在寂寂无闻的比利时期刊上。现在很多人都认为勒迈特是“大爆炸之父”。

爱因斯坦无法接受这些想法。他跟当时大多数的科学家一样，相信宇宙从不改变。顶多只在等式中加了一个附加因素来“平衡”宇宙，也就是所谓的宇宙常数。不过几年后，哈勃最重大的发现就出炉了，爱因斯坦立刻后悔自己用附加因素来解释宇宙。他把这件事形容为个人事业生涯中“捅的最大的娄子”。

不断膨胀的宇宙

宇宙不断膨胀，其中的含义超乎我们的想象。如果时钟能倒转，宇宙就会变小。如果能回到很久很久以前，宇宙会小得令人不敢相信。不久之前，宇宙爆炸的想法才奠定根基——宇宙一开始时一定是稠密火热到无法置信的火球。不断扩张后，温度逐渐降低。（我们现在非常幸运，附近有一颗温暖的恒星，因为宇宙的平均温度只比绝对零度多出几摄氏度，低于 −270℃。）宇宙逐渐变冷，最原始的组织也开始成形，过了几十亿年，形成我们现在看到的宇宙，布满星系和星系团。天文学家称此为大爆炸宇宙论[①]。（天文学家霍伊尔 1950 年上英国广播公司的电台广播时发明了这个名词。讽刺的是，他后来偏好自己提出的“稳定状态”模型而否决大爆炸理论，但“稳定状态”却很不幸地被推翻了。）

哈勃和爱因斯坦的研究结果揭开了新的世界观。现在看来，宇宙果然有开端。（对某些科学家来说，大爆炸理论带有基督教神学的味道，其中一名创始人又是教会任命的神父，更引人怀疑。）现在看来时间本身有一个明确的起点，又突如其来地能用科学判断时间的起点在什么时候。寻找时间开端的旅程原本从足下的岩石开始，现在我们也能仰望天际寻找答案。

---

① 虽然我用“爆炸”来描述，但这个词可能会造成误解。物理学家认为大爆炸是太空本身的扩张，而不是将物质扩张到已经存在的空间中。因此，大爆炸并没有发生的“地点”，宇宙也不需要有边缘。但宇宙仍可能有限度，就像不断膨胀的气球表面面积也不可能无限大。

比利时神父兼物理学家勒迈特（左），首先提出宇宙大爆炸的理论。爱因斯坦刚开始时还不能接受宇宙不断变化的说法

到了 20 世纪中，大爆炸的证据愈来愈多。物理学家懂得如何测量组成恒星及星系的大量化学元素，也发现氢、氦和更重的元素量就跟大爆炸理论预期的一样，取得的数值也符合宇宙火球不断膨胀及冷却的概念。到了 20 世纪 60 年代中期，科学家也有锦上添花的发现。大爆炸最清楚的“指纹”原来是响应第一次爆炸的共鸣，不是某种回声。1965 年，两名科学家使用美国新泽西州的巨型无线电天线时，无意间发现了这种微波辐射的反应。彭齐亚斯和威尔逊侦测到来自天空四面八方的模糊微波信号。他们发现大爆炸的特征，现在命名为“宇宙微波背景辐射”。（很巧的是，大概同一个时间，在离这里一个小时车程的普林斯顿大学，物理学家迪克和同事根据大爆炸的理论模型，预测到宇宙微波背景辐射的存在。听到彭齐亚斯和威尔逊的发现时，他们正准备要找出缘由。）我们可以把宇宙微波背景辐射想象成宇宙年龄还不到五十万岁时释放出来的放射线。到了现在，太空中到处都是这种辐射。彭齐亚斯和威尔逊在 1978 年因他们的发现而获得诺贝尔奖。

到了近代，科学家用 2001 年发射的卫星 WMAP（威金森微波异向性探测器）仔细探测背景辐射。利用来自 WMAP 的数据，天文学家就能非常精确地描述宇宙的基本特质。比方说，我们现在知道宇宙“是平的”，也就是说可以用欧几里得的简单几何学来形容：并行线会保持平行，三角形的三个角加起来是 180 度。我们也知道像恒星和行星等“普通物质”只占宇宙内容的 4%（剩余的部分有 23% 是神秘的“暗物质”，更神秘的“暗能量”则占了 73%。我们下一章会继续讨论暗能量）。最后 WMAP 让科学家得以确定宇宙的年龄：天文学家相信大爆炸在 137 亿年前发生，可能有上下几亿年的误差。

终极的免费午餐

发现宇宙微波背景辐射是科学上的重大突破，但也带来了新的问题。首先，宇宙大得不得了，光是根据大爆炸理论，就已经远远超过物理学家的预期。此外，辐射则很“平稳”，也就是说天文学家不管把望远镜对着哪个方向，都能测量到同样的微波辐射强度（不论在何处，宇宙微波背景辐射和平均值都只差了百万分之几）。如果宇宙很小，这也不值得惊讶，因为信息可以到处来回流传，消除不均匀的部分。但是宇宙很大，而且年龄只有 140 亿岁左右。要横越这么长的距离，就没有足够的时间来消除不均匀的地方。

20 世纪 80 年代初期，宇宙学家提出试验性的解答，他们修改了大爆炸的说法，叫作“暴涨”。根据暴涨理论，宇宙在刚开始存在的一瞬间内，膨胀的速度快到无法想象。这段快速（或说“指数性”）成长的期间就有助于解释为什么宇宙这么大又这么平滑。研究暴涨的科学家有好几位，但第一篇重要的论文则由物理学家古思（现任教于美国麻省理工学院）于 1981 年公布。古思的模型并未说明暴涨作用的驱动因素究竟是什么。物理学家现在把主要因素称为“纯量场”，因为这个因素可以用一个和太空中所有地点有关的数字来形容，跟温度有点像，但我们仍很难形容推动的力量从哪里来。不过暴涨模型似乎真的有用，它成功地描绘出宇宙后续的变化。

就像哥白尼发现地球不是宇宙的中心，暴涨理论也让我们感到渺小：我们用望远镜能看到的宇宙虽然很广，却只是浩瀚宇宙的一小部分。看得见的宇宙（有时称为我们的“气泡”或“视界”）周围还有更广阔的区域，但在宇宙的开端，暴涨作用把这些区域快速推到很远的地方，所以它们发出的光线还没有足够的时间可以旅行到地球。或许我们一辈子都无法探索这些遥远的领域，因为人类没有方法接收到它们发出的信号。

科学家还不习惯从虚无中诞生出实体的想法，就连亚里士多德听了也吓一跳，觉得不符合理性。但暴涨的宇宙似乎证实了从无到有的过程。古思的文章说，如果理论没错，“那么暴涨的机制基本上就是宇宙中所有物质和能量的成因”。物质的起源从此落入科学能够解释的范围内，他说：“我们可以明白，所有的东西都能从虚无中创造出来……在暴涨的宇宙论中，可以说宇宙就是终极的免费午餐。”暴涨理论立刻变成“全新的经过改良的”大爆炸，现在科学家认为暴涨理论就是描述宇宙演化的标准方式。值得注意的是，天文学家到目前为止的观测结果似乎都支持这个理论（比方说，暴涨理论预言宇宙按几何学原理来说“是平的”，WMAP 已经证实这个说法）。

前一阵子在美国加州戴维斯举行的暴涨宇宙论会议上，我遇到古思这位态度温和友善的科学家，他很喜欢讨论他的研究，我请他帮忙讲解入门级的暴涨宇宙论。他解释说：“暴涨是大爆炸理论的另一个版本。如果你问‘推动宇宙的起因为何？我们亲眼看到巨大的宇宙仍不断膨胀，这是什么引起的’，答案就是暴涨理论。”古思说，根据暴涨理论，纯量场会对宇宙中所有的物质施加强大的压力。宇宙像气球一样鼓起来，直径加倍再加倍，超过了一百次。暴涨前的宇宙只有质子的几十亿分之一乘以几十亿分之一那么大，暴涨后，就变成弹珠大小（或者跟葡萄柚差不多大），整个过程还不到一秒钟。WMAP 持续提供的观测资料和宇宙微波背景辐射的研究成果都支持暴涨理论，所以古思说到了现在他依然跟 1981 年一样，对这套理论充满信心。“我认为观测结果一定能证实暴涨理论，不然也离解释宇宙如何变成现在的样子相去不远”。

故事还没完，宇宙学家设想出其他质疑暴涨模型的情况，我们等一下就会讨论到。望远镜愈造愈大，愈来愈精密的理论更深入地探索我们眼前的宇宙，人类对宇宙起源的描绘当然会跟着演化。在我们之前，就已经有人相信他们找到了宇宙的开端，甚至还定下了宇宙的年龄。正如戈斯特提醒我们的，阿瑟不是第一个提出错误答案的人，“很多伟大的科学家目光也一样狭隘，被自己的信念或当时最盛行的想法困住”。牛顿无法承认地球有多么古老，爱因斯坦过了好多年才愿意接受宇宙膨胀的想法。就连天才也有迷惘的时候。

中世纪的人所想象的宇宙年龄相当短暂，正好配合当时的观念，宇宙是为了我们而创造的，直到近代，人类还保有这种想法。在地质研究得到成果后，宇宙论显露出更长的时间线，令人类更感谦逊，人类在宇宙中的地位似乎并没有那么重要。费理斯说：“笼罩在周围的宇宙这么大，如果还认为一切都是为了人类而创造，真的很愚蠢。”我们所在的地点也没什么特别：我们住在很普通的岩石行星上，绕着不起眼的黄色恒星运转，这颗黄色恒星躺在非常普通的星系旋臂外侧，我们称这个星系为银河系。但从这个基地我们学到了如何观察更广大的宇宙，有史以来我们第一次利用地面上和太空中的望远镜收集真实的数据，宇宙的结构和历史无比清晰地展现在我们眼前。从那个角度来看，现代宇宙论不像某些后现代学者口中说的，只是“另一个创世的故事”。当然还有很多细节我们不明白，但在概略的草图上，我们可以相信宇宙不断演化的大爆炸模型。我们认识的宇宙和我们认识的时间始于 137 亿年前。

第十章

宇宙大爆炸之前的故事

宇宙起源的大爆炸模型一定能列入 20 世纪科学界最伟大的成就榜单。通过这个模型，我们离宇宙开端就差了那么一点点。但有趣的不是大爆炸之后短短不到一秒的时间发生了什么事，而是我们能不能让时钟倒转，一路回到“零时”，最后跨出很大的一步：“在那之前，是什么样子的呢？”

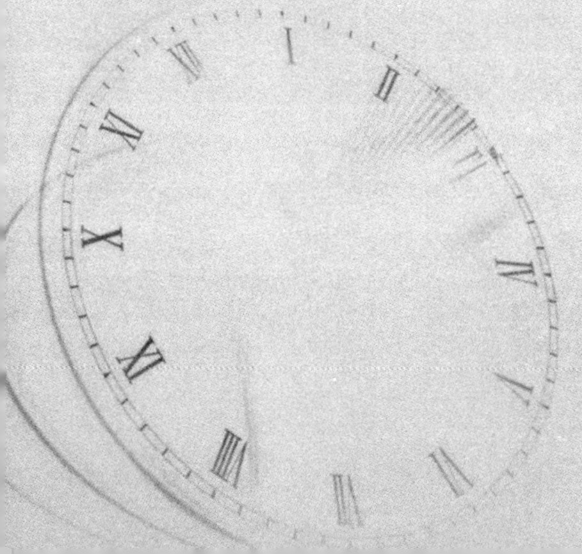

我们心目中的真实世界，尤其是和时间本质有关的看法，马上就要出现惊天动地的大改变，或许甚至连今日的相对论和量子力学所提出的看法也望尘莫及。

——彭罗斯《皇帝新脑》

宇宙起源的大爆炸模型一定能列入20世纪科学界最伟大的成就榜单。以宇宙暴涨理论这样的最新风貌出现时，我们就能明白大爆炸后几十亿乘几兆再乘几兆之一秒后开始的那段时间（更简洁地用科学记号表示，就是宇宙诞生后 10^{-33} 秒）。通过这个模型，我们离宇宙开端就只差了那么一点点。但我们仍觉得十分受挫，因为能了解的太少。毕竟，目前人类提出的最有趣的问题并非大爆炸后短短不到一秒的时间内发生了什么事情，而是我们能不能让时钟倒转，一路回到“零时”。

最后要跨出很大一步——时间如何开始？在大爆炸前要有东西，到底是什么？这个问题真的有意义吗？物理学家和宇宙学家对这个问题已经见怪不怪。宇宙论的会议公开举办过无数次，到了会议结束时，听众里一定会有人走到麦克风前，感谢演讲者分享深刻的见解，然后问：“在那之前，是什么样子呢？”多年来，大家都认为这个问题超越了科学的界限。一般说来，物理学家和宇宙学家可以探索大爆炸之后的局势，但要调查宇宙真正的起源时就束手无策了，最好用哲学或宗教来解答。同时，许多物理学家也指出，大爆炸就是时间的起点，所以在那之前就没有“时间”这种东西。要问大爆炸之前发生了什么事，其实没有意义，就像你不能有意义地解释北极的北边有什么。

我们想要探索最初的时刻，却在几个地方受挫。首先，我们的理论工具不恰当。重力负责掌管宇宙的膨胀，还好爱因斯坦提出了广义相对论，所以我们也还算了解重力，但重力本身却不足以用来探索宇宙最初的时刻。广义相对论的等式告诉我们大爆炸发生时，宇宙中所有的东西都无止境地挤压在一起，也就是说宇宙被压成一个点。用数学物理学的行话来说，这种点叫作“奇点”。在物理学家心中，奇点有如瘟疫，避之唯恐不及。物理学家推论，描述真实世界的理论不应该有这种数学上的怪问题，因此预测奇点存在的模型会遭人质疑。最后，除了广义相对论，我们也需要微小物质的理论，亦即量子理论。科学家追寻已久的量子重力理论或许能结合这两种世界观，这时就没有所谓的无穷无尽，我们也能更有条理地描绘出时间的起点。

霍金和美国物理学家哈特尔提出一个建议，采用微观的角度，在大爆炸发生的时候，利用量子理论让时间和空间同时变模糊。这个说法叫作“宇宙无边界”，把时间的起源变模糊，消除奇点的问题。（霍金的提案概要写在《时间简史》的第八章，如果你能看这本书到第八章，就会看到相关说明。）在这个模型中，虽然时间不会无限地延伸到过去，却也没有鲜明的起点。时间不会突然“开启”，而是慢慢地从空间中出现。

现在，“宇宙无边界”的提议仍只是提议，到目前为止，充分成熟（或至少大家都同意）的量子重力理论并不存在。在众多针对此架构提出的理论中，最有可能胜出的就是弦论，科学家充满雄心壮志，想把重力和自然界其他的力量联合起来[①]。在弦论中，物质最基本的“小块”不是粒子，而是一小圈一小圈弦线。由于弦线的大小有限，就能避免无限压缩（也就是那些讨厌的奇点）的问题。弦论的确也能从量子理论的角度

① 关于弦论的详尽讨论，请参考《T 恤上的宇宙》第七章。

来描述重力，而且实际上带给物理学家更丰硕的收获——指出我们居住的世界有三个以上的维度（更精确的说法是，有三个空间维度和一个时间维度）。事实上，弦论说我们所在的世界可能有十个或十一个维度。

刚开始听到这么多的维度，或许会觉得很奇怪，但支持弦论的学者却相当重视这一点。最近弦论也出现了副产品 M 理论（M 是英文字“膜”的第一个字母），说明维度在宇宙中扮演的角色。根据 M 理论，除了单一维度的弦线，宇宙的成分还有两个或更多维度的膜。

膜上的宇宙

本书不会详细探讨 M 理论，不过还是要提一下，在过去几年内，物理学家开始按照 M 理论提供的卓越架构阐述宇宙模型。在某些方案中，我们的宇宙，或者说是透过最大型望远镜看到的所有东西，也许只是某种更高维度结构的三维“切片”。用 M 理论的术语来说，我们可能住在“膜”上。（可以拿你的影子来打比方：晴天时看看地面，你的身体虽然是三维，但你的影子只是二维的切片。）

这些膜世界模型描述宇宙的新方法令人十分惊异。在某些情况下，我们能看到的宇宙，只是嵌在大结构（称为“大宇宙”）中的三维膜（叫作“三膜”）。这个大结构至少要有四个空间维度，而且照例还有一个时间维度。膜宇宙模型值得注意的地方是，没有理由假设我们的宇宙是独一无二的：在四维的大宇宙里，除了我们以外，可能还有很多“平行”宇宙，又称平行膜。就连一度抱持怀疑态度的霍金现在似乎也支持膜宇宙的说法。到戴维斯参加会议时，他说：“我必须承认我本来不相信还有其他的维度，但 M 理论织成了一张漂亮的网络，看到这么多出乎意料的一致情况，我觉得继续不管它，就像主张上帝把化石放在岩石里，好诱骗达尔文相信演化论。”

在倡导膜宇宙的科学家中，有一位是在普林斯顿任教的斯坦哈特。

他也是暴涨理论的先驱，但过去几年来，他专心探索膜宇宙的模型。他和图罗克（目前任职于圆周研究所）及其他几位同事合作，开发出一套特别的模型，提供全新的大爆炸说法。这个想法其实有两个版本，也就是“火劫”和“循环”模型。两者都把大爆炸描述成两层膜之间的碰撞。最大的差异则是在循环模型中，两层膜之间会一再发生这种碰撞。结果就是好几次大爆炸，有可能形成无穷的宇宙。

在戴维斯参加一整天的会议后，我到斯坦哈特下榻的饭店找他，他很努力地帮我描绘这些新的宇宙模型。他说：“你应该想象在这两个三维的世界中有一股力量想把它们拉在一起，就像两张塑料片被弹簧愈拉愈近。每隔一段固定的时间，塑料片就会合而为一撞在一起，产生热能（我们认为有可能是辐射和物质），然后再弹开。”换句话说，如果我们住在膜上，我们会记得之前出现过的能量暴增，事实上这就是我们察觉到的。斯坦哈特解释，在循环模型中，“弹开”是结束，也是开始，一个“宇宙”的结束，同时也是另一个宇宙的开始，进入新的膨胀和冷却阶段。“现在我们又开始全新的循环。宇宙充满了热物质和辐射，形成新的恒星、星系和行星，可能也有新的生命，一个接着一个”。

我很希望这些膜能留在我的脑海里，但我也提醒自己，斯坦哈特的提议比较像是根据知识和经验的推测，而不完全是能够接受实验的理论，起码现状是这样。但如果循环模型正确无误，就是一套深奥的空间和时间理论。这项理论“提出基本的问题，即时间是否在大爆炸的那一刻开始”，斯坦哈特说，“或者在之前还有一个演化期，大爆炸实际上是一段过渡时期”。

除了斯坦哈特的膜宇宙，还有其他人想探索大爆炸之前的情况。古思的暴涨理论也继续延伸，有一个很有趣的版本描绘出了更广阔的宇宙。根据这个版本，暴涨作用产生出不止一个宇宙，有些人把这个模型叫作“永恒暴涨”。这一派最知名的人物是生于俄罗斯、目前在斯坦福大学任教的林德。林德相信暴涨时期的起因，有可能导致多个独立的宇宙形成，而且数目有可能无限多。他认为，宇宙整体而言应该没有死期。古思似乎也同意这种“更大的”新暴涨理论。他承认：“把大爆炸当成时间的起点，很明显地把问题过度单纯化了。”

在开始之前

关于宇宙起源的不同说法彼此竞争，虽然纯属理论，但至少提出的人愿意探索大爆炸前的原始宇宙，这就很值得我们钦佩。这些理论除了挑战目前的科学，也挑战人类的想象力。事实上，所有和宇宙起源相关的理论一定会带来这种挑战。我们苦苦挣扎，却还是无法想象在无限久远之前的时间，而要设想时间的开端，却也一样困难。

其中一个原因是人类直觉会把因果连在一起，任何“事件”都是之前发生过的事件引起的。但量子力学告诉我们有些事件就这么“发生”了，例如放射性核子的衰变。或许很笼统地说，宇宙（再加上空间和时间）就从虚无中诞生出来。物理学家泰伦说：“很多事物会不时出现，我们的宇宙就是其中一样东西。”如果这种说法没错，奥古斯丁宣称上帝同时创造了时间和世界，在那之前时间并不存在，其实也不无道理。

思索时间的起源时，受限于直觉，我们也只能想到这么多。我们习惯了用米和公里来描述空间，用几秒、几天和几年来描述时间。在这些人类创造出来的刻度上，似乎可用“中规中矩”来形容时间。“之前”和“之后”的意思也非常清楚，时间就跟空间一样平滑均匀、始终如一。因此，我们支持牛顿的说法，相信时间“均匀流动”的主张。但是我们前面提过，爱因斯坦告诉我们在某些情况下，时间的表现会更加奇怪。再加上量子力学虚幻难懂的世界，我们只能隐约捉摸到物理学的方向。

物理学家希望有一天能用单一的理论囊括相对论和量子理论，当这一天来临时，时间或许并不包含在内。物理学家兰德尔在文中指出，我们找到了“令人心痒难搔的线索，空间每隔一段很短的距离就会崩解，时间则在奇点上崩解”，这些明显的崩溃“告诉我们，基本上，时间和空间并非我们想象的那么一回事”。的确，很多物理学家已经养成习惯，指称时间和空间始于大爆炸那一刻，只是无人能清楚描述到底从哪里开始。

从虚无中创造时间

当代几位年轻优秀的研究人员全心相信“突现时间”的想法。支持者包括 36 岁的阿卡尼哈米德，他最近辞去哈佛大学的终身职务，加入新泽西州普林斯顿大学的高等研究院。阿卡尼哈米德承认：“我们不知道大爆炸时发生了什么事，但我们能确定空间和时间崩溃的想法，所以‘之前’发生了什么，其实没有意义。”他说，我们“一定错过了重点”，某个东西“一定会涉及突现时间的想法”。

换个说法，时间或许不属于宇宙的基础。水给人湿湿的感觉，因为数十亿个水分子滑过彼此造成这种整体性质，同理可证，时间本身也有可能来自更基本的“东西”，只是我们不知道是什么东西。

时间出现的确切方式还有待商榷。如果我们从广义相对论开始，然后尝试加入量子理论，或者从量子理论开始，然后尝试加入广义相对论，处理时间的方法似乎就有了变化。（弦论采取第二种做法，物理学家必须人工“插入”时间和空间。在最理想的情况下，他们希望能有“背景独立”的理论版本，或许就能根据理论中心的振动弦线或薄膜来解释空间和时间的出现。）

在加州大学圣芭芭拉分校工作的粒子物理学家和弦论专家格罗斯相信，我们就是要接纳突现时间的想法。格罗斯在 2004 年因研究夸克和强核力，和其他两位学者共同获得诺贝尔奖，他相信能找到“单一理论”，那样我们就能明白时间并非基础。最近格罗斯告诉我：“时间其实深深扎根在我们思考物理学的方法内，空间也一样。但我们从很多案例中学到，空间是某种突现的概念。弦论的一些领域最好用完全不牵涉空间的概念来阐述。我们没有跟时间相关的例子，但由于我们一向认为时空要联结在一起，如果空间是突现的概念，时间却不是，这就超乎我们的想象了。”这和其他理论一样也会改变我们对宇宙起源的看法。格罗斯说：“时间从一开始到现在的‘流动’只是一个猜测。要描述宇宙在几秒后的演化，这个猜想还不错，但之前的情况就不适用了。”

我催他回答我，告诉我大爆炸之前的情况。他说：“我只能想到三个可能性。第一，通过量子力学，宇宙从虚无中出现。第二，之前本来就有东西。第三，你可以问其他的问题，我最喜欢第三个。”换句话说，“在这些情况下说时间是突现的概念，根本就没有意义。所以我只看到这三个可能性。谁知道答案呢？”

要踏入物理学新领域的理论家，自然会推动各种前卫的想法，例如弦论、膜宇宙等等。在缺乏实验基础的情况下，苦思冥想也有一定的限度。宇宙论的实验当然无法重来，这一点很令人受挫：大爆炸就发生过那么一次（至少我们确定有过一次），我们也只能将就了。科学家无法重造大爆炸，只好希望退而求其次：在瑞士日内瓦附近有一座巨大的新粒子加速器，科学家想重现宇宙刚诞生时的强烈温度和能量。这项耗资高达一百亿美元的计划叫作“大型强子对撞机”，简称 LHC，在本书付印时已经接近完成。（编者按：本书英文版于 2008 年 10 月出版，当时 LHC 虽已竣工，却因故障维修长达一年，后于 2009 年 11 月首次运转成功。）

LHC 身负重任。用对撞机进行的实验显示出我们现在看到的力量如何在远古时代联合成一体。从实验中我们可以看到像“超对称”这样怪异的物质特性，也能更了解组成宇宙的主要成分，也就是暗物质。我们还可以略窥除了我们熟悉的三个空间维度外的其他维度，如果能找到证据，弦论就不会那么像凭空想象出来的东西。还有“希格斯玻色子”——据说这就是组成质量的粒子（科学家认为希格斯玻色子会产生类似电磁场的场域，导致其他的粒子看起来很重）。很多物理学家都相信 LHC 可以捕捉到别号叫作“上帝粒子”的希格斯玻色子。

当然，等机器开始运转，要花好几个月甚至好几年的时间努力处理数据，还有很多种实验要进行。但大多数科学家都很有信心，认为LHC最后能够解答一些非常深奥的物理问题，或许还能说明空间和时间突现的难题。阿卡尼哈米德声称："到了2010年就能看到成果。"

再访时间之箭

物理学家除了绞尽脑汁要解答时间起点的问题，还有一个同样令人伤脑筋的问题，也就是时间的方向。我们已经看过"时间之箭"跟熵的关系，还有热力学第二定律，但我们也看到第二定律无法完全解释时间难以捉摸的流动。

热力学的时间之箭从秩序指向失序，从低熵指向高熵，从茶杯指向打破的瓷片。但时间之箭还有其他的舞台。事实上，科学家注意到至少六种不同的"时间之箭"（虽然彼此之间也有关联）。从我们刚提过的热力学开始，描述如下：

热力学的时间之箭

热力学的第二定律说封闭系统内的混乱量一定会随着时间流逝而增加。典型的例子包括打破鸡蛋、混合咖啡和鲜奶油，或冰块融化，但当我们观察自然界的复杂作用时，同样的原理也会显现出来。

放射的时间之箭

想象把石头丢到池塘里，冲击力会在池塘表面产生圆形的涟漪，涟漪从撞击的点向外移动，圆形愈变愈大。我们看不到反转的过程，不会看见池塘边缘出现的细微扭曲慢慢移向彼此，力量和速度都不断增加，直到汇集在池塘中间的某一个点，把石头从池塘的表面弹回去。但等式两个方向都适用——我们用来分析波浪的数学等式并未指出偏好的动作方向。

显示这种偏好的不光是水波。麦克斯韦的等式描述电磁波的传播，但跟前面说的一样，我们无法从等式看出波移动的方向。（举例来说，描述来自外层空间的光波聚合在露营者的手电筒上，也一样站得住脚，而不是只适用于相反的方向。）在物理学上，一般在自然情况下随着时间向前的波传播，据说会产生“延迟波”（指比较晚到达的波），而在相反的情况下，则会有“超前波”（如果真有这种波，它们会比较早到达）。超前波符合数学的原理，但实际上似乎不存在。就跟热力学的时间之箭一样，也要考虑或然率：从池塘边缘出现的涟漪，“恰好”聚集在一起的概率微乎其微。的确，这样的水波会导致系统的熵降低（超前的电磁波也会）。由于这种关系，有些物理学家相信放射的时间之箭可以用热力学的时间之箭来解释。

量子的时间之箭

我们在第七章已经看过，量子力学也能提供另一种时间之箭，观察量子系统时，系统的波函数据说会从很多状态的重叠“坍塌”成单一的状态。坍塌后看来无法逆转，表示和时间的方向有关。我们不清楚这种时间之箭跟其他的有什么关系，但有些人推测量子箭和热力学箭有关。

K 介子的时间之箭

目前已知在原子内发生的作用原则上都可以逆转，用数学等式描述其中的粒子行为时，粒子似乎两个方向都“行得通”，没有偏好的时间方向。但叫作“K 介子”的粒子却有特别的例外状况（这种粒子一般不带电，但也有带正电和带负电的）。中性 K 介子很不稳定，衰变的速度很快，通常会变成种类相似的次原子粒子，叫作“π 介子”。

衰变的过程由“弱”核力掌管，两个方向都可以，也就是说，物理学家可以把很多 π 介子打碎，制造出 K 介子。但有些地方不一样：用来产生 K 介子的反应只要一秒的几万亿分之一再几万亿分之一（10^{-24} 秒），但衰变花的时间比较长，需要十亿分之一秒（10^{-9} 秒）。为什么 K 介子的衰变会比创造多花几千万亿倍的时间？（戴维斯指出，“这很像把球丢到空中，然后发现要等好几百万年球才会掉下来”。）K 介子“按照自己的规则来”的特殊倾向实在令人费疑猜，K 介子箭（有时候也叫作“弱反应箭”）和其他时间之箭也没有明显的关联。（尽管如此，科学家仍在争论 K 介子箭有什么意义。格林就说过,K 介子的行为和时间之箭“可能关系不大”。）

宇宙论的时间之箭

自大爆炸在 140 亿年前发生以来，宇宙就不断膨胀。很多物理学家认为这定义了“宇宙论的时间之箭”，一头指着火热稠密的过去，一头指着凉爽稀疏的未来。

我们已经提过，有些物理学家怀疑宇宙论箭和热力学箭有某种联结，因为两者似乎都是早期宇宙中最常见的特殊现象所造成的结果，等一下就会更详细地讨论这一点。

心理学的时间之箭

最后，心理学的时间之箭来自我们直接的体验，以我们对世界的感觉为基础：我们记得过去，但不记得未来，我们会体验（或似乎能体验到）时间独特的“流动”方向。脑部是处理信息的系统，也就是组成脑部的数十亿个神经元之间的相互关系，所以心理学的箭和热力学的箭之间可能也有关联（霍金就支持这个看法）。

物理学家（以及哲学家和心理学家）花了很多年的时间努力解决问题，想明白这些看似没有关系的时间之箭究竟有何关联。或许没人像牛津大学的数学物理学家彭罗斯这样深刻思考过这些关联。彭罗斯最近上了《发现》杂志，被形容成“出类拔萃的博学大师”，而他最早则以黑洞研究扬名立万。在 20 世纪 60 年代和霍金合作时，他告诉大家巨大恒星崩溃时一定会导致奇点出现，奇点周围一定环绕着“事件视界”，就是黑洞周围的区域，东西掉进去后出不来。他也发展出全新的“扭子理论”来描述时空，指出空间和时间已经“量子化”，而不是连续的，也就是说，空间和时间都由不连续的区块组成；这些区块可以用想象的数字来描述（例如 -1 的平方根）①。彭罗斯对纯数学也有贡献：20 世纪 70 年代，他证明了在平面上贴瓷砖时，就算你的瓷砖只有两种不同的形状，你创造出来的图案也绝对不会重复，之前大家都觉得不可能。现在这种方法叫作“彭罗斯铺砖”②。

卓越的科学家

我还记得我在 1990 年春天第一次看到彭罗斯本人的情景。那时我还在念新闻学院，彭罗斯到多伦多大学发表演说。他用高架投影机的样子还鲜明地留在我的脑海里，那时大家已经觉得用投影片有点“老派”。他用很粗的彩色马克笔亲手画图写字。投影片上有时空的图表、不知是死是活的卡通风格猫咪以及一行一行看了就让人畏惧的等式，每一页都比前一页更具挑战性。他讨论了哥德尔和柏拉图、计算机和算法、人脑和理智。演讲结束后，我到大厅买了他刚出版的书《皇帝新脑》。这本纽约时报说会“折磨脑子”的书，占据了我接下来几乎整个夏天的时间。他的最新作品更沉重，长达 1100 页，书名是《通向真实的道路：宇宙法则全览》（2004 年出版）。

这些年来，在好几次场合我都有幸能跟现年七十多岁的彭罗斯教授对话，最近一次是 2007 年的春天我到牛津拜访的时候。我比预定的时间

---

① 外行人可能会觉得很奇特，但物理学家常用想象的数字，结果证明特别适合用来解决电磁学和量子理论的问题。

② 在物理学中非常实用，可用来描述一种叫作“准晶体”的结晶体。

物理学家彭罗斯

早到，就到研究所对面三角形的公园散步。在公园一角有座专门供奉圣吉尔斯的教区礼拜堂。整座牛津城散发着悠久的历史气息，圣吉尔斯也一样。墙上的匾牌列出所有教区牧师的名字，可追溯到 1226 年。公园里还有一小块墓地。有些墓碑经过风吹雨打，上面的刻字早已模糊到无法辨认。在墓地前面三角形的顶点，立了一块战争纪念碑。当地人会坐在纪念碑下面吃午餐、打电话和享受 5 月的阳光。在墓地和纪念碑中间有一块圆形的青铜制日晷，提醒我是该进去的时间了。

有些杰出的物理学家在校园漫步时，很有可能被误认成律师或会计师（在极少数的情况下，还会被当成摇滚乐手）。但彭罗斯不是这一型。海军蓝毛衣配上斜纹软呢外套，看起来完全就是“拥有终身职业的理论物理学家”。但这位教授在数学研究所的办公室却异常整洁，书本和期刊排得整整齐齐。我注意到他的桌上有两个盒子，装满了他三十年前发明的彭罗斯瓷砖。其中一组很有趣，叫作“彭罗斯小鸡”。你可以把它想象成包含两种形状的拼图，分别是胖鸡和瘦鸡。彭罗斯把设计授权给一家专门制造数学推理游戏的公司，材质是色彩鲜艳的厚塑料片。开始谈论时间的本质后，彭罗斯不时拿起一片拼图把玩，或在桌上随意滑动。

我们从时间之箭开始，彭罗斯向我保证所有的箭皆属真实。时间的流动又是另一个问题，或许只是我们的想法。在《皇帝新脑》中，他说：“我们似乎永远都在向前走，从明确的过去走向不确定的未来……然而我们所认识的物理学却告诉我们另一个故事。”之后在第二本大受欢迎的著作《理智的阴影》(1994年出版)中，他说：“根据相对论，我们只有‘静态的’四维时空，没有‘流动’。时空一开始就存在，而时间和空间都不会‘流动’。”但他说时间之箭——也就是我们所察觉到的流动中蕴含的独特“方向性”——真的出现了。各种不同的箭，来自我们能够观察和测量的物理现象。他说：“时间之箭彼此互相关联，(虽然)它们的关联有可能很复杂。”有些时间之箭，例如和K介子衰变有关的，“仍令人大惑不解”。心理学的时间之箭到目前为止也无人能够解释，虽然《理智的阴影》这本书讨论到意识的问题，但他承认我们还无法掌握这一问题，所以进展不多。“我们记得过去，不记得未来，我想我们对意识的了解还不足以解释这个现象”。

热力学的时间之箭算是收获比较多的领域，当然也是彭罗斯花费更多心思研究的题材。然而我们在第六章看过，热力学时间之箭的起源仍是个谜。热力学的第二定律说，如果我们现在有一个低熵系统，就能预期未来有一个高熵系统，但定律却未说明当下的低熵状态从何而来。最终能够追溯回宇宙的起点吗？或许热力学时间之箭的起源跟大爆炸的本质有关。

非常特别的大爆炸

彭罗斯说：“我们真的得往后退，察看刚开始的情况。热力学第二定律用很简单的话告诉我们，随着时间流逝，事物的随机程度也会提高。”但如果你回头追溯更早的时间，就会出现问题。“定律说，在时间中倒退时，事物的随机程度就会降低”，也就是变得愈来愈有秩序，从高熵变成低熵。但彭罗斯说，人类观察到的结果恰好相反，和这个说法不一致。我们所认识的早期宇宙来自宇宙微波背景辐射(在第九章讨论过)。WMAP卫星的数据和其他宇宙微波背景辐射的观测结果显示一开始的火球事实上“均匀”得令人难以置信。用物理学的行话来说，就是处于“热平衡”的状态，意思是所有地方的微波热度都完全一样。如果我们接受彭罗斯的推论（并非所有物理学家都能接受他的说法），那早期的宇宙一定处于极高熵的状态，正好与我们根据第二定律得到的预期相抵触。

彭罗斯说：“热平衡就是熵升到最高的状态。换句话说，也是我们能看到随机度最高的状态。这明明就很矛盾。”

彭罗斯似乎真的很苦恼，140 亿年前发生的事件能让人有多苦恼，他就有多苦恼。他坐在椅子上往后靠，右手肘放在桌子上，不时拿起一片彭罗斯瓷砖翻来翻去。然后又继续往后倒：“我不知道为什么大家都一副漠不关心的样子。”

彭罗斯认为他知道我们从哪里就走偏了——我们忘了考虑重力。他指出，在描绘早期的宇宙时，如果不考虑到重力，就无法了解热力学第二定律的根源。

提到日常生活中的熵，不考虑到重力也没关系。通常我们就能看出来什么已经达到平衡，什么还没达到平衡。（比方说，把牛奶倒入咖啡里完全混合，分子到达最高的随机状态，所以我们可以很有自信地说已经平衡了。）乍看之下，像宇宙微波背景辐射这么完美均匀的实体似乎也可以达成平衡。但因为重力，情况就不一样了。这背后的原因具有相当高的技术性——一旦考虑到重力，像宇宙微波背景辐射一样完全均匀的实体或许事实上根本不平衡，所以也属于低熵状态。

彭罗斯做出结论，早期宇宙的重力场一点也不平衡。他说事实上早期的宇宙“非常非常特别”，“特别”是指当时具备高度秩序的状态。有多特别？这时，彭罗斯突然话锋一转，开始讨论黑洞的熵。听起来好像离题了，其实不然：大爆炸和黑洞在某些方面非常相似，至少从数学上来说的确如此。在某种情况下，物质来自奇点，换一种情况，物质会演化成奇点。（然而，两者并非彼此的镜像。彭罗斯告诫我们：“黑洞中的奇点看起来一点也不像逆转发生的大爆炸。”我打算相信他的说法。）还好，对于黑洞的熵我们的确有一些了解，霍金和物理学家贝肯斯坦在20世纪70年代就告诉大家要怎么做出这样的推论，彭罗斯说我们也可以用同样的方法来研究早期宇宙。

他说："我们现在可以估计刚开始的状态有多特别。特别到难以置信——特别到了极点。如果你只考虑到我们看得见的这一块宇宙，一开始的状态若要纯粹出自偶然，可能性非常低，只有十的十次方的一百二十三次方分之一。"（这个数字好大，一后面跟了十的一百二十三次方个零，就算把已知宇宙中的每个原子都指派一个零，还是无法写出来。）彭罗斯说："这个说法特别到荒谬的地步了。所以，这是一个宇宙学家极少处理的困难问题——我觉得很奇怪。"他说，就连解释其他几个和早期宇宙物理学相关问题的宇宙暴涨理论也"没有解释一开始的特殊状态"。

这个难题有解吗？彭罗斯说，到了最后，想要发展出统一的物理学理论，就要考虑全部的因素。的确，统一的理论或许一定要包含某种时间不对称性，结果就和目前已经发展出的物理学定律大相径庭。（彭罗斯说："这句话我说了几十年了。"他脸上没有表情，也没有一丝厌倦，"别人觉得我说的有道理，甚至还会点点头，然后跟以前一样又回去钻研量子重力，根本没注意听"。）

当然，彭罗斯率先承认他自己的量子重力研究并非特别正统：他觉得目前的量子理论还不完整，所以只想把重力（爱因斯坦的广义相对论）"量子化"也行不通。彭罗斯没有答案，但如果能证明量子理论或类似的说法方向正确，他一定会很高兴。不过他也有怀疑的地方：如果量子力学中"波函数坍缩"的时间不对称性，居然和热力学第二定律固有的时间不对称性有关，他也觉得理所当然，意思是他怀疑量子的时间之箭跟热力学的箭互相关联。"我还有更激进一点点的说法，我相信这和我们察觉到的时间流动有关。"

心智与物质

彭罗斯这几年来产生了一些不怎么正统的想法，但他也很明白主流科学和非主流的分际。如果某个想法主要基于猜测，而不是已经确定的理论，他并不会加以否认。即使浑身干劲，要来处理棘手的人类意识问题，他也知道我们只能空想，找不出实证。“意识扮演什么样的角色？这是我有点脱离正统科学的地方，但是没错，或许真的跟意识有关系。”

他尤其怀疑热力学时间之箭和心理学之箭真的有关联。的确，记忆似乎和时间有很密切的关系。但箭似乎只有一个方向：我们记得过去，但只能想象未来。同时，热力学的第二定律似乎正好相反。如果你看到厨房里有一块冰块，你知道过几分钟就会看到一摊水。但如果有人过了几分钟才进来，就只看到一摊水，他们根本不知道水从哪里来。他们无法“逆推”刚才有冰块放在那里。

彭罗斯说：“一般来说，逆推很可怕；这就是第二定律告诉我们的事情。但人类有记忆，我们一天到晚都在用当下的情况推论过去的事态。”最后，他说对于我们心目中时间流动的概念，热力学仅能提供有限的解释，“并没有人能很清楚地说：‘好，这就是热力学第二定律。’那不算是答案。实际的情况更加微妙……跟察觉力有关，跟意识有关，牵涉的问题远远超出我们能够理解的范围”。

至于时间本身，彭罗斯无法给出定义。他说：“我真的不知道。我真的认为，时间跟我们想象的不一样。并非稳定前进的某种东西——绝对不是普遍的稳定前进。”

有一个说法很生动，物理学家知道时间不是什么，但说不出时间是什么。时间不光只是稳定的流动，不只是混乱状态的增强，不光是膨胀宇宙的反射。跟这么多科学家谈过话后，我觉得众人对于时间能够同意的唯一结论，就是时间跟我们想象中的完全不一样。

就算我们真能确定某种特殊的看法，例如爱丁顿八十多年前发现的“时间之箭”，仍可能再度陷入茫然。热力学似乎说明了时间之箭的某一面，但仅仅是那一面而已。我们现在知道有很多种“时间之箭”，连当代最聪明的人也说不出它们之间的确切关系。或许时间不像尼罗河只有一条河道，而像亚马孙河一样盘根错节，也有可能跟洛杉矶的高速公路立交道一样混乱。有可能我再怎么打比方，都抓不住时间的本质。

第十一章

生命、宇宙和万物最终的命运

宗教经书早已出现预言，不同地区不同文明都充满了具有各自时代特色的预言。预测未来算是一种新近出现的休闲运动，网络上随便一找就可以找到很多，有负面的，也有乐观的。文明的崩溃向来是大家喜欢的主题，从圣经到核弹，再到全球气候改变，我们总能找到方法来想象人类的灭亡。

难道汝不见
时光能征服顽石？
亦不见高塔崩塌、
巨岩碎裂，
神殿和偶像同显旧态？

——卢克莱修《论事物之本质》（公元前 1 世纪）

永恒是一段很长久的时间，尤其是快到尽头的时候。

——伍迪·艾伦

英国牛津有很多知名的特色景观：某位诗人口中的“梦幻尖塔”、有名的方庭、蜜色围墙、雅致的拱门、成群涌入的游客。保存良好的学院建筑外观出色，装饰华丽，也非常古老。古老到旅游手册也提醒我们，“新学院”其实一点也不新，这所学院于 1379 年成立，而牛津大学那时已经有两百多年的历史。新学院内学生餐厅的木头屋顶有一个很精彩的故事。在 19 世纪中期，校方发现支撑屋顶的橡木大梁该换了。管理员立刻带着一队木匠去新学院名下的林地，砍下五百年前学院刚成立没几年就为了更换大梁而种下的橡树。

橡木通常过了一百五十年就可以砍伐，不需要等到五百年，故事或许有点夸张，却激发我们去想很少想到的事情，因为故事中为数百年后规划的概念在今日狂乱忙碌的世界中变得非常少见。听了之后深受感动的人不少，率先研究超级计算机的美国发明家兼科学家希利斯也一样。希利斯开始反省人类的短视，想出了几种方法来鼓励大家把眼光放得更远一些。最后他决定造一架机器——他立誓造出一座能运转一万年的时钟。希利斯曾在华特迪士尼幻想工程的研发部门担任主管，他召集了一群志趣相投的思想家，大家都和他一样憧憬“久远的时间”。小组内包括《联机》杂志的创刊编辑凯利和《全球目录》杂志的创办人布兰德，后者曾说过“文明正在加速冲进短到近乎病态的三分钟热度”。他们共同成立了“今日永存基金会”，按规划要制造的时钟就叫作“今日永存钟”。(这个名字来自英国的前卫音乐家伊诺，到纽约一游后他发明了“今日永存”的说法。《纽约客》“活在当下”的看法令他深受震撼，这跟欧洲人习惯的长远看法大相径庭。伊诺写道：“对我而言，这是‘短暂的现在’，也就是说相反的‘今日永存’也有可能。‘当下’绝对不是某个时刻。‘今日永存’就是承认你所在的某个时刻源自过去，也是未来的种子。”)

向永恒的现在张开双臂

希利斯的基金会在美国内华达州的沙漠买了75公顷的场地，长期计划是要在这里造出伟大的时计。在他们的想象中，这座钟就像一座塔，高度约25米，材质要耐久。该项计划仍在规划阶段，但他们已经造了一座30米高、更加平实的原型。工作人员在加州北部的工作室组装完成后，就把这座钟送到英国伦敦科学博物馆的时间展览廊，可说是适得其所。展览廊上层摆放了各个时代的钟表，令人叹为观止，有源自公元前9世纪的埃及影子钟复制品，也有1955年造出的第一座铯原子钟。但今日永存钟的外观完全不一样。

博物馆天文学和现代物理学的馆长波义耳说：“看起来跟大家心目中时钟的样子很不一样。”靠近玻璃展示箱，我们看到这座钟就像某种头重脚轻的独眼金属生物。钟面是一只巨大的黑色“眼睛”，直径约 50 厘米，上面的信息应有尽有，但是不显示几点几分。（希利斯说：“小时是我们的文化任意制定的产物。”）钟面上有不断旋转的星系，设计用来反映真实天体的移动，展现月亮的阴晴圆缺和太阳的位置，甚至也考虑到春分和秋分每两万六千年一次的岁差循环①。外侧的钟面用五位数字显示公历年，比方说 2007 年会用 02007 来表示。波义耳说：“一看就知道，因为这座钟要运转一万年，所以我们当然要避免‘万禧年’的问题。”

即使在博物馆微弱的光线中，整个装置仍发出微光，部件的材质包括黄铜、不锈钢、钨和一种叫作“蒙耐”的镍铜合金。但从某些方面来说，这座钟很老派：没有电子设备，动力来自落锤，就跟最早于 13—14 世纪出现在英格兰大教堂的机械钟一样。这座钟每天会“敲”两次，齿轮的动作由一个叫作“扭转钟摆”的装置调节。钟摆有三股分叉，撑住三颗巨大的钨球，在机器底部的平面上来回转动。钟摆上有一个看起来很复杂的装置称为“二进制机械式计算机”（也叫作“串行位加法器”），控制钟面上显示的信息。外形很像点唱机里堆起来的唱片，或者也可以形容为一摞金属煎饼，很适合当机器人的早点。波义耳说在博物馆的所有展品中，这座钟最像 19 世纪计算机先驱查尔斯·巴贝奇设计出来的装置。的确，今日永存钟被封为“全世界最慢的计算机”。事实上，很难说今日永存钟该属于哪个时代，可以想象是达尔文用星球大战里千年隼号的零件打造出这座钟的。

在内华达的基地里，原始尺寸的今日永存钟可以记录太阳在天空中的移动路径，自动和太阳时间保持一致，过了一千年也不会有误差。这个设计也很复古，就像几百年前的人会人工调整时钟，好跟日晷上的时间一致。但是今日永存钟无法持续靠自己运转：需要“上发条”。之所以刻意加入这个设计，是为了让管理人有积极参与的感觉，不光只是被动

---

① 在第一章第 5 页曾简短提过。

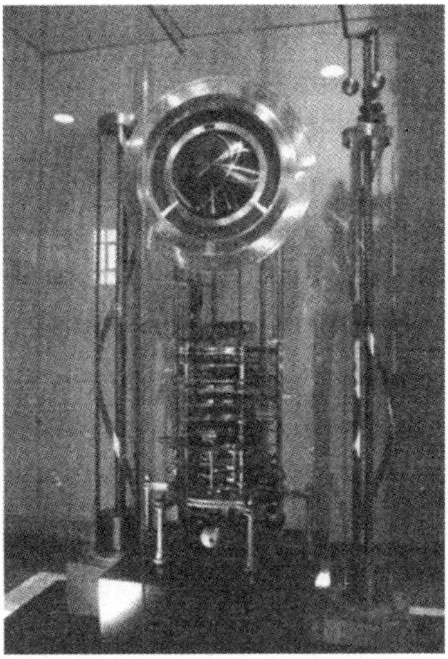

今日永存钟的原型。这座钟的设计要计时一万年，注意年份用五位数字表示

地在旁边观察。其中一个目标是要培养管理人的责任心。而且，钟内的零件也需要定期更换。

伦敦的原型已经“变成全新时间观感的象征”，波义耳说：“这座钟背后的概念除了计时外，也鼓励我们改变思考以及衡量时间的方式。”

今日永存钟的原型在 1999 年底前完工，该年 12 月 31 日午夜第一次“敲响”，引领我们走入新的千禧年①。等千年钟声响过两次，就会开始人类的第三个千禧年。根据今日永存小组成员的构想，全尺寸的大钟会附有图书馆，里面储存了上千种语言的数字数据——为了跟后代的人类沟通。

20 世纪 70 年代，“先锋号”宇宙飞船载着铜碟穿越太阳系外围，成为第一个为了离开太阳系而制造出来的人工产物，从时间的角度来看，今日永存钟的目的也差不多。铜碟上刻了裸体的男人和女人、太阳系的数据以及查克·贝里和其他歌手的音乐，设计要用来跟远方的生命沟通。如果有一天被有智慧的外星人拦截到，他们就可以从铜碟上的数据来认识地球人（先假设他们的音响功能跟我们的一样，都是伴舞的好工具）。今日永存钟的设计则是要让沟通跨越时代，跟宇宙飞船的使命很像。事实上可以说大同小异，因为“先锋号”宇宙飞船移动的速度很慢，等到被发现的时候（成功的希望似乎很渺茫），很有可能已经过了数百万年。要运转一万年的钟让我们不得不问，未来的文明会是什么样子？我们能从相似之处认出几千年后的人类吗？他们思考和行动的方式是否和我们一样？也会看重我们在意的事物吗？

窥探未来，就像睁大了眼睛想看穿浓雾。靠近自己的东西还看得到，至少看得见模糊的轮廓，比较远的景色就消失在雾气中了。时间会让眼前的景象变得模糊。

在有形的范围中，马上要到来的时刻似乎够清楚了——掉落的槌子会砸到地上，暴风雨终将逐渐减弱。但每当我们对复杂的系统（其中必

① 有些人认为新的千禧年随 2000 年开始，而不是 2001 年。

定涵盖了人事）做出具体的预测时，就会发现自己的前瞻力受到严重限制。我们知道未来会有死亡，会收到税单，但说不出谁什么时候会过世（死亡不一定总是坏事），也不知道几年后到底要付多少税金。

虽然小细节不确定，但大方向或许还能掌握。比方说，推估人口数目的专家可以研究出生率，预测到了 2070 年，世界人口会变成 90 亿，达到高峰，然后就开始滑落。我们也有把握新增的人口大多出现在发展中国家，世界上会有愈来愈多人住在城市里。（根据联合国的预测，到了 2025 年，住在城市里的人会超过 60%。）

要臆测具体的事件就难多了。如果说 2018 年会举办世界职业棒球大赛和奥斯卡颁奖典礼，或许还算合理，但 2518 年呢？假设 2040 年美国应该会举行联邦选举，但公元 3000 年或 10 000 年呢？周刊杂志常用“2020 年的人类生活”当作封面故事，模拟十年或更久之后的未来生活。但除了科幻小说的作家，谁会去思索一千年后的文明是什么样子？一百万年后又是什么样？看得愈远，景象愈阴暗不明。如果今日永存钟能流传到一万年后（差不多是从农业革命到现在的时间长度），凝望这座钟的人会是谁？

未来简史

预测未来算是一种新近出现的休闲活动。宗教经书上当然早已出现了预言，虽然旧约圣经的但以理书和新约圣经的启示录等作品其实是针对写作当时的世界提出警语。在 16 和 17 世纪时，开始有人想象乌托邦的世界，尤其是摩尔的《乌托邦》和培根的《新亚特兰蒂斯》。16 世纪时，法国药剂师诺斯特拉德马斯出版了预言合集，预测形形色色的自然灾害以及战争和军事入侵，所有的预言都意义模糊、没有日期，可以有无限的诠释方法。到了 18 世纪，另一本搜集了许多长期预测的书也由法国剧作家梅西埃于 1770 年出版，书名叫作《2440》。书中的男主角是 18

世纪的法国人，他睡了一觉，七百年后才醒来。他发现25世纪时几乎已经没有战争，奴隶制度也遭到废除。法国仍采用君主政体，人口是原来的一倍半，巴黎也按照科学计划进行重建。苏伊士运河已经建造完成，人类用热气球快速地跨越大陆。

到了19世纪，这种预言更加流行（在19世纪结束前，现代人口中的科幻小说文体就开始盛行）。再举一个来自法国的例子，1900年市面上出现了一系列色彩缤纷的烟画（译注：旧日香烟包内所附赠的小画片）。当时法国全国各地都在举办19世纪末的庆典，制作烟画也是一项庆祝活动，上面画了“公元两千年”的生活。（1986年，阿西莫夫的《未来世界》出版时也重印了这些图画。）异想天开的画片上描绘了各式各样的飞船和轻量的木制飞行机器，这在现代人眼中似乎不堪一击。也有很多作品画了个人飞行装置，但看起来就像粘在人体上的帆布或其他布料，应该是利用拍打翅膀的力量产生上升力。

看来制作烟画的艺术家利用1900年的科技，想要推测未来的世界，却完全抓不住未来一百年内快速的科技发展。飞行技术当然发展得十分兴旺，不过飞机能载上许多乘客（通常数百名），还能飞越漫长的距离，则要归功于喷射引擎和轻量的铝合金。个人飞行装置到目前还没有实现，如果旅行距离不长，大多数人会开车走陆路。烟画艺术家也显然想象到未来的飞船会更大更好，但在1937年的猛烈爆炸摧毁兴登堡飞船前，飞船就已经不流行了。

很多人相信比空气还重的飞行机器绝不可能成功飞上天。1895年，当时英国皇家学会的开尔文爵士说机器“不可能”飞到空中。过了几年，在加拿大出生的天文学家和数学家纽科姆宣称：“用比空气还重的机器飞行不切实际且没有意义，但也非完全不可能。”（原文照录）过了十八个月，莱特兄弟就在美国的基蒂霍克小镇完成了第一次飞行。

到了20世纪，最有名的负面预言似乎跟计算机有关。在20世纪40年代，IBM的董事长指出，全球的计算机市场似乎用一只手的手指就能数得出来。1977 年，数字设备公司的董事长奥尔森说："谁会想要摆一台计算机在家里？没理由。"（就在那一年，个人电子处理器、坦迪公司的 TRS-80 微型计算机和苹果二号计算机纷纷上市，不论结果是好是坏，从此大家都离不开家里的计算机了。）几年后到了 1981 年，比尔·盖茨宣称："六十四万位的内存应该对所有人来说都够了。"

"负面预言"的例子可以毫无止境地继续下去，网络上随便一找就可以找到很多。预测未来，尤其是未来的科技，是一项极不单纯的挑战。当新材质（塑料、铝、钢）出现时，我们通常看不出有多重要。有时候新的科技就算仍以原本就有的技术为基础，还是有可能看起来新奇得不得了（例如因特网）。即使新的发现或发明就快出现了，想象不到的结果还是有可能带来一种涟漪效应。福特在 1908 年组装好第一款量产车 Model T 时，谁能预测到未来会有高速公路、交通堵塞、郊区蔓延、购物中心的兴起（和"大街"的衰退）、严重的空气污染或全球暖化？有时候变化来得比我们想象的还快，有时候却慢多了。像空中飞车和机器人帮佣这些产品总让人觉得再过十年也该出来了，可是却一直无法实现。

未来学家的话

如果今日的未来学家能表现得更好，那就有意思了。2008 年年初去世的科幻小说作家阿瑟·克拉克，就留下毁誉参半的记录。在 1971 年的短篇故事中，他说 1994 年就有载人宇宙飞船首度登陆火星，到了 1999 年他就比较小心，自己承认说"2010 年能实现愿望就不错了"。本书于 2008 年写成，看来我们不可能在两年内实现目标。（现在大家认为 2050 年到 2080 年间比较有可能。）但阿瑟·克拉克也成功预测了不少重大事件：他预言通信卫星可以在跟地球同步的轨道上运作，以及所谓的千禧年错误（还好当计算机时钟转到 2000 年 1 月 1 日时，这个错误并不怎么严重）。

阿瑟·克拉克新近的一些预言相较之下比较平淡，例如说英国的哈利王子会成为第一个飞到外层空间的皇室成员，但有些预言就比较奇特。他期望在这个世纪结束前，人类会发明出新的火箭推进系统（“太空引擎”），人类探险家用这个系统前往附近的星系，在那之前，我们已经派出机器人勘探这些星系。他说，到了那时“历史才真正开始”。阿瑟·克拉克也预言人工智能到了2020年就能媲美人脑，之后“地球上就有两种有智慧的物种”，其中一种演化的速度比另一种快多了。

霍金似乎也同意，在面对不断加速的计算机科技时，必须秉持谨慎的态度。在2001年接受访问时，霍金说人类应该通过基因改造来改变基因的分子，才不会输给电子敌手，不让智能机器占上风。他说：“真的很危险，（计算机）智能会不断发展，然后占领世界。”

发明家兼未来学家库兹韦尔同意人类和计算机一定会“合并”。他预言在2019年以前，价值一千美元的计算机运算能力就跟人脑的能力差不多。到了2029，机器的意识能力也会提高。到了2099年，“人类和计算机之间已经没有明显的界限”。

再来看看美国物理学家和科学推广作家加来道雄的说法，他提供比较乐观的展望。在1997年出版的《财富、生命与智慧，在未来20年及之后的面貌》，他详细地向读者介绍科学和技术将如何在未来的一百年内改变社会。随着物理学、生物医药和计算机科技的进步，他预测我们“正要经历划时代的转变，从大自然被动的观察者变成主动的编舞师”。（强调语气是加来道雄自己加上的）他说，到了2020年，很多癌症不再是不治之症，计算机就跟啤酒一样便宜，到地球轨道上进行一日之旅的价格就跟飞越大西洋的机票一样。（然而，本书写于2008年，仅剩12年的时间，有些想法可能无法实现。）不过加来道雄也承认，整体而言他的想法太过乐观：“谁也说不准会不会发生核子战争、爆发致命的疾病或环境崩坏。”要真的发生这些情况，就很扫兴了，不是吗？

文明的终点

是的，文明的崩溃向来是学术分析和各界观察最喜欢的主题。盘算未来无穷无尽的时间时，自然也会想到人类会不会成为未来的一分子。我们的文明会继续向前，还是分崩离析？自从人类出现在地球上，打发时间最常见的方法就是担心世界末日来到。古代文化中关于末日毁灭的故事不胜枚举，我们也可以说科学革命只让人类愈来愈恐惧：与其等待天神消灭我们，人类更有可能自取灭亡。科学的进步延长了人类寿命和人口数目，但我们也第一次看到有些做法有可能消灭全人类。生态学家科克斯把我们的情况形容成："在知识和灾难之间不断扩大的挣扎。"从圣经到炸弹，再到全球气候改变，我们总能找到方法来想象人类的灭亡。

过去二三十年来，又出现了不一样的焦虑。英国物理学家马丁·里斯 2003 年出版的著作《时终》一书激起不少争端，书中概述了几项他最关切的问题。他说，之前只有一个国家，或至少一个充满怒气的行政区或反叛团体，有力量掀起大规模的破坏。而随着科技进步（尤其是生物科技），马丁·里斯说新的时代又开始了，"只要极少数拥护异端邪教的人，甚至只要一个满心愤恨的人，就能发动攻击"。

马丁·里斯提醒我们，除了担心像基地组织这样激进的基本教义团体外，比较小的异教如"天堂之门"（1997 年带领教众集体自杀）和奥姆真理教（1995 年在日本东京地铁发动沙林毒气攻击），一样会带走人命，还有美国俄克拉荷马州的几名炸弹客跟"大学炸弹客"等充满怒气的人，都应该是我们恐惧的对象。他强调，不需要像教派这样有想法相同的教众，光是一个人就可以置很多人于死地。马丁·里斯警告我们："到处都有满怀恨意的边缘人，每个人能散发出来的'力量'也愈来愈强。"

马丁·里斯说，还有一件危险的事情，社会渐渐趋向一体化，互相依赖的程度愈来愈高。灾难不太可能真的只出现在"局部"，影响城市、州县或省份的事物也会自动影响到世界上所有人的态度和行为。2003 年 SARS（严重急性呼吸道症候群）暴发就是最好的例子：从亚洲开始的传染病一下子就传播到加拿大最大的城市里，电视上播出几名多伦多人戴着口罩的影像，马上就让这座城市臭名传千里。过了好几年的时间，当地的旅游产业才得到恢复。

但马丁·里斯又说，至少从长远的角度来看，这些危险或许都只是一时的。或许在这个世纪结束前，人类文明即将延伸到地球以外。那时，不管发生的灾难再严重，也不太可能完全毁灭人类。他认为，我们正站在时间的瓶颈上：今日的危险真的存在，而且危机四伏，但如果我们能撑到几十年后，或许就能永久远离危险。

忆哥白尼于柏林墙

要解释人类的长远期盼，美国普林斯顿大学的物理学家哥特提出的方法更加抽象，但一样耐人寻味。哥特用他口中的“哥白尼原则”预测人类的寿命，就此而论，也能预测所有东西的寿命。这项原则以哥白尼命名，因为这位伟大的天文学家证明了我们所在的地球一点也不“特别”，只是一颗行星，我们后来又发现，太阳也只是普通的恒星。哥特主张，同理可证，我们所在的时间也不算特别。更明确地说，如果你正好碰到某样实体（是什么东西不重要），你就能假设两件事没错：第一，或许这东西不是一存在就被你遇上的；第二，这样东西或许不会被你遇上后就消失了。（两者都是“特别”的时刻，根据哥白尼原则，发生的概率很低。）他认为，比较有可能发生的是，你在随便某个时间碰上这样东西，这样东西已经存在一阵子了，也不会马上消失。

1969 年参观柏林墙时，哥特突然有了这个想法。墙在 8 年前盖好，很多人在猜测这面墙的存在能延续多久。哥白尼原则指出，要预测某样东西能延续多久，最好的预测方法就是看这样东西已经延续多久了。哥特的推论直截了当，听了会让人很惊讶：他假设在他参观柏林墙时，有50% 的概率，这面墙正处于其寿命的中间一半，也就是说在墙的历史时间在线，介于 25% 到 75% 之间。稍微算一下，他就得出结论，这面墙未来的寿命有 50% 的机会延续下去，介于原本寿命的 1/3 到 3 倍之间[①]。由于当时墙才盖好 8 年，也就是说算出的期限是未来的 2.7 年到 24 年。哥特特别强调，他并未预言那面墙最终的结果，只算了何时有可能倒塌。20 年后，柏林墙在 1989 年倒下，符合他的预言，所以他决定把自己的想法写出来。1993 年，他的文章《预测人类未来展望的哥白尼原则有何意义》登载在《自然》期刊上。

哥特也把这个原则套用在人类身上。他把“信赖界限”从 50% 提高到科学家传统会用的标准 95%。技巧一样：根据哥白尼原则，有 95% 的机会看到某样东西正在其寿命“中间的 95%”，亦即介于该物体历史的时间线 2.5% 和 97.5% 的两个标记之间。再来算一下数学，你有 95% 的信心，你看到的物体能延续的寿命介于目前年龄的 1/39 和 39 倍之间。智人约于 20 万年前出现，所以人类有可能再延续 5100 年，但或许不会超过 780 万年。（哥特说，这些数字符合其他人类祖先的寿命期限：直立猿人延续了 160 万年，尼安德塔人则有 10 万年，哺乳类动物一般来说已经有两百多万年的历史。）

听起来全都有点抽象，但哥特也用这个方法预测更实际的东西（预测的难度可能一样高），就是纽约戏剧作品连续演出的时间长度。在 1993 年，哥特预测了 44 出百老汇和百老汇外上演剧作的停演日期，唯一的根据就是它们的开演日期。哥特告诉我，上次他检查名单时，发现 44 出中已经有 40 出停演了（包括音乐剧《猫》，大家都以为这出戏应该

① 假设那样东西已经存在 x 年了。如果你觉得它在寿命时间线标记 25% 的地方，从现在算起，未来的寿命就是过去寿命的 3 倍，也就是 3 乘以 x。然而，如果你已经在 75% 的标记位置，那未来的寿命只有过去的 1/3，也就是 x 除以 3。所以 50% 的信赖区域（75%−25%=50%）是从长度为 $\frac{1}{3}$ x 的未来延伸到长度为 3x 的未来。（信赖区域为 95% 的论证亦同。）

“永远不会落幕”），所有的日期都落在哥白尼原则信赖区域百分之九十五所算出的范围内。

并非所有人都相信哥特的论点。高等研究院的物理学家戴森说，用“抽象的数学模型描述真实世界”时一定要很谨慎，尤其是如果我们知道某件不太可能发生的事已经发生了，“那么所有相关事件的可能性，说不定会跟着产生剧烈变化”。看看很久以后的未来，他又提出另一个我们刚才已经听马丁·里斯说过的论点——事实上，我们可能活在非常特别的时代，也就是说人类可能刚好活在星际旅行变得很普遍的时间之前。根据他的解释，是否要利用这个机会又另当别论。光是知道在接下来的两百年内“规则可能会改变”，就会牵制哥白尼原则的作用。戴森的文章说：“知道不太可能发生的事，所有的先天概率也跟着变了，因为脱离了某个星球的生活，就改变了生活中的游戏规则。”

下 注

要玩“决战末世代”的游戏，不需要拥有博士学位。20 世纪接近尾声时，好莱坞推出一部又一部小行星造成地球毁灭的电影。而定位给高级知识分子阅读的杂志，最喜欢的题材就是关于末日的想法，其中有宗教的也有世俗的。（宇宙碰撞尤其骇人，因为我们见证过此类的事件。比方说，六千五百万年前，有一颗小行星或彗星撞入墨西哥的尤卡坦半岛，目前找到的证据十分令人信服。据说这次的冲击造成气候发生剧烈改变，导致恐龙和数百种其他生物灭亡。）

在公元两千年的前夕，英国的威廉希尔博彩公司开始接受下注，让顾客打赌世界结束的方式，总共有十几种广为流传的情节（但谁也不知道世界灭亡后该怎么领自己的彩金）。最受欢迎的是“战争”，赔率一比一千。气候变化的可能性比较低，赔率一比二十五万。更低的还有外星人入侵，赔率一比五十万。而造出万年钟的今日永存基金会也设立了一个网站（www.longbets.org），提供类似的长期下注。使用者可以衡量这里的预言，如“到了 2030 年，民航班机乘客已经习惯搭乘没有机长的飞机”或“在 2000 年活着的人至少有一个到了 2150 年还活着”。（下注无论输赢，所有的收益都捐给慈善机构。）人工智能专家利瓦伊最近提出的预言或许也会成为下注的目标，他在著作《与机器人谈性说爱》中预测，到了 2050 年，“和机器人谈恋爱就像跟其他人谈恋爱一样普遍，人类常用的性行为和性爱姿势会变得愈来愈多，因为全世界的性爱手册合在一起，都比不上机器人能教人类的”。

预言人类社会演化的方式一定会困难重重。光看有形的系统，会不会比较简单呢？我们在第六章讲过，牛顿的定律让我们可以预测接收力道的物体会怎么移动，这在太阳系中已经得到证明。我们也提过拉普拉斯的想法，如果我们知道有形系统怎么运作（所有组件粒子的确切运动），就可以准确地预言未来的方向。真能清楚掌握这些运动时，就能预测未来——太阳明天会升起，2017 年 8 月 21 日会出现日食，以此类推。

但从两方面来看，大自然会阻挠我们的努力。我们已经提过，由于量子理论的阻碍，我们连单一粒子的速度都无法清楚得知，更别说复杂的系统了。第二，复杂系统演化的方式通常和原始的状态密不可分。（再想想看撞球比赛中的“连续得分”，在撞球出现后，有哪两次连续得分会一模一样？）把系统转回去，稍微改变某个物体的位置或速度，接下来的进展又会变得不一样。这种系统被形容成“无秩序地不稳定”。最有名的例子就是具警世意味的“蝴蝶效应”，蝴蝶在亚马孙的雨林里拍拍翅膀，几个月后中国的天气就会受到影响。（预报气象的人在预测某座城市的天气时，很有可能无法正确料到一个星期后的天气状况。）还有一个类似的说法，跟生物演化有关，古尔德认为，如果你“回放”过去数十亿年来生物在地球上活动的样子，应该根本不可能看到同样的生物（包括智人）以同样的方式出现。当我们思索地球的未来时，能更有信心吗？

地球的终曲

地球的命运和太阳息息相关，这是无法改变的。天文学家钻研恒星物理学几十年后，现在已经能很有信心地预测太阳的命运。太阳从 50 亿年前开始发光发热，或许还会继续照耀 50 多亿年。然而，当太阳用完自身的核燃料时，就会出现独特的扭曲状态。重力会先导致太阳缩小，但这又会导致太阳的核心变得更热，反而让外层明显膨胀。到了这个阶段，太阳会变成“红巨星”。再过几亿年（对太阳的寿命来说不算长），又会经历另一个发热和膨胀的阶段，蜕掉外层大部分的物质，最后崩坏成所谓的白矮星。到了这时，太阳的质量仍有现在的 3/4，但已经压缩到跟地球一样大小。

美国密歇根大学的亚当斯和劳克林合著的《宇宙的五个阶段》于 1999 年出版，再没有人像他们这么仔细地探索地球（还有宇宙）很久之后的命运。《宇宙的五个阶段》出版前，我到亚当斯在安娜堡的办公室拜访他，他向我详细介绍太阳系的未来，听得我心惊肉跳。他说，太阳一开始在红巨星阶段膨胀时，就会带来灾难。在五十亿年内，地球“再也不适合人类居住”。那时，空中这颗不断逼近的大火球会“把地球整个烤焦”。太阳的半径从现在的 114 万公里膨胀到 1.68 亿公里。而地球轨道的半径只有 1.5 亿公里，听起来的确很可怕。然而，由于太阳的重力，地球的轨道到那时也会膨胀到 1.85 亿公里。所以胀大的太阳还不会吞噬地球。但是地球上留下来的东西都会被烧得面目全非，因为太阳光的强度会变成现在的三千倍。不过我们早在那之前就会碰到麻烦。亚当斯说：“在太阳这么靠近地球前的二三十亿年，太阳就已经够热了，无法控制的温室效应会让地球变得非常非常热。”气温不仅热到会让积极打击暖化的美国前副总统戈尔发疯，连海水也会沸腾，“所以在二十亿年内，就生活而言，地球本身的问题就够多了”。在最近发表的文章中，亚当斯的说法更冷酷：“根据目前的估计，我们的生物圈在三十五亿年内就会灭绝，所以过了这些年后，地球上的生命就会绝迹。”

到了那个时候，毫无生气的地球可能还会苟延残喘一阵子。虽然地球会移到更宽的轨道上，但亚当斯说当地球通过“星流”时，也会碰到更多阻力。阻力终将导致地球的轨道崩坏，让地球更靠近太阳，走向自己的末日。在同一篇论文中，亚当斯用两个简洁到令人害怕的句子描述地球的结局：“然后地球就蒸发了，残余的重元素进入太阳的光球层。这个时刻距今约莫还有 70 亿年，也就是地球下台一鞠躬的时候。”

幸好人类在地球上生存的时间仅有二十多万年，几千年前才开始使用科技，和几十亿年比起来真是小巫见大巫。所以，或许我们可以想象，人类在地球灭亡前能够旅行到银河系的另一端，或至少离开命数已尽的太阳系。现在，我们再来看看宇宙未来的命运。

宇宙的命运

如果我们住在牛顿的绝对空间和时间里，想象人类和很久之后的后代会一直延续下去，时间永远没有尽头，其实也很合理。但物理学家 20 世纪时的新发现改变了我们的想法。20 世纪中，大爆炸模型奠定根基后，天文学教科书提到宇宙的命运时，通常有两种可能性。如果宇宙该有的命运很不错的话，宇宙就应该是“封闭的”：重力终究会让宇宙停止膨胀，然后开始收缩，最后则在所谓的“大崩坠”中坍塌，也就是反向的大爆炸。如果宇宙的命运比这更悲惨，宇宙应该是“开放的”：永远不停止膨胀，宇宙中的所有作用会慢慢按照热力学第二定律“衰减”。宇宙会变得更暗，更冷，更不适合生物生存。弗罗斯特有一首很有名的诗抓住了这两个可能性的精髓：“人言，世界将毁于火 / 或说，将灭于冰。”一直到了 20 世纪的最后几十年，我们也只能想到这么多，宇宙将承受其中一种命运，但我们不知道是哪一种。但宇宙一向充满了惊喜，在 20 世纪迈入尾声时，又给了我们一个大惊喜。

20 世纪 90 年代即将结束时，天文学家正在研究遥远星系的特质，就像 70 年前哈勃的做法（除了其他的设备外，天文学家现在用的太空望远镜就命名为哈勃）。这一次，他们把注意力放在这些星系内的爆发恒星上，也就是超新星，并测量出它们的正确距离。独立从事调查的国际团队有两组。其中一组叫作“高红移超新星搜寻团队”，由澳洲国立大学的施密特和美国巴尔的摩太空望远镜科学研究院的里斯负责领导。另一个团队叫作“超新星宇宙论计划”，由美国加州劳伦斯柏克莱实验室的佩尔穆特带领。两个团队比较了远方星系的运动对靠近地球的星系的影响。结果令人十分意外。宇宙除了不断膨胀外，也在持续加速。

看来宇宙在 70 亿年前一直在减速，之后又进入了有史以来最为迅速的膨胀阶段。宇宙加速的可能因素为何？大爆炸的推力无物能够幸免，但重力的力量应该会减缓膨胀的速度，宇宙也应该慢下来。天文学家和物理学家的结论是一定有某种能量能抵消重力，这种力量真的会加大星系之间的距离。我们都不知道这到底是什么，现在只能称之为“暗能量”。早在 1917 年，爱因斯坦提出他的“宇宙常数”时，他说有一种能量和空间有关，很有可能就是这种暗能量。假设果真如此，那么他“毕生最大的错误”事实上反而是超乎想象的远见。

然而，即使暗能量就是爱因斯坦的宇宙常数，也还存在其他的问题。物理学家没有办法解释暗能量的确切来源，也不知道为什么这种能量有特殊的强度。（科学家根据目前所知小于原子的粒子和量子理论，努力推算暗能量的强度，得出的值大到无法想象。）暗能量的本质仍是当今物理学界最深奥的一个谜。

黑暗的能量，黑暗的未来

我们只知道暗能量有一个特质——传送出来的额外“推动力”确保开阔的宇宙会继续膨胀。今日的天文学家凝望宇宙的另一边，看到聚集成团的星系，这些星系团又组成超级星系团。超级星系团看起来就像串在巨大的弦状细丝上，这些丝线横跨宇宙中数亿光年的距离。重力打造出这些结构，暗能量却扰乱它们。

在命运的安排下，亚当斯出版了《宇宙的五个阶段》，然后施密特、里斯和佩尔穆特才公开他们的发现。暗能量的出现对亚当斯的预测有什么影响？

“或许最重要且最新的消息是我们现在‘知道’宇宙正在加速，”亚当斯用电子邮件告诉我（用引号来强调实际上在科学的领域中，绝对没有百分之百可靠的结果），“既然宇宙膨胀的速度不断加快，基本上就不会再形成新的宇宙结构。”换句话说，这些星系团和超级星系团以及弦状细丝就是宇宙演化的尽头。亚当斯说：“现在宇宙中所有的东西再也不会变多了，就这么多。”

由于暗能量的作用，这些巨大的结构会慢慢瓦解，宇宙最后也会变得跟现在完全不一样。在刚开始的几兆年内一切看起来还算正常，恒星继续发光，它们庇护的行星可能正好适合人类居住。亚当斯称之为“群星遍布”时期，正是我们当下所在的时期。

然而，到了最后，恒星的核燃料会耗尽（或许在过了一百兆年后），新星也无法形成。群星遍布时期步入尾声，我们会进入亚当斯口中的“衰退时期”：宇宙中最显眼的物体都会变成“衰星体”，基本上就是不再闪亮的恒星耗尽能量后的核心。普通的恒星都已经演化成白矮星，而比较重的恒星则会变成极度稠密的中子星或黑洞。（偶尔会有两颗白矮星相撞，导致超新星爆炸。亚当斯算出来，在残余的银河系中，每隔一兆年就会发生一次这样的事件。每颗超新星都会灿烂发光好几个星期，最后衰退成退化的核心，和其他类似恒星的物体一起留在宇宙中。）

亚当斯提醒我们，这些残余的星体终究也不值得留恋。过了一段漫长到令人麻木的日子后，白矮星和中子星会通过“质子衰变”的作用完全瓦解，所有的固体都屈服在辐射线之下。（我们仍无法推算质子的寿命，但最可靠的估计则介于 10 的 30 次方到 10 的 40 次方之间。[①]）衰退时期就此结束，之后，宇宙中留下的大型结构只有黑洞，我们也会进入名副其实的“黑洞时期”。

我们的宇宙和物理定律所能打造出的物体中，最持久的就是黑洞。宇宙不断膨胀，时间永无止境，但黑洞也必须屈服。黑洞最后会因霍金辐射（1974 年，霍金率先提出这种量子力学的作用）而挥发消失。质量跟太阳一样大的黑洞能够持续 10 的 65 次方年；超级巨大的黑洞或许能持续 10 的 100 次方年（或许看了很眼熟，这个数字叫作“谷歌”（googol）：1 后面跟了 100 个零，也是知名搜寻引擎公司 Google 命名的由来）。

等到最后一个黑洞在霍金辐射中灰飞烟灭，宇宙里几乎什么都没有。只留下一团团稀疏的基本粒子，在冰冷平凡的真空中无尽地漂流。亚当斯把这最终的时期称为“黑暗时期”[②]。

如果我们能有办法把自己送到很久以后的“黑暗时期”去，我们会看到什么？“不多。宇宙会变得非常黑暗，非常模糊，”亚当斯说，“只剩下相当迷蒙的粒子‘汤’。主要是基本的粒子：电子、正电子、微中子和光子，或许还有其他超出我们知识范围的东西。”亚当斯解释，在物质如此稀薄的环境中，也不太可能发生什么作用。偶尔电子可能会跟正电子结合，形成“正子－电子偶”的原子，但连这种物质也终将瓦解。电子和正电子也可能直接毁灭彼此。亚当斯说：“除了这些微乎其微的毁灭活动，宇宙几乎没有能量，整个宇宙寂静无声……宛如黑暗的海洋。”

艾略特的形容或许比弗罗斯特更贴切：“世界就会如此终结／没有轰然巨响，只有一声悲鸣。”

---

① 这几个数字都很大，别忘了宇宙现在的年龄也只有 10 的 10 次方。

② 亚当斯的书名是《宇宙的五个阶段》，我讲了其中的四个。我们现在的“群星遍布”是第二个阶段，第一个阶段是“太初时期”，大约涵盖宇宙历史刚开始的一百万年，从大爆炸到恒星最初开始成形。

天文学的结局

宇宙慢慢地衰退成永恒的黑暗，比这更令人沮丧的现象似乎不太可能。但是我们现在就要举个例子，由于暗能量的推力绝对不会让步，很久以后的未来，当人类仰望天空，就不会像现在看到这么多星星，那个时候的天文学家无从得知从前曾有这么广阔复杂的宇宙。

重力会把银河系和最靠近的邻居仙女座星系拉在一起，再加上稀稀落落的“矮星系”，组成所谓的“本星系群”。比本星系群更远的数十亿个星系并不靠着重力跟我们连在一起，暗能量驱动的宇宙膨胀最后会把这些星系推到我们的视线范围外。最远的物体会最先消失，正如亚当斯所说：“掩盖在宇宙地平线后方。”比较靠近的星系则会步其后尘，一个一个消失。

约莫再过 1000 亿年，就连室女座星系团（离我们最近的星系团），也会从宇宙的地平线消失。我们会跟宇宙的其余部分完全隔开，除了组成本星系群的几个星系，从望远镜看出去，只能看到一片黑暗。其他的星团也面临同样的命运，和最靠近的邻居完全分离。如果在这些地方也有天文学家，他们的望远镜看出去也是什么都没有。康德幻想的“宇宙孤岛”将会真正实现①。

从本星系群仍可看到一些活动，我们的银河系和仙女座星系目前正朝着彼此移动，预计过 60 亿年后就会结合在一起。（结合后大多数的恒星都不会直接受到影响，因为恒星彼此之间的距离远超个别恒星的直径，一般不会碰撞在一起。）过了很长的时间后，银河系、仙女座和其他本星系群的小星系就会结合成庞大的星团。

本星系群形成独立的宇宙后，天文学家可以把望远镜瞄准“本地”的目标，但无法察觉宇宙整体的结构。克劳斯及其同僚最近提出，等到

---

① 有一个说法可以解释这种消失的现象，这些星系彼此远离的速度比光穿过其间距离的速度更快。（听起来似乎违反狭义相对论，其实不然，太空本身的膨胀会拉开星系之间的距离。）同理可证，说星系的光线红移程度太严重，以致无法侦测也是成立的。

了那个时代，天文学家得费尽千辛万苦，才能推论出曾经发生过像大爆炸这样的事件，遥远的星系红移到看不见的地方，哈勃在20世纪20年代的发现从此已成绝响。同时，宇宙微波背景辐射也会遭遇相似的命运：当宇宙微波背景辐射的波长被延伸到更长时，来自其他来源的辐射就无法接收到信号。克劳斯说那个时代的天文学家会被误导："在观察宇宙的现象时，他们可能做出错误的结论。宇宙看似静态，其实这个想法大错特错，因为宇宙膨胀的速度快到让他们无法察觉。"

这会带来不少的麻烦。想到我们现在拥有的知识过了很久之后居然会消失，自然很令人气馁，或许因为这个缘故我们会为了保存知识而不计一切代价。这也会让我们思忖，人类对眼前景物的诠释可信度究竟有多高。另一方面，一定会有相关的科幻小说出现，故事还挺有说服力：甲文明宣称他们画出了全宇宙的地图，却遭到乙文明的挑战，乙文明流传下来的古老记录虽已蒙尘，但上面的夜空更加精彩，描绘出更无穷大的宇宙，可惜早已失传……

生命的尽头

我们看到了宇宙注定将如何在黑暗中结束，那么宇宙中的生命又将面对何种命运？热力学第二定律似乎也指明了我们的命运。在开放的宇宙中，所有的实体、生物、想法都必须走到尽头。哲学家罗素曾说："世世代代的努力、奉献、鼓励、最光辉灿烂的人类天赋，最终的命运都是灭绝……人类成就的殿堂最后必定会埋葬在宇宙废墟的破瓦残砾下。"

然而，在20世纪70年代末期，戴森提出一个解决之道：他用更简单的说法把"生命"形容成能够处理信息的生物。由于处理信息需要能量，也会产生热能，不断膨胀的宇宙要让这种系统保持运作，提供的有用能量似乎会愈来愈少。戴森认为生命实际上可以无止境地"休眠"。他主张，只要能延长休眠期，也就是降低生物的"新陈代谢"，生命或许就能永远延续。

但是发现了暗能量后，戴森的策略或许就失效了。物理学家克劳斯和斯达克曼在 1990 年研究这个问题时，发现生命的确有问题。他们推论说，生命需要能量，在不断加速的宇宙中，集中和控制那股能量就会变得愈来愈困难。我们各自的“宇宙孤岛”和宇宙的其余部分愈隔愈远，能用的资源也受到严格的限制。根据两位科学家的理论，在资源有限的情况下，任何生物（或对等的机器）都只有有限的记忆，“最后会遗忘旧有的想法，以便增加新的想法”。他们认为，有限的知识就表示有限的想法。到了最后，能够思考的生物除了不断产生同样的想法，似乎别无选择。“永恒会变成监狱，而不是范围无限扩张的创造探索空间”。到了最后，“就有形的化身而言，生命必须走向尽头”。

生命、宇宙和万物的展望果真如此，让人感觉并不怎么美满，但或许我们可以从中领走一些正面的想法。首先，眼前还有几十亿年的时间，可以做很多善事，我记得萨根在他的电视节目《宇宙》快播完时也说过类似的话。此外，人类有限的大脑竟然也能想到这么久以后的事情，还有那么一点信心，也实在令人佩服。我也不懂，我们怎么能看得见未来过了数十亿年又数十亿年后的宇宙命运，却看不清楚几个世纪后的人类文明。

或许后代子孙会聚集到内华达的沙漠中，满心敬畏地站在今日永存钟前，就像现代的游客站在埃及的金字塔前，感到自己的渺小。或许不然。这项充满野心的计划成果能延续多少代，谁也说不准。物理学家兼作家本福德就是一个例子，他怀疑伟大的万年钟不到一万年就会宣告死亡。他觉得这座钟的原型“太漂亮”，他希望要放在沙漠里的正品没这么闪亮。他说：“第一批经过的飞车族就会把这座钟毁了。如果造得没那么漂亮，应该能更耐久。[①]”作家海斯更不以为然，如果我们竟然假设万年后的文明仍

① 本福德在著作《深邃时间》（1999 年出版）中用另一个令人称奇的例子，说明我们无法和后代沟通：有些好心人为了后世的利益，封了很多“时光胶囊”，里面放了具有时代特征的物品，通常也会埋在地下，结果现在都找不到了，不是没设立“记号”，就是忘了胶囊埋在哪里。他指出，美国加州可乐纳市的居民过去五十年来共埋了十七个时光胶囊，后来全部不知所终。

跟我们有同样的价值观，甚至一样想要记录时间，等于犯了一个叫作“时间殖民主义的毛病，限制后代子孙要维护我们流传下去的系统”。海斯承认，考虑对后世子孙最有益的做法的确很高尚，但我们怎么能猜得到几代之后的人到底想要什么。他写道：“假设我们这一代的价值观体现了永恒的真理和美德，这很愚蠢也很自大。据我所知，未来的人类会感谢我们烧光了有害的汽油，又咒骂我们根除了天花病毒。”为了避免到了公元 9999 年的最后一天人类会面临“一万年”危机而用五个数字编年，海斯认为这个想法也很偏执。他说四个数字就够了。“如果我们养成习惯，造出的机器都要用到一万年以后，或者把计算机程序编写成可以容纳五位数字的年份，我们根本没帮到后代子孙的忙，只是在满足自己的狂想”。

没错，海斯指出在过去几百年，人类也怀抱着崇高的希望造了其他的钟，希望它们能运作跟一万年一样漫长的时间。原本于公元 14 世纪打造的斯特拉斯堡大教堂内的大天文钟就是一个例子。过了两百年，有一组人受雇修复这座钟的机械装置，可是他们却造了一座新钟。到了 18 世纪再次大修时，匠人也并未修复旧有的机器，反而装了新的机芯进去。今日永存钟虽然展现了无比的雄心，但海斯怀疑还不到一万年，就会有人进行类似的改头换面工作。全尺寸的正品和原型至少会有一个很重要的差异。我前面说过原型钟“每天敲两次”，有三股分叉的钟摆“来回转动”，但我应该说，这座钟会运转，钟摆也会晃动，仿佛真在运作。

很明显，今日永存钟从美国加州运到英国时就已经停下来，放在科学博物馆后也并未恢复运作。我去参观时这座钟整个停住了，在 2008 年年初也一样。今日永存基金会的发言人说，包住钟的玻璃箱也是一个原因，很难帮机芯上发条。他说：“我们的目标是要装有马达的上发条和驱动装置，就不用打开玻璃箱了。”我不清楚这个目标什么时候才能达到。

在达到目标之前，那座要诉说万年故事的钟只能默不吭声。

第十二章

最后，哲学家说……

所有过去和未来的你都跟现在正在读这本书的你一样真实，曾经活过的人现在仍然“活着”，恺撒活着，希特勒活着，斯大林活着。“现在，他比我早一步离开这个古怪的世界，”爱因斯坦如此描述好友的去世，“这不代表什么。我们是有信念的物理学家，过去、现在和未来的差别只是挥之不去的幻觉。”

时间宛若携我前行的长河，但我就是河；好似吞噬我的老虎，但我就是虎；亦如烧干我的烈火，但我就是火。

——博格斯

时间是幻觉。午餐时间更是双倍的幻觉。

——道格拉斯·亚当斯

时间之旅进行到现在，我们从不同的角度窥探时间。有些人认为时间是绝对的，有些人认为是相对的。有人觉得时间是一条线，有人则觉得是一大块。还有人想把时间折回原点，绕着圈圈在时间中旅行。我们也设想过最早感受到时间流动的人过着怎样的生活，还有人学到了把一秒钟切割成数十亿份。在现代科学能够涵盖的范围内，我们看到了时间的起点和终点。

但关于时间的本质，还有最基本的问题尚未得到解答。首先，时间"流动"这个麻烦的问题还没解决。时间真的以有形的方式"流逝"吗？这个古老的问题不是开玩笑，它始于巴门尼德和赫拉克利特彼此冲突的看法，伟大的思想家奥古斯丁、牛顿、康德和爱因斯坦都百思不得其解。时间难道是变化的同义词吗？会不会是更基本的东西呢？难道有了神秘的时间，才可能有变化，宇宙才有可能奠定根基？还是正好相反——我们再怎么爱说"时间的长河"，河道也有可能是干的，流动也只是幻觉？

（如果说讨论流速没有意义，这条河又怎么能流动呢？）如果流动只是想象，“过去”和“未来”随之干涸，只留下一连串的“现在”，就像巴伯和其他大胆的思想家所说，那么每个“现在”的立足点都一样吗？

或许几百万年来的生物演化，加上数千年的文化和语言演进，引导我们想象出这种实际上不存在的流动。这个问题只能让心理学家和哲学家来提供答案。或许就和心理学及哲学的其他伟大问题一样复杂和艰难，比方说“自我是什么”和“意识是什么”。

心智和头脑

时间流动是不是我们的大脑从一团感官数据中组合成形，然后当成真实物品呈现给我们的东西？这样的组合作用是否非常有效，让我们以为成品一直“就在那儿”？对某些思想家来说，“自我”本身就是这么建造出来的，如果还有其他这么丰富的认知结构，时间或许只是其中的一小部分。

美国加州大学圣地亚哥分校的哲学家丘奇兰认为：“在本质上，自我是大脑构造出来的东西。”自我是“仰赖大脑的真实组织网络，用来监督身体的状态、设定优先级，并在大脑内建立区隔，分开内心世界和外在世界”，她说一个很简单的例子就是视觉感知。我们“看见”二维的世界（一只眼睛看到一个二维影像），但大脑会收集数据，打造出三维的影像，这就是我们感知到的。丘奇兰写道：“大脑会建造一系列‘了解外在世界意义’的神经工具。一个就是未来，一个是过去，还有一个是自我。”她强调，自我（以及过去或现在）并未因此失去真实性，但她认为这些东西都是我们使用的“工具”，而不属于外在的世界。

物理学家和作家戴维斯的想法也差不多。我最近和他在美国凤凰城见面，他在亚利桑那州立大学校园内新成立的“远方”研究中心当主任。（7 月的纽约就够热了，9 月的凤凰城更像火炉。他们在书店前装了高空洒水器，下课时提供片刻的清凉，这还是我第一次在校园里看到这种景象。）1995 年，戴维斯写了一本关于时间物理学的书，书名叫作《关于时间》，内容详尽且充满真知灼见。他在这本书跟无数的论文和文章里都主张时间的流动只是幻觉，接受访问的时候，他也坚持同样的立场。

“时间的流动、时间的移动、过去现在和未来，或者当下，都没有对等物，”他告诉我，“这些都不在物理学里。”因此，“很容易相信这只是心理学和语言的产物，跟实体世界的本质其实没什么关系”。

我们觉得时间的流动属于“常识”，但戴维斯说，我们的常识跟直觉都是生物演化的产物。“演化除了塑造形体，也塑造心智。所以我们常用某些方法来诠释世界，某些概念也让我们觉得比较自在”。看来我们早已习惯这种想法，认为时间是一种会流动的东西。因此他说，像时间流动之类的观念，即使没有物理学的基础，也会“干涉我们对世界的看法”。

我不知道公元前 5 世纪的奥古斯丁那时在想什么，他说时间流动并非来自外在世界的感知，而是心中的想法：“衡量时间，就在我的心里……有事发生，就在心里留下印象……我衡量的，就是这些印象。因此，这东西本身就是时间，否则，我根本无法衡量时间。”过了一千三百多年，康德的想法也差不多：“时间的想法并非来自感官，而是感官作用的前提。”这就是他的主张，“时间并非客观之物，不是物质，也不是机遇或关联，而是一种主观的条件，必须归因于人类心智的天性”。

如果时间的流动纯属幻觉，大脑也对心智玩了其他的花招。戴维斯用坐在办公椅上的小孩当作例子：他转啊转，转了一会儿才停下来，却觉得房间好像仍在绕着他转。但小孩知道事实并非如此：这是幻觉，过几分钟就会消散了。戴维斯说时间的流动或许也是同样的幻觉，只是更为根深蒂固。

但我们仍想知道“流动”的概念从何而来。戴维斯说：“这个幻觉需要立刻找到解释。”他认为，合理的解释“可能来自心理学、神经生理学以及语言学或文化研究”。

时间的演化

当然有人根据专业知识做出猜测。前面提过彭罗斯努力钻研不同时间之箭的关联。美国麻省理工学院的物理学家贾菲怀疑，热力学的时间之箭和心理学的时间之箭有关系。他最近跟我说："我觉得人类对时间的体验基本上来自热力学。我们察觉到的记忆和经验，以及对未来的期望，都来自大脑这种物理化学环境中的信息贮存、处理、衰退和熵生成。"

大脑的确会把信息搬来搬去，但是否和计算机移动信息的方式类似，一直是大家争论不休的问题（彭罗斯属于强烈反对这个说法的一派）。最近也有很多人提出论据，认为信息论总有一天会帮助我们了解物理学定律以及意识的本质[①]。虽然还无法证明，但如果这个论据能解释时间表象流动的来源，就很值得钻研。

也有人从演化的观点探讨这个问题。面对时间的流动，老祖宗跟现代人的想法相去甚远，随着时间的流逝，我们的世界观跟着演进。在大脑发展时，世界观也一起发展。每时每刻，来自四面八方的新信息不断地轰炸（形状和颜色、不同层次的光影、声音和气味等等），我们的大脑亦有方法整合所有的信息，锻造出合理的生活写照。如果失去这种能力，源源流入的数据所造成的混乱会让人无所适从。相反，我们就能建构出"场景"。生存价值当然是主因——我们不会看见一双露出凶光的眼睛以及黑黄相间的条纹，我们会看到"一只老虎"，当然拔腿就跑。

时间流动也是类似的构造吗？愈来愈多的思想家提出类似的结论，和霍金合作"宇宙无边界"说法的物理学家哈特尔（第十章）也是其中一名。他写道："我们强烈地感觉到有'现在'以及时间从过去'流过'

---

① 有两本趣味盎然的书在2006年出版，都探讨这个想法，分别是塞费的《解读宇宙密码》和劳埃德的《宇宙的设计》。

现在通往未来，都跟生存价值有关。”他也希望，如果能确定演化对人类感知设下的约束，就能帮我们了解时间的真正本质，或许也需要借助信息论。很简略地说，他认为会收集和使用信息的实体（包括人类的大脑）刚开始都把信息放在“输入暂存区域”，然后传送到“记忆暂存区域”，释放输入区域内的空间。暂存区域之间的信息传送不知为何“感觉”就像是时间。哈特尔说：“信息从一个暂存区域流动到另一个，人脑内也会出现类似的作用，最后就带给我们时间流动的感觉。[①]”

此外，贾菲说，我们还不知道实际的机制有哪些细节，“或许是种复杂到难以置信的一体化流程”，我们对时间流动的感觉，“是根深蒂固、与生俱来适应演化的结果，带有基因的生物（我们人类的老祖宗）处在毫无秩序的环境中，人类一开始面对物竞天择就已经继承了这个结果”。

眼见可否为凭

大自然呈现的幻觉不止一种。早在数千年前，就有人凝望猎户座的众星，看到威风凛凛的猎人。到了今日，我们可以品味那景象代表的神话，同时在冬季的傍晚观赏灿烂恒星的壮丽景色，但我们现在明白了，猎人只活在我们的想象里。我们也打破了很多相关的错误观念，比方说地球是平的、天空是个大圆顶，以及太阳绕着地球转。除此之外，许多类似的错误观念会出现，只是因为我们从有利的特定位置观察宇宙，可以称之为“看法的幻觉”。

也有一些看法可以称为“诠释的幻觉”。数百年来，周遭的动物和植物总让我们啧啧称奇，觉得设计非常精巧，动植物的活动会让我们想到制造精细的机器（比方说时钟），这让人想象一切都来自神圣的钟表匠。

① 哈特尔点出言外之意，我们碰到的外星人或许会有跟人类一样的时间观念，“也有过去、现在和未来的概念，以及时间流动的想法”。

但达尔文的理论出现后，我们才发现自然作用有多么复杂，也明白了其实不需要一位看不见的钟表匠。

第三种看法可以叫作“萌现的幻觉”。再回到我们前面提过的水的“湿度”。我们现在知道要有几百万个水分子聚集在一起，湿的感觉才会萌现，单独的水分子没有这种特质。（你也可以说，有知觉的人才能体验湿的特质。）物质的“硬度”也是类似的幻觉，原子物理学告诉我们，石头大部分是真空，但我们浑然不觉原子核之间的大片空白。从宏观的角度碰触石头，就会感觉到石头的硬度。

我们或多或少都学会了活在这些幻觉下。我们花了好几百年（或好几千年）的时间学习，现在我们能辨别出幻觉，继续日常生活。我们仍会教小孩辨认天上的星座（如果自己能认出来，也很幸运地正好在没有光害的地方），但现代的小孩知道天上的猎户不是真人。我们可以用比喻的方法讨论人眼的“设计”，但内心也明白这跟车子的设计不一样。不湿的水也不太可能构成问题，去掉湿的特质，仍留下彼此推挤的水分子。就我们对水的了解，这没什么大不了，它只是拐弯抹角地提醒我们，人类对“湿”的感知要视很多条件而定（最重要的是，那只是一种感觉）。

如果时间的流动是幻觉，那这种幻觉似乎比其他的幻觉更加深刻。物理学家可以告诉我们时间在大爆炸的那一刻“萌现”，但时间的萌发似乎比水的湿度或石头的硬度更令人困惑。去掉水的湿度虽然没问题，但去掉时间的“流动”却让人无所适从。如果时间不流动，那我们到底还有什么？还能认得出时间就是时间吗？

如果说时间不是宇宙的基础，这个概念很难让人接受。但从 20 世纪初，我们不得不放弃牛顿的绝对时间和空间理论，而采纳相对论和量子理论，接下来这一百年来的科学研究也提出了很多让人难以接受的说法。四维的时空很难想象（不管是什么，只要是四维就很难想象），当下死活状态不分的猫咪，以及特质和遥远的粒子具有神秘关联的粒子，都落入难以想象的范围。时间不是大自然的基本要素，这一点算是非常难以想象。格林恩哀叹：“每次我坐下来合上眼睛，想要描绘某个东西不会占用空间，也不想感觉到时间的流动，但总是无法达成期望，甚至跟期望差得远了。和环境有关的空间，或和变化有关的时间，总是能渗进来。”我又想起2300年前亚里士多德讲的话也有异曲同工之妙：“即使四周一片黑暗，我们的肉体也不受干扰，但一旦心里想到什么事情，我们就会马上觉得时间也悄悄地流逝了。”

哲学插曲三

这个特别的维度最耐人玩味的特质是我们不太明白哪一门学科“负责”研究第四维。我们已经看过，要努力厘清时间的意义，除了物理学，还牵涉心理学、语言学、人类学、神经科学和认知科学，当然少不了哲学。就连这些学科也彼此牵连，没有清楚的分界。我们也看到了，像记忆的演化这么特别的问题，自然涵盖了不止一门学科。

在本书中我主要从物理学的角度来讨论，但哲学的分支叫作形上学，偶尔也会违反传统的物理学（或有些说法会彼此重叠）。讨论到现实的终极本质、心智的本质和宇宙的起源时，我们多半把这些问题形容成形上学的问题。但是我们看过，科学家也会钻研这些问题，也有不错的成果（像我们在第十章看到的），尤其在讨论宇宙起源的时候。

看来不论什么学科，学者都可以钻研时间的问题。或许物理学家的进展最为实在，但每个人都可以提出意见。在哲学界，关于时间的辩论仍跟以往一样激烈。只要有心，人人都可以探索“时间之箭”、感觉得到的时间“流动”和时间特有的本质。

在哲学期刊中，一篇又一篇的论文讨论的问题可追溯到亚里士多德的时代（有时候还更早），但搭配了新的科技素材或惑人的修辞之后，就连最古老的问题都让人耳目一新，觉得再不正视就糟了。比起物理学期刊中呆板的写作风格，哲学期刊通常会给人热烈激昂的感受。

过去几年来，素负盛名的英国期刊《哲学》刊登了不少当今重要思想家有关时间本质的论文，一般都很难懂，满篇争论，甚至语气也不太友善。牛津大学的达米特和东安格里亚大学的里德最近的意见交流就十分火爆。达米特写了一篇文章《时间等于连续不断的顷刻吗？》，正式掀起战火，他讨论的问题从亚里士多德和奥古斯丁以来就一直困扰着思想家。里德回应时宣称："我们不清楚人类怎么能把不占时段的顷刻累进成连续体。这个概念就像用没有维度的点构成一条线。"（他的论文标题很精彩："时间是什么？"是个好问题吗？）达米特猛烈抨击里德，说他"看来不明白"连续体的意思，并举出一组实数当作反例①。过了几页后他说："里德博士似乎发狂了，到处乱挥拳，不知道他的对手站在哪里。"在另一次提出抗辩时，里德说达米特，"面对无可避免的观念不够认真，时间是概念性的，不单是我们能在宇宙（组织）中找到的东西"。谁知道哲学居然会跟剑术这么相像？

物理学家对这种争论有没有兴趣又是另一回事。过去几年来跟无数的物理学家谈过话后，我的结论是他们大多没有特殊的兴趣去探讨辩论的哲学层面（在自己高度专业的领域中要阅读众多的文献已经够花时间了）。里德这位哲学家也勉强承认："在物理学中，'时间'就是时间，哲学永远无法成功预测物理学的走向，根据我的猜想，甚至一点用也没有。"

但哲学家或许在某个方面超越了物理学家，他们懂得向后退一步，努力地总揽全局。哲学家卢卡斯在其著作《时间和空间的论文》（1973 年出版）中竭尽全力想要解决形成时间问题的所有的复杂因素。他完全了解当我们思索像时间这么难懂的谜题时心中会浮现哪些固有的矛盾说法。跟奥古斯丁一样，我们认为我们知道时间是什么，但想用言语表达时，心理和语言却都陷入狂乱。卢卡斯写道，当我们听说时间是永恒的动态影像、心理的延伸、事件的顺序、钟表上的数字或第四个维度时，我们"礼貌地

---

① 实数不光是整数，还有整数之间无限多的分数，包括像圆周率 π 这种"无理"数。

聆听”。“但虽然礼貌地聆听，我们却无法全心赞同”，他说，上面的定义都无法捕捉时间的精髓。“我们说不出时间是什么，”卢卡斯觉得很沮丧，“因为我们早就知道了，而人类语言却永远追不上我们已经知道的东西。”

恺撒还活着？

对大多数人来说，要把时间的流动归类为纯粹的幻觉，需要违反直觉，培养出全新的思考方式。我们看过其中几个最令人困扰的问题，比方说自由意愿会遭到否定。如果在宇宙中，每个“现在”都具有同样的地位，或许也有积极的一面。根据某些思想家的说法（包括我们在第六章提过的巴伯），这个想法蕴含了永垂不朽的信念。

亲人朋友过世，为什么会觉得难过？这个问题有很多答案，但究其原因，想到死去的人从此不存在，就会令人忧伤，他们的功绩和悲剧都变成过去式，未来没有他们的一席之地。正如哲学家洛克伍德说，我们会有这种感觉，“因为我们本能地认为存在——充满精力的存在，就等于当下的存在，就在现在这个时刻”。

在现代物理学不分时制、没有“现在”的区块宇宙中，可以用悲惨程度大幅降低的新观点来看待死亡。过去的事件就跟现在的事件一样真实，所以已经“结束”的生命就某种意义而言，只是换了位置，换到“区块”上比较遥远的区域。（从这个观点来看，生命的“结束”的确就像亚利桑那州的领域在新墨西哥州的边界上“结束”，但亚利桑那州并没有“去”其他地方。）洛克伍德写道：“从这个观点看来，不活在现在但活在过去或未来的人，感觉就像不活在这里但活在其他地方的人一样真实存在……在这个观点中，死亡并非删除某人的存在，而仅仅是一次事件，标记此人朝着一个（类时间的）时空方向延伸的最终界限，就像人的皮肤标记其他（类空间的）方向的最终界限。”如果我们认真地从这个观点来思考，所爱的人即使已经去世，也应该把他当成“依然”活着，就像住在遥远国度的朋友也还活着，只是联络不到（在没有电话和电子邮件等工具的情况下）。洛克伍德说："爱因斯坦鼓励我们像对待活在远方的人一样来看待活在过去的人，他们存在于时空中，跟我们一样有血有肉。只是他们跟我们住在连续体的不同地带内。"

我们前面看过巴伯带着他的"柏拉图尼亚"概念，张开双臂拥抱这种类型的"永生不死"（如果可以用这四个字形容的话），用"柏拉图尼亚"这种新观念来描绘时间，每个"现在"都独立存在。到英国的南纽英顿拜访他时，我问他恺撒大帝是否就跟我们两人一样还活在这个世界上，他给我肯定的答案。我告诉他我不同意，恺撒已经死了，他的肉体早就化为尘土，结束了。有宗教信仰的人或许会说他的"灵"还在云云，但他并不像我们说的"活着"一样活在世界上。

巴伯不为所动。

我怀疑我们只是字面上出现歧义，我问他是否相信恺撒大帝"真的活着"。我活着，因为我具备某些特质，那恺撒也有这些特质吗？巴伯回答："我认为没错。我也会说，你跟我在生命的早期阶段就跟现在的你我一样，都活着。"

我很想相信他的话。

我费力想象，十二岁的我依然"存在"，满腔热情地把玩他的（我的）第一台相机，那是慷慨的祖父给的一台柯达胶卷机……或是二十岁的我苦苦挣扎读懂第四年的量子物理学，一大堆晦涩的等式……但我做不到，"他们"都消失了，"我"却还在这里。要想象五十岁或六十岁的我也"存在"，更是难上加难，他们的时代会来临（我希望会），但似乎只有"我"存在于"现在"。

别忘了，如果我们采纳巴伯的见解——所有过去和未来的"你"都跟现在正在读这个句子的"你"一样真实——那么曾经活过的人现在仍"活着"。根据这个看法，希特勒和斯大林也跟其他人一样"活着"。这让人感觉利弊难断，想到所爱的人仍活着（在时空或柏拉图尼亚的某处，就是“没有现在”的场所中)，似乎就能得到安慰，但想到带来苦难不公的情况仍在进行中，一定会让我们觉得痛苦。巴伯不喜欢说某件事“仍在进行中”“正在发生”或“正在继续”这样的说法，因为这么说就会给人时间正在流动的错觉。他比较喜欢说这些事件“存在”。

这个关于存在的观点很值得注意，也实在很难懂。我想我懂了，但是不一定会赞同。巴伯呢？当然他一定也跟其他人一样，感觉得到时间流动和流逝，不是吗？

没错，他承认在这方面他跟其他人一样。巴伯说：“我的生活跟其他人没什么两样。”尽管如此，怀有这些脱离正统的时间观点，或许也对他有益。“我觉得我的理论让我比很多人更珍惜每一个刹那”，他告诉我，他不在乎要跟别人斗个你死我活。的确，很难找到像南纽英顿这样远离都市尘嚣的地方。如果（起码在英格兰）要找个避开现代社会压力的住所，这里就是最好的选择。巴伯补充道：“我真的认为世界太美了，太有意思了。我要尽我所能品味一切。”

在加拿大多伦多谈时间

巴伯的想法脱离了主流，但他也有自己的追随者。至少他启发了新一代的物理学家，他们很敬佩巴伯能用新的方法思考古老的问题。

位于多伦多滑铁卢的圆周研究所主要研究理论物理学，在这里工作的物理学家施莫林也是巴伯的追随者（我们在第六章简短地提过）。圆周研究所是独立的研究机构，离多伦多市区有一个小时的车程，施莫林就住在这里。他和其他人创造的“循环量子重力理论”，应该是他最出名的成就，他们提出这个理论来取代想要联合相对论和量子理论的弦论。循环量子重力理论指出，空间和时间必须量子化（跟彭罗斯的扭子理论一样）。根据施莫林的说法，“循环”这个词“源自理论中的一些计算结果牵涉到时空中标出的小循环”。我们甚至可以把空间（跟时间）当成这些循环组成的结果，这些循环小到几乎无法想象，直径约为10的负35次方[①]。

在那之后，大家都知道施莫林写了一本争议性很强的书《物理学的困惑》(2006年出版)，很多人认为这本书在攻击弦论。施莫林在书中主张，弦论虽然感觉很有希望，但大肆宣传了几十年后，却无法提出成果。他也说，太多才华横溢的年轻物理学家放弃了其他的方法，纷纷走上弦论的道路。弦理论家听了当然不高兴了。(施莫林强调，他并不想用这本书攻击某些弦理论家。)

物理学家施莫林

施莫林从哈佛大学取得博士学位，在耶鲁大学和宾州州立大学任教后，定居在加拿大的安大略省。他住在多伦多宁静的住宅区里，正好在皇后西街热闹的那一带和新兴的西皇后西街（找不到更好的名字给这个地带）中间。

施莫林告诉我，他非常敬重彭罗斯和巴伯。过去他曾说过，巴伯尤其是他心目中的“哲学导师”。他特别崇拜巴伯处理量子重力理论的方式。施莫林说，很多处理这个问题的人都给人“思绪松散”的感觉，而巴伯却“真的想得很透彻”。

但施莫林并没有全盘采纳这位英国学者“时间无干”的结论。施莫林不愿意承认所有的“现在”都具有同等的地位。这种做法完全地抽掉了时间的本质，剩下来的就不是我们所知的“时间”了。施莫林告诉我：“从哲学的角度来看，我相信时间真的是基本要素，这个想法挥之不去。时间是自然体验的基本要素，怎么可能不是宇宙的基础呢？”

① 在《宇宙的构造》中，格林恩总结与之对抗的理论如下：“一言以蔽之，弦理论家从小（量子理论）到大（重力理论），循环量子重力理论的支持者则从大（重力理论）到小（量子理论）。”比较这两种方法时，他说弦论的进展超前了。

52 岁的施莫林顶着一头乱发，蓄着发白的胡须，戴着金属框眼镜，黑色羊毛衣袖子卷得高高的。我们坐在他家的大餐桌旁谈话，周围不断有人经过（也有动物），包括管家、施莫林 15 个月大的儿子小凯、名叫埃米莉的黑色大狗、偶尔帮忙遛狗的人（他的妻子是律师，这时正好不在家）。施莫林说："我就待在这里，旁边有人来来去去。"

既然有人来来去去，又怎么能否决时间的流动呢？

我们啜饮热茶，配上巧克力碎屑饼干，施莫林说："我们体验到的真实有如连续不断的时刻，很难归纳出特征，但不论在什么情况下，很清楚地都有'现在'——虽然说起来会让人觉得很混淆，也有'过去'和'未来'。"

听起来还算合理，不久以前，这样的说法对我而言就是不证自明的真理，甚至可用显而易见来形容，现在听起来仍给我很真实的感觉。

"坐在这里聊天时，'现在'一直更新，曾是'现在'的东西就不再存在，"施莫林继续说，"这一定是最基本的。在体验真实时，也是最难磨灭的特征。"

换句话说，施莫林跟彭罗斯和巴伯一样，相信物理学对时间的钻研还不够。我们的理论虽然不错，却无法抓住时间本质的精华。

施莫林认为，时间（包括令人头痛的"流动"）太真实了，不能用幻觉来带过。因此巴伯"时间无干"世界的见解并不在他认同的范围内。

我告诉他我跟巴伯讨论过恺撒大帝究竟是死是活。施莫林说："我不同意巴伯的说法。恺撒已经不存在了。"

有些物理学家把时间只定义成时钟测量的对象，再没有其他含义了，这听起来十分刺耳，也让施莫林很不满。或许就实证性定义而言也够了，但他说这也是"一种实证性借口。我在这方面并非实证主义者"。这种定义一来没考虑到因果关系，更不用说大家常提到的流动①。

---

① 所谓的"实证主义"这种哲学立场提供了另一条"逃生通道"，实证主义以测量和观察的结果为焦点，并不想辨明"真实"。霍金就曾说过："如果像我一样采取实证主义的立场，你就说不出时间到底是什么。你只能描述某种已经证明还不错的时间数学模型，指出这个模型能预测的东西。"

施莫林在《宇宙的生命》(1997 年出版)这本书中表达了类似的关切:“就个人而言，面对一个没有变化和时间的世界，我的想象力就消散了。我不知道人类心智所能想象的事物有没有真正的限制，但光想这个问题就会让我更靠近自己的心智中能用语言或其他方法来设想的界限。”

我提出另一个建议，时间的流动是心智的属性，不是宇宙的特质。要解释时间的流动，最后仍将走上哲学的道路。

他说:“这一点也让我想了很久。我想不出来要用什么方法解释。”

早在爱因斯坦出现前，时间“流动”的概念就快要消失了。或许可以说伽利略、笛卡儿和牛顿的研究成果让这个概念开始腐坏。这三位科学革命的伟人踏出第一步，用几何学的方法描绘时间(但是牛顿在他著名的定义中也提到了“流动”)。从此以后，我们就很习惯时间是一条线的说法，可以画在图表上，表示空间中的方向。如果时间和空间放在不同的轴上并形成正确的角度，我们就可以画另一条线来表示两者之间的关系。例如，我们可以绘图表示正在加速的车子已经通过的距离和用掉的时间[①]。把这个问题交给小学生，大多数人都画得出来。不过这种表现方式虽然有帮助，但学生画的线自然不会“流动”，也无法帮助我们了解这种流动。

在第六章我们已经看过这种思考方式会带我们走向何方——我们可以想象宇宙是“块状”，里面有很多同样重要的“现在”。没有“流动”把“现在”从未来运送到现在，或从现在运送到过去。当然也没有包罗一切的“现在”能够联合所有人。

这确实就像爱因斯坦用狭义和广义相对论引领我们的方向，显示出空间和时间实际上的联系有多么密切。正如前面说过的，在相对论中，普遍的“现在”消失了。相反，每个人都有自己的“现在”，而且我的就

① 一般标绘的方法是让图表的线向右上方走。也就是说，距离随着时间一起增加。如果车速固定，就会画出一条直线。

像你的一样好。相对论摧毁了我们对“宇宙时钟”的期望，也有可能让“过去”和“未来”变得四分五裂。“过去”和“未来”这两个词也变得跟“现在”一样主观吗？

很多物理学家会给出肯定的答案，情况就是这样。我们在第八章提过的物理学家多伊奇属于这一派。他跟彭罗斯及巴伯都坚定地相信时间“流动”只发生在人类的脑袋里。他在 1997 年出版的《现实的结构》中写道：“我们无法体验时间的流动或流逝。我们只体验到现在的感知和现在所记得的过去的感知之间有什么差异。我们把这些差异诠释成宇宙随着时间变化的证据，这也没错。但我们也把这些差异诠释成我们的意识或现在或某物在时间中移动的证据，这就不对了。”

去掉时间的“流动”后，多伊奇坚持，“现在”的想法就跟“这里”的想法一样主观。在我和他对谈时，我提议我们画一条“时间线”，在上面标出年份……2006、2007、2008……都没有问题。然后我问他（我们见面时是 2007 年），我们不能画个箭头指向“2007”，然后贴上“现在”的标签吗？他说要加上警告才行：把某个点标成“现在”就像拿张地图把上面的某个点标成“这里”。根据他的解释，“这里”和“现在”等标签都只是参考，是相对的，不是绝对的。“如果拿一张世界地图，我可以在上面标一个‘这里’，就跟你（在时间在线上）标出‘现在’一模一样。但没有人会相信‘这里’真的属于这个世界，在世界上没有一个地方可以从客观的角度称之为‘这里’。”他补充说，“这不是什么秘密，只是语言的怪癖。”

他的逻辑没有破绽，但仍觉得有点怪。（虽然从 2008 年的立场回头看，2007 年当然再也不是“现在”，但曾经是！我推测他的论点就是这样。）尽管如此，在你读到这句话时，难道不觉得当下这个时刻很特别吗？是否感觉比“这里”这个地点更特别呢？你目前在空间中的位置当然跟往东十米或往西十米不一样，虽然十米的差别很细微。如果想要的话，你可以坐到十米以外的地方。但讲到在时间中的位置时，感觉就别无选择了，你自然而然就在我们口中的“现在”这个时刻。

这些论点多伊奇都听过很多次，仍不为所动。他说：“‘这里’和‘现在’连提都不用提，你还是可以丝毫不漏地描述宇宙。”（如果我是《星际旅行》中的麦科伊博士，多伊奇是史波克先生，这时候我就该告诉他：“你的逻辑要更混乱点！”）

那么，为什么我们会有这种时间流动的感觉呢？多伊奇说：“我不觉得我们有这种感觉。我觉得时间流动的想法不是人类的感觉，而是我们从小就学会的说法。实际上这不是我们的世界观，只是我们说人类会有这种感觉。”

在离开前，我当然要问他恺撒到底是死是活。我告诉他，我觉得我才活着，恺撒已经死了。

他说：“好吧，你现在是这样没错。”

时间的风景

很多哲学家和物理学家（尤其是爱因斯坦之后的），似乎对现状都很满意，他们愿意接受比较静态的时间说法。1951 年，美国哲学家威廉姆斯发表了影响深远的论文《时间推移之谜》，他讨论时间的方式就仿佛时间跟空间真的很类似。在时间中移动，就等于在空间中移动，反之亦然，他坚持两者都可以很简单地当作“有序的扩展”。我们感受到的“流动”就只是感觉，不是真实“存在”的某物。

城里来的游客问：“这条路不通往其他地方吗？”乡民说：“不，这条路就在这儿。”要说一条线会流动或景色“向西退去”，才能说时间会“流动”。也就是指有序地扩展。每个人通过时间就像篱笆前进通过农场：也就是说我们的存在和篱笆的存在分别会占据连续不断的顷刻和点。这就是推移，不是什么额外的东西。

哲学家帕特南也很满意现状：“我不相信时间还有其他的哲学问题，

只有物理学的问题，要决定我们所在的四维连续体有什么样的物理几何。”德国数学家韦尔也说：“客观的世界就这么存在，不需要从无到有。只有当我的意念定睛凝望，在随着时间不断变化的空间中，世界的某一块如飞逝的幻象般苏醒过来，顺着肉体的生命线往上爬。”

好吧，这个解释够清楚了吗？时间不会流动，反而是“有序地扩展”、属于四维的连续体、某人的“意念定睛凝望”的产物。我必须遏止冲动，免得讽刺的话脱口而出，毕竟这是目前物理学和哲学的主流立场。不论时间是什么，并不是会流动的东西。可以说这是我们无中生有的特质，并非原本就“存在”的东西。

但我仍想要抗拒。时间就像风景“向西退去”般流动？根本不是！风景会待在原处，时间的表现却不一样，它会把我带着走，或者从我身旁匆匆通过。时间这片风景实在很奇特，强迫所有人紧紧跟在后面，不准停下来也不准回头。在我的想象中，时间几乎就等同于一片风景。

伽利略的名言是，大自然就写在数学的语言里。但施莫林指出，数字和线条等数学的实体习惯上就静止不动，似乎冻结住了。最近在纽约的物理学研讨会上，他说：“我们体验到的时间中的世界就像一连串的时刻。但当我们用数学表示世界时，这些时刻就消失了。”在《物理学的困惑》中，他断言：“我们必须找到解冻时间的方法来表示时间，但不会把时间变成空间。我不知道该怎么做。我无法想出用来表达世界的数学运算，而那世界并非冻结在永恒中。”

他也指出，这个问题经过好几个世纪才形成，一有新的理论出来（包括20世纪的重大突破），我们反而更加贴近本质上就大错特错的时间概念。他写道：“我的感觉愈来愈强烈，量子理论和广义相对论都把时间的本质弄错了，错得很离谱。把这两个理论结合还不够。还有更深的问题，或许要回归到物理学的源头。”

施莫林并不孤单。比方说，兰德尔也提过她的疑虑，最近她说：“我希望时间是幻觉，但不巧的是感觉非常真实。”就连戴维斯也有不确定的时候。虽然写了很多论文支持没有时制的时间观点（他用旋转椅子的说法当作比拟），他也不确定我们形容时间的方法是否少了什么。在《关于时间》的结尾，他说：

> 身为物理学家，我自然明白直觉很有可能引领我们偏离正道……但我也是人，我发现自己没办法放弃我感觉到的时间流动，和不断移动的现在。这是我最基本的现实经验，要说只是幻觉或错觉，反而让我心生厌恶。我觉得时间的某个面向非常重要，但到目前为止，我们在描述有形的宇宙时都忽略了这一面。

关于时间的本质我们有很多急欲解答的问题，或许再过几十年就会有更满意的答案出现。物理学家认为我们所认识的“时间”来自量子泡沫，或振动的弦，或鼓动的膜，或当大爆炸发生时的某物。好吧，但别忘了，我们需要更详细的信息。时间到底如何出现，又如何拥有我们所认定的这些特质？我也要问心理学家和哲学家：如果时间的确是幻觉，是心智和大脑产生的构想，也请告诉我们，这幻觉从何而来？

漫步普林斯顿

在一个世纪前掀起旋风、颠覆人类时间看法的爱因斯坦去美国度假兼工作时，纳粹取得了德国的政权。那时他已经是举世公认的当代最杰出的科学家。他的血统和命运也让他成为全世界最出名的犹太人。纳粹来不及阻止他逃脱，只得搜查他在柏林郊外的住所，查封他的财产。之后，支持纳粹的人还公开焚毁他的著作。爱因斯坦的照片也列在纳粹的头号通缉犯名单里，下面写了“尚未处以绞刑”的字样。

爱因斯坦立刻宣布放弃德国的公民身份，从此再也没踏上祖国的土地一步。他写了无数的书信帮助其他还在德国的犹太裔科学家顺利取得

签证，救了不少人的命。1933 年，美国新泽西州的普林斯顿大学成立了高等研究院，爱因斯坦应聘到这里工作。他定居在默塞街一栋古老的木制房屋里，在充满乡村风味的普林斯顿享受隐居的生活。他去世前在这里住了 22 年。

普林斯顿在美国算是高档的大学城，自爱因斯坦去世后过了五十多年，小镇风貌依旧（有可能多了一两家星巴克咖啡店）。但跟爱因斯坦年少时居住的波恩相比，为这位举世闻名的居民举办的庆祝活动实在很少。爱因斯坦的房子如他所愿并未改建成纪念馆，目前依然是私人住所。（这栋房子仍散发出天才的味道，住在此处的经济学家最近拿到了诺贝尔奖。）当地的历史学会在纳苏街经营一家小小的博物馆，陈列了不少跟爱因斯坦有关的收藏物，在 2005 年——爱因斯坦奇迹年的百年纪念日，当地的公民团体在市政厅前竖立了这位科学家的半身铜像。

爱因斯坦的相对论带给世人全新的时间观和空间观，他虽然清楚这一点，却也觉得有些不自在。也有人跟他陷入同样的挣扎，到了晚年，他常跟杰出的奥地利逻辑学家哥德尔（1906—1978 年）对话，这对他的想法有很重要的影响。哥德尔跟爱因斯坦一样逃离了纳粹的魔掌，搭乘火车穿越西伯利亚后，他乘船到达美国，1940 年跟爱因斯坦一起在高等研究院工作。他们两人很快就变成了好朋友。在每天来回研究院的路上，他们缓步而行，穿过普林斯顿住宅区覆盖着茂密树荫的街道，用德语讨论宇宙的奥秘，不知道这是否会引起路人的注意，抑或根本没人注意到？

哲学家尤格拉的最新著作《没有时间的世界》（2005 年出版）以两人的友谊为主题，引起了学界的广泛关注。在数学界，哥德尔最出名的理论就是“不完备定理”。这个定理是他在20世纪30年代早期发展出来的一组证据，为数学系统可及的范围设下了基本的限制。但尤格拉指出，哥德尔也想过物理问题，比如说爱因斯坦的广义相对论有什么含义。他仔细考虑过广义相对论描述的“旋转宇宙”，也率先对“封闭式类时间曲线”和时光旅行带来的问题提出疑虑。受到相对论影响的时间概念似乎最让他觉得困扰。哥德尔和爱因斯坦都不明白主观的“现在”是什么意思——假设“现在”只是另一个“这里”。但哥德尔比爱因斯坦更钻牛角尖，他跟巴门尼德和哲学家麦克塔加特一样，得出的结论是时间本身属于幻觉。

爱因斯坦从未完全摒除时间的真实性，但他仍无法接受时间不会“流动”的观念。去掉了“宇宙时钟”，不能用清楚明确的方法标出每一个“现在”。宇宙中所有的事件都有过去和未来，但没有“绝对的”过去和未来。在描述20世纪中这一对伟大的思想家时，字里行间看得出尤格拉的忧虑。过去和未来真能和现在一样真实吗？

现在正在思索明天早餐要吃什么的同时，我应该继续想昨天的早餐该点什么吗？还是两次点餐都该取消，因为餐点早就来了？由于现在跟过去一样不真实，我现在正躺在我去年去过的沙滩上，为什么我只能认同现在在寒风中颤抖的“我”？……时间中有无数的时刻，也有无数的我，果真如此，他们都是我，还只是不完整的我？

难题来了——在相对论中，所有的时刻都有同等的地位，但人性却认为所有的时刻并不平等。笛卡儿说“我思故我在”，他其实也可以说：“我思，故我现在在。”跟人类经验有关的事物都让我们不得不特别在意当下这个时刻。

去掉“现在”的特殊地位，时间的长河就会变成块状，每一个部分看起来都一样。或许这时我们会想到巴伯无穷无尽的现在，还有无穷无尽的巴伯。还有麦克塔加特的“B系列”，其中有很多事件，但没有事件“发生”。“再来”则是多伊奇的主张，“现在”只是主观的标签。爱因斯坦革命性的理论就把我们带到这里吗？如果答案是肯定的，为什么我们觉得自己只占据了独一无二的现在？如果彭罗斯的说法没错，能了解人类的意识时，我们就有答案了吗？难怪尤格拉衷心盼望能够知道五十年前，爱因斯坦和哥德尔傍晚时分在空气清新的普林斯顿漫步时究竟聊了什么。他写道："当大众（或许不包含所有的人）的心理坚持一个信念，也就是从时间的角度来说，相信宇宙和爱因斯坦博士之间一切都很顺利，等于是把自信心寄托在错误的地方。一切其实都不顺利。"

来听听爱因斯坦自己关于这些问题有什么说法，应该很有趣。很可惜虽然爱因斯坦著作等身，题材广泛，不限于物理学，也涵盖了政治、人权、宗教等等，但他对于时间灭绝的想法却只能看到蛛丝马迹。我们在第七章看过，爱因斯坦提到"简单而主观地感觉到"时间的流动，这种感觉"让我们能够整理印象，判断某件事比较早发生，另一件事则比较晚"。另一个或许非常重要的线索来自生于德国的哲学家卡纳普（1891—1970 年）。纳粹掌权后，卡纳普设法离开德国，在高等研究院与爱因斯坦短暂共事，然后移居到加州，接受加州大学洛杉矶分校的职位。在一篇自传性的论文中，卡纳普提到 20 世纪 50 年代早期他跟爱因斯坦的一次对话：

> 爱因斯坦曾说过，"现在"的问题令他非常困扰。他解释说，"现在"的经验是人类特有的，实质上跟过去及未来不一样，但这一重大的差异不属于物理学，也不可能用物理学解释。无法用科学来领会这种经验，他只得痛苦地放弃。

卡纳普接着说，物理学当然能够解释自然界中一切事件的结果，但要靠心理学才能解释"和时间有关的人类经验有何特别之处，包括他对过去、现在和未来的不同态度"。爱因斯坦听了表示接受，最后他对卡纳普说："不落入科学领域的'现在'才是重要的精华所在。"

内心充满怀疑的爱因斯坦如是说，至少他是这么反应的——理应全力支持自己所有理论的爱因斯坦，或许仍犹豫他的理论是否还有未尽之处。但作家和传记作者喜欢引述另外一段话，在每本跟爱因斯坦有关的书里，几乎都会出现这三句话。字字切中主题，感觉就像另一个人的声音，这个人出力创造了一个奇异的世界，或许出人意料的是，他听起来比真正的爱因斯坦对这个世界更有自信。这三句话来自爱因斯坦晚年写的一封信。之前和他在专利局一起工作的好友贝索过世了，爱因斯坦写了慰问信给他的家人，日期是 1955 年 3 月 21 日，不到一个月后爱因斯坦也离开了这个世界。

“现在，他比我早一步离开这个古怪的世界。”爱因斯坦如此描述好友的去世，“这不代表什么。我们是有信念的物理学家，过去、现在和未来的差别只是挥之不去的幻觉。”

参考书目

我特别推荐标记★的文献，这些文献探讨关于时间本质的特定面向。我也推荐标记★（T）的文献，不过这些文献包含一些技术性内容，可能较适合有物理科学背景的读者。

*Adams, Fred and Gregory Laughlin. *The Five Ages of the Universe*. New York: The Free Press, 1999.

Alexander, H.G. *The Leibniz-Clarke Correspondence*. Manchester: Manchester University Press, 1956.

Aveni, Anthony. *Ancient Astronomers*.Washington: Smithsonian Books, 1995.

*______. Anthony. Empires of Time. New York: Kodanasha International, 1995.

Barnes, Jonathan. *Early Greek Philosophy*. London: Penguin, 1997.

Benford, Gregory. *Deep Time*. New York: HarperCollins, 1999.

*Blaise, Clark. *Time Lord: Sir Sandford Fleming and the Creation of Standard Time*. London: Weidenfeld & Nicholson, 2000 (2001 ed.).

Bostrom, Nick, and Milan Cirkovic (eds.). *Global Catastrophic Risk*. Oxford: Oxford University Press, in press.

Brandon, S.G.F. *History, Time and Deity*. Manchester: Manchester University Press, 1965.

Brockman, John (ed.). *How Things Are: A Science Tool-kitfor the Mind*. London: Weidenfeld & Nicholson, 1995.

*Boorstin, Daniel. The *Discoverers: A History of Man's Search to Know His World and Himself.* New York: Random House, 1983 (1985 ed.).

Burl, Aubrey. *The Stone Circles of the British Isles*. New Haven, Conn.: Yale University Press, 1976.

Calaprice, Alice (ed.). *The New Quotable Einstein*, Princeton, N.J.: Princeton University Press, 2005.

Clute, John, and Peter Nicholls (ed). *The Encyclopedia of Science Fiction*, New York: St. Martin's Press, 1995.

Cocks, Doug. *Deep Futures: Our Prospects for Survival*. Montreal and Kingston: McGill-Queen's University Press, 2003.

Cohen, I. Bernard, and Anne Whitman. *Isaac Newton - The Principia: A New Translation*. Berkeley: University of California Press, 1999.

Cornish, Edward. *The Study of the . Washington*: World Future Society, 1977.

Coveney, Peter, and Roger Highfield. *The Arrow of Time: A Voyage through Science to Solve Time's Greatest Mystery*. New York: Ballantine Books, 1990.

*(T) Dainton, Barry. *Time and Space*. London: Acumen Publishing, 2001.

*Danielson, Dennis (ed.). *The Book of the Cosmos: Imagining the Cosmos from Heraclitus to Hawking*. Cambridge, Mass: Perseus Publishing, 2000.

Dale, Rodney. *Timekeeping*. London: The British Library, 1992.

*Davies, Paul. *About Time*. London: Penguin Books, 1995.

______. *How to Build a Time Machine*. London: Penguin Books, 2001.

* Deutsch, David. *The Fabric of Reality*, London: Penguin Books, 1997.

*Duncan, David Ewing. *Calendar: Humanity's Epic Struggle to Determine a True and Accurate Year*. New York: Avon Books, 1998.

Einstein, Albert (trans./ed. Paul A. Schilpp). *Autobiographical Notes*. Chicago: Open Court Publishing, 1979.

Einstein, Albert, and Leopold Infeld. *The Evolution of Physics*. New York: Simon and

Schuster, 1938 (1966 ed.).

Falk, Dan. *Universe on a T-Shirt: The Quest for the Theory of Everything*. Toronto: Penguin Books, 2002.

* Ferris, Timothy. *Coming of Age in the Milky Way*. New York: Anchor Books, 1988 (1989 ed.).

*______. *The Whole Shebang*. New York: Simon & Schuster, 1997 (1998 ed.).

*______ (ed.). The *World Treasure of physics. Astronomy, and Mathematics*. New York: Little, Brown and Company. 1991.

*Folsing, Albrecht. *Albert Einstein*. New York: Penguin Books, 1997 (1998 ed.).

*Fraser, J.T. *Time: The Familiar Stranger*. London: Tempus Books, 1987.

Gamei, Galileo. *Dialogue Concerning the Two ChiefWorld Systems - Ptolemaic and Copernican* (trans. Stillman Drake). Berkeley: University of California Press, 1967.

Galison, Peter. *Einstein's Clocks, Poincare's Maps*, New York: W.W. Norton & Company, 2003.

*Gell, Alfred. *The Anthropology of Time: Cultural Constructions of Temporal Maps and Images*. Oxford: Berg, 1992.

*Gleick, James. *Isaac Newton*. New York: Random House, 2003 (2004 ed.).

*Gorst Martin. *Measuring Eternity*. New York: Broadway Books, 2001.

Gott, j. Rlchard. *Time Travel in Einstein's Universe: The Physical Possibilities of Travel through Time*. New York: Houghton Mifflin, 2002.

*(T) Greene, Brian. *The Elegant Universe*. New York: W.W. Norton & Company, 1999.

*(T) ______. *The Fabric of the Cosmos*, New York: Vintage Books, 2004.

Gribbin, John. *In Search of Schrodinge's Cat: Quantum Physics and Reality*. New York: Bantam Books, 1984 (1988 ed).

*______. *The Birth of Time: How Astronomers Measured the Age of the Universe*. New Haven: Yale University Press, 1999.

______. The *Origins of the Future: Ten Questions for the Next Ten Years*. New Haven:

Yale University press, 2006.

Griffiths, Sian (ed.). *Predictions*. Oxford: Oxford University Press, 1999.

Hawking. Stephen. *Black Holes and Baby Universes*, New York: Bantam Books, 1994.

______. *A Brief History of Time*. New York: Bantam Books, 1988.

* ______. *The Universe in a Nutshell*, New York: Bantam Books, 2001.

*Isaacson, Walter. *Einstein: His Life and Universe*. New York: Simon & Schuster, 2007.

*Kaku, Michio. *Einstein's Cosmos: How Albert Einstein's Vision Transformed Our Understanding of Space and Time*. New York: W.W. Norton & Company, 2004.

______. *Visions: How Science Will Revolutionize the 21st Century*. New York: Anchor Books, 1997.

Kandel, Eric. *In Search of Memory*. New York: W.W. Norton & Company, 2006.

*Klein, Richard G., with Blake Edgar. *The Dawn of Human Culture*. New York: John Wiley & Sons, 2002.

Krauss, Lawrence. *The Physics of Star Trek*, New York: Basic Books, 1995.

Kurzweil, Ray. *The Age of Spiritual Machines*. New York: Penguin Books, 1999 (2000 ed.).

*Landes, David S. *Revolution in Time: Clocks and the Making of the Modern World*. Cambridge, Mass.: Harvard University Press, 1983.

*Levine, Robert. *A Geography of Time: The Temporal Misadventures of a Social Psychologist, or How Every Culture Keeps Time Just a Little Bit Differently*. New York: Harper Collins, 1997.

Leslie, John. *The End of the World: The Science and Ethics of Human Extinction* New York: Routledge, 1996.

*Lippincott, Kristen (ed). *The Story of Time*. London: Merrell Holberton Publishers, 2000.

*(T) Lockwood, Michael. *The Labyrinth of Time*, Oxford: Oxford University Press, 2005.

Lucas, J.R. *A Treatise on Time and Space*. London: Methuen & Co. Ltd., 1973.

Macey, Samuel L. (ed.). *The Encyclopedia of Time*. New York: Garland Publishing, 1994.

Mallett, Romnald, with Bruce Henderson. *The Time Traveler*. New York: Thunder's Mouth Press, 2006.

McCready, Stuart (ed.). *The Discovery of Time*. Naperville, Ill.: Sourcebooks Inc., 2001.

*Mithen, Steven. *The Prehistory of the Mind*. London: Thames and Hudson, 1996.

*Nahin, Paul. *Time Machines: Time Travel in Physics, Metaphysics*, and Science Fiction, New York: Springer Verlag, 1999.

*(T) Pais, Abraham. *Subtle is the Lord: The Science and Life of Albert Einstein*. Oxford: Oxford University Press, 1982.

*(T) Penrose, Roger. *The Emperor's New Mind*. New York: Oxford University Press, 1989 (1990 ed.).

______. *The Road to Reality: A Complete Guide to the Laws of the Universe*. New York: Alfred A. Knopf, 2005.

______. *Shadows of the Mind*. Oxford: Oxford University Press, 1994 (1995 ed.).

Pickover, Clifford A. Time: *A Traveler's Guide*. Oxford: Oxford University Press, 1998.

Price, Huw. *Time's Arrow and Archimedes' Point: New Direction for the Physics of Time*. Oxford: Oxford University Press, 1996.

Pritchard, Evan T. *No Word for Time: The Way of the Algonquin People*. Tulsa, Okla.: Council Oak Books, 1997.

Rees, Martin. *Our Cosmic Habitat*. Princeton: Princeton University Press, 2001.

*______. *Our Final Hour*. New York: Basic Books, 2003.

Ridderbos, Katinka (ed). *Time*. Cambridge: Cambridge University Press, 2002.

Ruggles, Clive. *Astronomy in Prehistoric Britain and Ireland*. New Haven, Conn.: Yale University Press, 1999.

Savitt, Steven (ed). *Time's Arrow Today: Recent philosophical work on the direction of time*. Cambridge: Cambridge University Press, 1995.

*Schacter, Daniel. *Searching for Memory*. New York: Basic Books, 1996.

*______. *The Seven Sins of Memory*. New York: Houghton Mifflin Company, 2001.

Shapley, Harlow et. al. (eds.). *A Treasury of Science*. New York: Harper and Brothers, 1943.

Smolin, Lee. *The Life of the Cosmos*. Oxford: Oxford University Press, 1997.

*______. *The Trouble With Physics: The Rise of String Theory, the Fall of a Science, and What Comes Next*. New York: Houghton Mifflin Company, 2006.

*Sobel, Dava. *Longitude: The True Story of a Lone Genius Who Solved the Greatest Scientific Problem of His Time*. New York: Penguin Books, 1995 (1996 ed.).

Stachel, John. *Einstein's Miraculous Year*. Princeton: Princeton University Press, 1998 (2005 ed.).

*Steel, Duncan. *Marking Time: The Epic Quest to Invent the Perfect Calendar*. New York: John Wiley & Sons, 2000.

*(T) Thome, Kip. *Black Holes and Time Warps*. New York: W.W. Norton & ompany, 1994.

Toomey, David. *The New Time Travelers*, New York: W.W. Norton & Company, 2007.

*Toulmin, Stephen, and June Goodfield. *The Discovery of Time*. Chicago: University of Chicago Press, 1965 (1977 ed.).

Turetzky, Philip. *Time*. London: Routledge, 1998.

*Weinberg, Steven. *The First Three Minutes*. New York: Basic Books, 1997 (1988 ed.).

*Westfall, Richard. *The Life of Isaac Newton*. Cambridge: Cambridge University Press, 1994.

Westphal, Carl, and Jonathan Levenson (eds.). *Reality*. Indianapolis: Hackett Publishing Co" 1994 (1993 ed.).

Whitrow, G.J. *The Nature of Time*. London: Penguin, 1972 (1975 ed.).

*______. *Time in History: Views of Time from Prehistory to the Present Day*. Oxford: Oxford University Press, 1988 (1990 ed.).

Yourgrau, Palle. *A World Without Time: The Forgotten Legacy ofGodel and Einstein*. New York: Basic Books, 2005 (2006 ed.).